普通高等教育土建类"十三五"规划教材

钢　结　构

主　编　张　悦　吴晓杰

副主编　杜翠翠　万凤鸣

参　编　季鄂苏

ZHEJIANG UNIVERSITY PRESS
浙江大学出版社

图书在版编目（CIP）数据

钢结构 / 张悦，吴晓杰主编. —杭州：浙江大学出版社，2016.7

ISBN 978-7-308-15933-3

Ⅰ.①钢… Ⅱ.①张…②吴… Ⅲ.①钢结构—高等学校—教材 Ⅳ.①TU391

中国版本图书馆 CIP 数据核字（2016）第 123483 号

GANGJIEGOU

钢 结 构

主编 张 悦 吴晓杰

责任编辑 陈静毅
责任校对 余梦洁
封面设计 续设计
出版发行 浙江大学出版社
（杭州市天目山路 148 号 邮政编码 310007）
（网址：http://www.zjupress.com）
排 版 杭州金旭广告有限公司
印 刷 杭州杭新印务有限公司
开 本 787mm×1092mm 1/16
印 张 14.25
插 页 2
字 数 356 千
版 印 次 2016 年 7 月第 1 版 2016 年 7 月第 1 次印刷
书 号 ISBN 978-7-308-15933-3
定 价 30.00 元

浙江大学出版社发行中心联系方式：0571－88925591；http://zjdxcbs.tmall.com

本书是根据高等院校土木工程专业的培养目标要求，按照《钢结构设计规范》(GB 50017—2003)等现行国家标准，专门为培养工程应用型和技术管理型人才的高等院校土木工程专业编写的教材。

本书共分 7 章。第 1 章绪论，主要介绍了钢结构的特点、适用范围及其基本设计原理；第 2 章钢结构的材料，介绍了钢材的性能、影响钢材性能的主要因素、钢材的种类和规格；第 3 章钢结构的连接，介绍了钢结构的连接方法、焊缝连接的构造和计算、焊接应力与变形、普通螺栓和高强螺栓的连接与构造；第 4 章至第 6 章分别介绍了轴心受力构件、受弯构件、拉弯和压弯构件的基本设计方法；第 7 章屋盖结构，主要介绍了单层厂房屋盖结构的组成和设计方法。

为了便于高等院校学生和广大工程技术人员学习，本书编写时力求内容充实、概念清楚、层次分明、覆盖面广、重点突出，部分章配有例题，章末还配有习题，以便学生通过这些题目进一步消化、理解所学内容，检查学习效果。

本书由张悦、吴晓杰担任主编，杜翠翠、万凤鸣担任副主编，季鄂苏参编。各章编写分工如下：湖北工业大学商贸学院季鄂苏(第 1 章)，湖北工业大学商贸学院张悦(第 2、第 3、第 6 章，附录)，武汉科技大学城市学院吴晓杰(第 4 章)，湖北工业大学商贸学院万凤鸣(第 5 章)，湖北工业大学商贸学院杜翠翠(第 7 章)。

本书在编写过程中参考并引用了多篇公开发表和出版的文献及资料，在此向这些作者深表谢意。

由于编者经验和水平有限，书中定有不当之处，恳请广大读者批评指正，以便修订时完善。

编者

2016 年 2 月

目　录

C O N T E N T S

第 1 章　绪　论

钢结构是用钢板和各种型钢,如角钢、工字钢、槽钢、钢管和薄壁型钢等制成的结构,在钢结构制造厂中加工制造,运到现场进行安装。

1.1　钢结构的特点和适用范围

1.1.1　钢结构的特点

钢结构主要是指由钢板、热轧型钢、薄壁型钢或焊接型材等构件通过连接件连接组合而成的结构,它是土木工程的主要结构形式之一。目前,钢结构在工业厂房、大跨结构、房屋建筑、桥梁、塔桅和特种结构中都得到广泛采用,这是由于钢结构与其他材料的结构相比有如下特点:

1. 钢结构的重量轻,钢材强度高

钢材与其他一些建筑材料(如砖石和混凝土等)相比,虽然密度大,但强度却要高得多,故其密度与强度的比值较小,承受同样荷载时,钢结构的跨越能力更大;当荷载和强度均相同时,例如,以同样强度去承受同样的荷载,钢屋架的质量最多仅为钢筋混凝土屋架的 $1/4\sim 1/3$,冷弯薄壁型钢屋架甚至接近 $1/10$。由此带来的优点是:可减轻基础负荷,大幅度降低基础和地基的造价,同时还方便运输和吊装。

2. 塑性和韧性好

塑性好,钢结构在一般条件下不会因超载而突然断裂,只会增大变形,因此容易被发现。此外,塑性发展还能将局部高峰应力重新分配,使应力变化趋于平缓。

韧性好,适宜在动力荷载下工作,因此在地震区采用钢结构较为有利。

3. 材质均匀,比较符合力学计算的假定

钢材由于冶炼和轧制过程的严格控制,材料波动范围小,其内部组织比较均匀,接近各向同性,可视为理想的弹-塑性体。钢结构的实际受力情况比较符合工程力学的计算结果,在计算中采用的经验公式不多,计算中的不确定性较小,计算结果比较可靠。

4. 钢结构密封性好

钢结构采用焊接连接后,水密性和气密性较好,适用于做要求密闭的板壳结构,如高压容器、大型油库、油罐、气柜和管道等。

5. 钢结构制造简便,施工工期短

钢结构构件一般采用由专业化的金属结构厂轧制成型的各种型材,制作简便,准确度和精密度都较高。制成的构件可直接运到现场采用焊接或螺栓连接进行拼装。安装的机械化程度高,可以缩短施工工期、降低造价,故综合经济效益较好。

6. 钢材耐高温但不耐火

钢材受热温度在 200℃ 以内,钢材主要性能(屈服强度和弹性模量)变化很小;当温度达到 200℃ 以上时,强度逐渐下降。因此,《钢结构设计规范》(GB 50017—2003)规定钢材表面温度超过 150℃ 时需用隔热层加以保护。钢材耐火性较差,在需要防火时,应采取防火措施,如在构件表面喷涂防火材料等。

7. 钢结构耐腐蚀性差

钢材在潮湿环境,特别是在处于有腐蚀性介质的环境中容易锈蚀,耐腐蚀性能比较差,因此钢结构应定期刷涂料加以保护。

8. 钢结构在低温和其他条件下可能发生脆性断裂

钢结构在低温和其他条件下,可能发生脆性断裂,应引起设计者的特别注意。

1.1.2 钢结构的适用范围

根据我国的实践经验,工业与民用建筑钢结构的合理应用范围大致如下:

1. 工业厂房

重型车间的承重骨架,例如冶金工厂的平炉车间、初轧车间、混铁炉车间,重机厂的铸钢车间、锻压车间,造船厂的船台车间,飞机制造厂的装配车间,以及其他车间的屋架、柱、吊车梁等常用钢结构,如图 1-1 所示。

图 1-1 单层工业厂房

2. 大跨结构

钢结构由于具有强度高、自重轻的优点,最适用于建造大跨度结构,如飞机库、体育馆、火车站、展览厅、影剧院、会展中心等,如图1-2~图1-5所示。

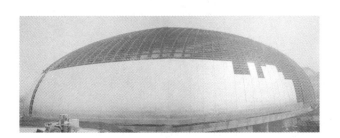

图1-2　北京国家大剧院　　　　　　　　　图1-3　上海商务中心

图1-4　苏州乐园宇宙大战馆球体屋面　　　　图1-5　香港大球场

3. 多层和高层建筑

多层和高层建筑的骨架可采用钢结构。近年来,钢结构在此领域已逐步得到较多的应用。其结构形式主要有框架、框架-支撑结构、框筒、悬挂、巨型框架等,如图1-6和图1-7所示。

图 1-6　上海金茂大厦　　　　　　　　图 1-7　台北 101 大楼

4.高耸结构

高耸结构包括桅杆和塔架结构,例如输电线路架、无线电广播发射桅杆、电视播映发射塔、环境气象塔、卫星或火箭发射塔等,如图 1-8 和图 1-9 所示。

图 1-8　多功能广播电视发射塔　　　　　　图 1-9　火箭发射塔

5.板壳结构

一般对气密性和液密性要求较高的结构,如油库、油罐、水塔、输油管、输气管等多采用板壳钢结构,如图 1-10 所示。

图 1-10　使用中的油罐

6.可拆卸和移动式结构

建筑工地的生活、生产等临时房屋,流动式展览馆等结构往往做成可拆卸的;移动式结构如塔式起重机和龙门式起重机等,如图 1-11 所示。

图 1-11　中国南极长城站综合仓库

7.其他特种结构

其他特种结构有管道支架、井架和沿海采油平台等,如图 1-12 所示。

图 1-12 沿海采油平台

1.2 钢结构的设计方法

1.2.1 结构的作用与抗力

建筑结构在施工和使用期间,要承受自身的重量、在建筑物中活动的人群和机械设备的重量,以及风、雪、地震等其他作用。这些施加在结构上的集中力或分布力和引起结构外加变形或约束变形的原因称为"作用"。施加在结构上的集中力或分布力称为直接作用,也称为荷载;引起结构外加变形或约束变形的其他原因则称为间接作用。间接作用包括地震、温度变化、基础不均匀沉降等。

结构上的作用,在结构使用期间其大小不随时间变化,或其变化量很小,与平均值相比可忽略的,称为恒荷载或永久荷载,如结构自重、土压力等;在结构使用期间其大小随时间变化,且变化量与平均值相比不能忽略的,称为可变荷载,如人群荷载、吊车荷载、风荷载、雪荷载等;在结构使用期间不一定出现,而一旦出现其值就很大、持续时间很短的,称为偶然作用,如地震作用、爆炸力、撞击力等。作用在结构或构件中引起的内力和变形称为荷载效应。

结构或构件所使用的材料具有一定的强度和刚度,能抵御上述作用的影响,这种结构或构件承受内力和变形的能力称为抗力。抗力与材料性能、几何参数、计算模式等有关。

1.2.2 建筑结构的功能要求

1. 结构设计的目的

任何工程结构都需要满足一些预期的功能,这些功能主要表现为以下几个方面:

(1)安全性。在整个设计使用年限内,结构在正常施工和正常使用条件下,需要承受可能出现的各种作用。结构的安全性是指在这些作用下以及在偶然事件发生时和发生后,结构仍保持必要的整体性和稳定性的能力。

(2)适用性。结构在正常使用条件下,具有良好的工作性能,满足预定的使用要求的能力。

(3)耐久性。结构在正常维护条件下,随时间变化而保持自身的良好性能仍能满足预定功能要求的能力。

结构的安全性、适用性、耐久性总称为结构的可靠性。而进行结构设计的目的就是在保证所设计的结构和结构构件在施工和使用过程中能满足预期功能的前提下,做到技术先进、安全适用、经济合理和确保质量。

2. 结构设计的主要内容

(1)研究结构的受力体系,确定结构的力学模型和计算简图;

(2)研究外界对结构的作用及作用效应分析;

(3)根据外界作用及结构抗力对结构或构件及其连接等进行强度、稳定性和变形验算。

1.2.3 钢结构的设计方法

要保证结构的可靠性,就必须满足如下准则:结构由各种荷载所产生的效应(内力和变形)不大于结构和连接由材料性能和几何因素等所决定的抗力或规定限值。影响结构功能的各种因素,如荷载的大小、材料强度的高低、截面的尺寸和施工的质量等都具有不定性,为随机变量。因此荷载效应可能大于结构抗力,结构不可能百分之百可靠,而只能对其做出一定的概率保证。现行钢结构设计规范采用的设计方法是以概率论为基础的以分项系数表达的极限状态法,称为概率极限状态设计法。

1. 结构的极限状态

当结构或其组成部分超过某一特定状态就不能满足设计规定的某一功能要求时,此特定状态就称为该功能的极限状态。

我国《钢结构设计规范》规定,承重结构应按下列两种极限状态进行设计:

(1)承载能力极限状态

承载能力极限状态指结构或构件达到最大承载力或者达到不适于继续承载的变形的极限状态。结构或构件达到最大承载能力或出现不适于继续承载的变形,包括以下几个方面:

①整个结构或结构的一部分作为刚体失去平衡(如倾覆等);

②结构构件或连接因超过材料强度而破坏;

③结构构件或连接在循环荷载作用下发生的疲劳破坏;

④结构构件或连接因过度变形而不适于继续承载；

⑤结构转变为机动体系；

⑥结构或构件丧失稳定性(如压屈等)。

(2)正常使用极限状态

正常使用极限状态指结构或构件达到正常使用或耐久性能的某项规定限值的极限状态,包括以下几个方面：

①影响正常使用或外观的变形；

②影响正常使用或耐久性能的局部损坏(包括裂缝)；

③影响正常使用的振动；

④影响正常使用的其他特定状态。

2.概率极限状态设计原理

结构的工作性能可用结构的功能函数 Z 来描述,可用结构在外部各种作用下产生的作用效应 S 和结构抗力 R 来表达,即

$$Z=g(R,S)=R-S \tag{1-1}$$

式中：R 和 S 为两个随机变量,所以 Z 也是一个随机变量。当 $Z>0$ 时,结构处于可靠状态；当 $Z<0$ 时,结构处于失效状态；当 $Z=0$ 时,结构处于极限状态。

按照概率极限状态设计方法,结构的可靠度定义为结构在规定的时间内,在规定的条件下,完成预定功能的概率。这里所讲的完成预定功能的概率,就是对于规定的某种功能来说结构不失效($Z\geqslant0$)。若以 P_s 表示结构的可靠度,则

$$P_s=P(Z\geqslant0) \tag{1-2}$$

结构的失效概率以 P_f 表示为

$$P_f=P(Z<0) \tag{1-3}$$

由于可靠度与失效概率是两个相反的概率,两者的关系应满足

$$P_s=1-P_f \tag{1-4}$$

则由式(1-4)可知,结构可靠度的计算可以转化为结构失效概率的计算。用概率的观点来观察结构是否可靠,是指失效概率 P_f 是否已经达到可以接受的预定要求。在实际工程中,绝对可靠的结构($P_s=1$)或失效概率为零($P_f=0$)的结构是没有的。

图 1-13 为 Z 的概率密度分布曲线,图中阴影部分的面积就表示事件($Z<0$)的失效概率 P_f,由于直接求取 P_f 比较困难,所以将图 1-13 中 Z 的平均值 μ_Z 用 Z 的标准差 σ_Z 来衡量,即

$$\mu_Z=\beta\sigma_Z \tag{1-5}$$

式中：β 称为可靠度指标。

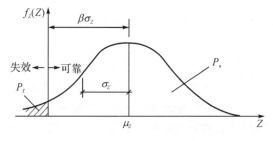

图 1-13　Z 的概率密度分布曲线

显然,由图 1-13 可知 β 与 P_f 有一一对应的关系,即 β 增大 P_f 减小,反之亦然。这说明 β 值也完全可以作为衡量结构可靠度的一个数量指标,确定 β 值并不需要知道 R 和 S 的精确分布情况,只要知道它们的平均值和标准差就可以计算出。因此,在目前很难直接求得结构失效概率 P_f 的情况下,概率设计理论采用 β 作为结构可靠度的统一尺度,称 β 为结构可靠指标。

从理论上讲,目标可靠指标应该根据结构构件的重要性、破坏性质(延性和脆性)及失效后果用优化方法分析确定。但限于目前条件,并考虑到规范标准的继承性,《建筑结构可靠度设计统一标准》(GB 50068—2001)采用"校准法"对我国原规范所设计的结构构件的可靠度进行反演算,以作为确定目标可靠指标的依据。通过大量分析计算,《建筑结构可靠度设计统一标准》制定了建筑结构物不同安全等级时的目标可靠度指标,如表 1-1 所示。

表 1-1　结构构件承载能力极限状态设计时的可靠指标 β 值

破坏类型	安全等级		
	一级	二级	三级
延性破坏	3.7	3.2	2.7
脆性破坏	4.2	3.7	3.2

3.设计表达式

现行钢结构设计规范除疲劳计算外,均采用以概率论为基础的极限状态设计法,用分项系数的设计表达式进行计算。这里的分项系数不是凭经验确定,而是以可靠度指标 β 为基础用概率设计法求出的。

(1)承载能力极限状态表达式。《建筑结构荷载规范》(GB 50009—2012)中规定:对于承载能力极限状态荷载效应的基本组合按下列设计表达式中最不利值确定。

可变荷载效应控制的组合:

$$\gamma_0 \left(\sum_{j=1}^{m} \gamma_{Gj} S_{GjK} + \gamma_{Q1} \gamma_{L1} S_{Q1K} + \sum_{i=2}^{n} \gamma_{Qi} \gamma_{Li} \psi_{ci} S_{QiK} \right) \leqslant R \tag{1-6}$$

永久荷载效应控制的组合:

$$\gamma_0 \left(\sum_{j=1}^{m} \gamma_{Gj} S_{GjK} + \sum_{i=1}^{n} \gamma_{Qi} \gamma_{Li} \psi_{ci} S_{QiK} \right) \leqslant R \tag{1-7}$$

式中:γ_0——结构重要性系数,对安全等级为一级或设计使用年限为 100 年及以上的结构构件不应小于 1.1;对安全等级为二级或设计使用年限为 50 年的结构构件不应小于 1.0;对安全等级为三级或设计使用年限为 5 年的结构构件不应小于 0.9;对使用年限为 25 年的结构构件,不应小于 0.95。

γ_{Gj}——第 j 个永久荷载的分项系数,当永久荷载效应对结构构件的承载能力不利时,对式(1-6)取 1.2;对式(1-7)取 1.35。当永久荷载效应对结构构件的承载能力有利时,取 1.0;验算抗倾覆和滑移时可取 0.9。

γ_{Q1}、γ_{Qi}——起控制作用的第一个和其他任意第 i 个可变荷载的分项系数,当可变荷载效应对结构构件的承载能力不利时,取 1.4(第一个可变荷载取可变荷载中最大者);有利时,取 0;当楼面活荷载标准值大于 $4kN/m^2$ 时,取 1.3。

γ_{L1}、γ_{Li}—— 起控制作用的第一个和其他任意第 i 个可变荷载考虑设计使用年限的调整系数,对设计使用年限为 100 年的结构构件为 1.1;对设计使用年限为 50 年的结构构件为 1.0;对设计使用年限为 5 年的结构构件为 0.9;对其他使用年限的结构构件按线性内插确定。

ψ_{ci}—— 第 i 个可变荷载的组合值系数,其值不应大于 1。

S_{GjK}—— 按第 j 个永久荷载标准值计算的荷载效应值。

S_{Q1K}—— 按起控制作用的第一个可变荷载标准值计算的荷载效应值。

S_{QiK}—— 按其他第 i 个可变荷载标准值计算的荷载效应值。

m—— 参与组合的永久荷载数。

n—— 参与组合的可变荷载数。

对于一般的排架、框架结构,可采用简化规则,并按下列组合值中取最不利值确定。

由可变荷载效应控制的组合的表达式为

$$\gamma_0\left(\gamma_G S_{GK} + \phi\sum_{i=1}^{n}\gamma_{Qi}S_{QiK}\right) \leqslant R \tag{1-8}$$

式中:ϕ 为荷载组合值系数,在一般情况下取 0.9,当只有一个可变荷载时,取 1.0。

由永久荷载效应控制的组合,仍按式(1-7)进行计算。

(2) 正常使用极限状态表达式。《建筑结构荷载规范》(GB 50009—2012)中规定:对于偶然组合,荷载效应组合的设计值宜按下列规定确定。

① 偶然作用的代表值不乘分项系数;与偶然作用同时出现的可变荷载应根据观测资料和工程经验采用适当的代表值,具体的设计表达式及各种系数应符合专门的规范规定。

② 对于正常使用极限状态,应根据不同的设计要求分别采用荷载的标准组合、频遇组合和准永久组合进行设计,并使变形等设计不超过响应的规定限值。

钢结构只考虑荷载的标准组合,其设计式为

$$v_{GK} + v_{Q1K} + \sum_{i=2}^{n}\psi_{ci}v_{QiK} \leqslant [v] \tag{1-9}$$

式中:v_{GK}—— 永久荷载的标准值在结构或结构构件中产生的变形值;

v_{Q1K}—— 起控制作用的第一个可变荷载标准值在结构或结构构件中产生的变形值;

v_{QiK}—— 其他第 i 个可变荷载标准值在结构或结构构件中产生的变形值;

$[v]$—— 结构或结构构件的容许变形值。

1.3 钢结构的发展方向

钢结构体系因其本身所具有的自重轻、强度高、施工快等优点,与钢筋混凝土结构相比,更具有在"高、大、轻"三个方面发展的独特优势。随着国家经济建设的发展,长期以来混凝土和砌体结构一统天下的局面正在发生变化。钢结构产品在大跨度空间结构、轻钢门式结构、多层及小高层住宅领域的建筑日益增多,应用领域不断扩大。从西气东送、西电东输、南水北调、青藏铁路、2008 年奥运会场馆设施、钢结构住宅、西部大开发等建设实践来看,一个发展建筑钢结构行业和市场的势头正在我国出现。

1.3.1 钢结构的发展趋势

30多年来的改革开放和经济发展,已经为钢结构体系的应用创造了极为有利的发展环境。

1. 从发展钢结构的主要物质基础来看

钢材的发展是钢结构发展的关键因素。为适应建筑市场的需要,成品钢材将朝着品种齐全、材料标准化方向发展。国产建筑钢结构用钢在数量、品种和质量上发展都很快,热轧 H 型钢、彩色钢板、冷弯型钢的生产能力大大提高,为钢结构发展创造了重要的条件。其他钢结构中型钢及涂镀层钢板都有明显增长,产品质量有较大提高。耐火、耐候钢,超薄热轧 H 型钢等一批新型钢已开始在工程中应用,为钢结构发展创造了条件。

2. 从设计、生产、施工专业化水平来看

钢结构行业经过几年的发展,专业钢结构设计人员的素质在实践中得到不断提高。一批有特色有实力的专业研究所、设计院不断研究和开发出钢结构设计软件和新技术。目前,国内许多钢结构设计软件相继问世,可分别适应轻钢结构、网架结构、高层钢结构、薄壁拱形结构的设计需要。随着计算机技术在工程设计中的普遍应用,钢结构设计软件功能的日臻完善,为协助设计人员完成结构分析设计、施工图绘制提供了极大的便利。

钢结构制造企业在全国遍地开花,造就了一批有实力的龙头企业。年产量达到10万～20万吨规模的就有10余家企业,承担了国内大型钢结构工程任务,它们完全具备了与国际同行业企业进行公平竞争的实力。目前一批外资、合资、民营的钢结构制造企业已在激烈的市场竞争中脱颖而出,在计算机设计、制图、数字控制、自动化加工制造方面都处于行业领先水平,其产品的范围也从传统的建筑工程结构、机械装备、非标准构件、成套设施到商品房屋、集装箱产品、港口设施等直接到用户的终端产品。

钢结构的工业化大批量生产,钢结构的安装新工法层出不穷,节能、防水、隔热等先进成品集合与一体成套应用,设计、生产施工一体化必将提高建筑产业化水平。

3. 从钢结构工程业绩来看

高度420.5米的上海金茂大厦、具有国际领先水平的深圳赛格大厦、跨度1490米的润扬长江大桥、跨度550米的上海卢浦大桥、高度345米的跨长江输电铁塔、首都国际机场,以及鸟巢国家体育中心等许多采用钢结构建筑体系的重要工程,标志着建筑钢结构正向高层和空间大跨度钢结构发展。

4. 从住宅钢结构的产业化来看

我国已把轻钢结构在住宅建设上的推广应用作为建筑业的一场革命。随着住宅业成为我国经济发展新的增长点,轻钢住宅将是住宅产业发展的必由之路。而住宅产业化的前提是具备与产业化相配套的新技术、新材料和新体系。由于钢结构体系易于实现工业化生产、标准化制作,且与之相配套的墙体材料可以采用节能、环保的新型材料。因此,研究钢结构体系住宅成套技术,将大大促进住宅产业化的快速发展。

5. 从政府部门的引导和支持来看

政府部门的引导和支持,使钢结构作为绿色环保产品得到公认和发展。钢结构与传统的混凝土结构相比较,具有自重轻、强度高、抗震性能好等优点。钢结构适合于活荷载占总荷载比例较小的结构,更适合于大跨度空间结构、高耸构筑物并适合在软土地基上建造,也符合环境保护与节约、集约利用资源的国策。其综合经济效益越来越为各方投资者所认同,客观上将促使设计者和开发商们选择钢结构。

1.3.2 钢结构的前景展望

钢结构的发展趋势表明,我国发展钢结构存在巨大的市场潜力和发展前景。

(1)我国自 1996 年开始钢产量超过一亿吨,居世界首位。1998 年投产的轧制 H 型钢系列给钢结构发展创造了良好的物质基础。钢铁和其他材料工业的发展,为钢结构行业提供品质优良、规格齐全的材料。根据市场需求,我国近几年将有一批彩色钢板生产线建成,热轧 H 型钢即将增加一条生产线,大型冷弯机组也将陆续上马。届时我国能自行生产彩色钢板 100 多万吨、热轧 H 型钢 100 多万吨及冷弯大中型矩形管、圆管,加上现有的焊接薄壁 H 型钢、中厚板、薄板及其他建筑钢材,完全可以满足钢结构行业发展的需要。而且随着钢材产量和质量持续提高,其价格正逐步下降,钢结构的造价也相应有较大幅度的降低。与钢结构配套使用的保温隔热、防腐材料,防火涂料,各种焊接材料及螺栓连接等产品和新型建材的技术也将不断创新提高。

(2)高效的焊接工艺和新的焊接、切割设备的应用以及焊接材料的开发应用,都为发展钢结构工程创造了良好的技术条件。在普通钢结构、薄壁轻钢结构、高层民用建筑钢结构、门式钢架轻型房屋钢结构、网架结构、压型钢板结构、钢结构焊接和高强度螺栓连接、钢混凝土组合楼盖、钢管混凝土结构及钢骨混凝土结构等方面的设计、施工、验收规范规程及行业标准已发行 20 余本。有关钢结构的规范、规程的不断完善为钢结构体系的应用奠定了必要的技术基础和依据。

(3)目前,门式刚架轻钢结构和压型钢板拱壳结构的单位面积造价,与同类单层钢筋混凝土结构大致持平,甚至更低;而且轻型钢结构的商品化程度较高,制作和安装速度可达到每台班 700~1000 m²,远快于钢筋混凝土结构,近年市场扩展很快。高层钢结构的综合价格虽高出同类钢筋混凝土结构 4%~5%,但其抗震性能好、施工速度快,特别是在超高层建筑中必须采用。1997 年 11 月建设部发布的《中国建筑技术政策》中明确提出发展建筑钢材、建筑钢结构和建筑钢结构施工工艺的具体要求,使我国长期以来实行的“合理用钢”政策转变为“鼓励用钢”政策,为促进钢结构的推广应用起到积极的作用。

(4)钢结构行业也出现了一批有特色有实力的专业设计院、研究所,年产量超过 20 万吨的大型钢结构制造厂,有几十家技术一流、设备先进的施工安装企业,上千家中小企业相互补充、协调发展,逐步形成较规范的竞争市场。经过 10 年左右的时间,钢结构行业的产值从 400 亿~500 亿元发展到 1500 亿元。

(5)制约钢结构产业发展的一些不利因素。我国钢产量连年居世界首位,钢结构建筑的建筑条件基本成熟,但钢结构技术仍未得到特别有力的推广,我国钢结构建筑的发展相对国外有些滞后。主要表现在:国产 H 型钢、方钢管、可搭接的斜卷边冷弯薄壁 Z 型钢、抗腐蚀性能更好的镀铝锌薄板等型材的品种、规格还不能满足建筑需要。厚板的可焊接性差是国产建筑钢材存在的主要问题。建筑用高强度低合金钢品种还太少,高强度低合金结构钢在冷弯薄壁型钢中的应用尚未解决。钢结构住宅的造价和选择、开发外墙板,在一定程度上制约了钢结构住宅建筑的大面积推广应用。尽管目前还存在种种不尽如人意或有待提高的方面,但钢结构的发展潜力巨大,前景广阔。

展望未来,随着经济建设的蓬勃发展和交流的进一步扩大,要建造更多的高层建筑、桥梁和大型公共场所等大空间和超大空间建筑物的需求十分旺盛。这将为钢结构的发展提供更多的机会,钢结构产业兴旺发展的新局面就在眼前。

 习题

1.1　选择题

(1)关于钢结构的特点叙述错误的是(　　　)。

A. 建筑钢材的塑性和韧性好　　　　　　B. 钢材的耐腐蚀性很差

C. 钢材具有良好的耐热性和防火性　　　D. 钢结构更适合于建造高层和大跨结构

(2)当钢结构表面可能在短时间内受到火焰作用时,不适合采用的措施是(　　　)。

A. 使用高强钢材　　　　　　　　　　　B. 使用耐火、耐候钢材

C. 表面覆盖隔热层　　　　　　　　　　D. 使用防火涂料

(3)与混凝土结构相比,钢结构更适合于建造高层和大跨度房屋,因为(　　　)。

A. 钢结构自重大、承载力较高　　　　　B. 钢结构自重轻、承载力较高

C. 钢结构自重大、承载力较低　　　　　D. 钢结构自重轻、承载力较低

(4)在进行钢结构承载力极限状态计算时,计算用的荷载应(　　　)。

A. 将永久荷载的标准值乘以永久荷载分项系数,可变荷载用标准值,不必乘荷载分项系数

B. 将可变荷载的标准值乘以可变荷载分项系数,永久荷载用标准值,不必乘荷载分项系数

C. 永久荷载和可变荷载都要乘以各自的荷载分项系数

D. 永久荷载和可变荷载都用标准值,不必乘荷载分项系数

(5)当永久荷载效应起控制作用时,钢结构承载力极限状态的设计表达式为

$$\gamma_0 \left(\gamma_G S_{GK} + \sum_{i=1}^{n} \gamma_{Qi} \psi_{ci} S_{QiK} \right) \leqslant f_d \overline{A},$$式中 γ_0 是(　　　)。

A. 结构重要性系数　　　　　　　　　　B. 可变荷载组合系数

C. 荷载分项系数　　　　　　　　　　　D. 材料的抗力分项系数

(6)在进行结构或构件的变形验算时,应使用(　　　)。

A. 荷载的标准值　　　　　　　　　　　B. 荷载的设计值

C. 荷载的最大值　　　　　　　　　　　D. 荷载的最小值

(7)已知某一结构在 $\beta=3$ 时,失效概率为 $P_f=0.001$,若 β 改变,准确的结论是(　　　)。

A. $\beta=2.5,P_f<0.001$,结构可靠性降低

B. $\beta=2.5,P_f>0.001$,结构可靠性降低

C. $\beta=3.5,P_f>0.001$,结构可靠性提高

D. $\beta = 3.5$, $P_f < 0.001$, 结构可靠性降低

(8) 钢结构的承载能力极限状态是指(　　)。

A. 结构发生剧烈振动　　　　　　　　B. 结构的变形已不能满足使用要求

C. 结构达到最大承载力产生破坏　　　D. 使用年限已达 50 年

(9) 一简支梁受均布荷载作用, 其中永久荷载标准值为 15kN/m, 仅一个可变荷载, 其标准值为 20kN/m, 则强度计算时的设计荷载为(　　)。

A. $q = 1.2 \times 15 + 1.4 \times 20$　　　　　　B. $q = 15 + 20$

C. $q = 1.2 \times 15 + 0.85 \times 1.4 \times 20$　　D. $q = 1.2 \times 15 + 0.6 \times 1.4 \times 20$

1.2　简答题

(1) 简述钢结构的特点及适用范围。

(2) 建筑结构的基本功能要求是什么?

(3) 结构的承载能力极限状态包括哪些计算内容? 正常使用极限状态又包括哪些内容?

第 2 章　钢结构的材料

2.1　钢结构对材料的要求

建筑钢结构在工作中处于不同的环境,如温度的高低,承受不同形式的荷载如动荷载或静荷载。结构构件的受力形式不同都有可能使钢结构发生突然的脆性破坏。所以要掌握钢材性能及其影响因素,了解结构发生脆性破坏的原因,合理选择钢材,正确设计、加工和使用钢材,在保证结构安全的前提下,降低结构造价。

建筑钢结构用钢必须符合下列要求:

1. 较高的抗拉强度 f_u 和屈服点 f_y

f_y 是衡量结构承载能力的指标,f_y 高则可减轻结构的自重,节约钢材和降低造价。f_u 是衡量钢材经过较大变形后的抗拉能力,它直接反映钢材内部组织的优劣,同时 f_u 高可以增加结构的安全保障。

2. 较高的塑性和韧性

塑性和韧性好,结构在静荷载和动荷载作用下有足够的应变能力,既可减轻结构脆性破坏的倾向,又能通过较大的塑性变形调整局部应力,同时又具有较好的抵抗重复荷载作用的能力。

3. 良好的工艺性能(包括冷加工、热加工和焊接性能)

良好的工艺性能不但要易于将结构钢材加工成为各种形式的结构,而且不致因加工而对结构的强度、塑性、韧性等造成较大的不利影响。

此外,根据结构的具体工作条件,有时还要求钢材具有适应低温、高温和腐蚀性环境的能力。

2.2 钢材的主要性能

2.2.1 钢材的强度和塑性

1. 强度性能

钢材标准试件在常温静荷载情况下,单向均匀受拉试验时的荷载-变形（F-ΔL）曲线或应力-应变（$\sigma\varepsilon$）曲线如图 2-1 所示。由此曲线可获得许多有关钢材性能的信息。

图 2-1 中 $\sigma\varepsilon$ 曲线的 OP 段为直线,表示钢材具有完全弹性性质,这时应力可由弹性模量 E 定义,即 $\sigma = E\varepsilon$,而 $E = \tan\alpha$,P 点应力 f_p 称为比例极限。

曲线的 PE 段仍具有弹性,但非线性,即为非线性弹性阶段,这时的模量叫作切线模量, $E_t = \dfrac{d_\sigma}{d_\varepsilon}$。此段上限 E 点的应力 f_e 称为弹性极限。弹性极限和比例极限相距很近,实际上很难区分,故通常只提比例极限。

随着荷载的增加,曲线出现 ES 段,这时表现为非弹性性质,即卸荷曲线成为与 OP 平行的曲线（图 2-1 中的虚线）,留下永久性的残余变形。此段上限 S 点的应力 f_y 称为屈服点。

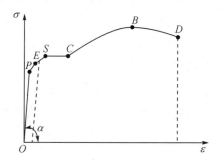

图 2-1 碳素结构钢的应力-应变曲线

对于低碳钢,出现明显的屈服台阶 SC 段,即在应力保持不变的情况下,应变继续增加。

在开始进入塑性流动范围时,曲线波动较大,以后逐渐趋于平稳,其最高点和最低点分别称为上屈服点和下屈服点。上屈服点和试验条件（加载速度、试件形状、试件对中的准确性）有关;下屈服点则对此不太敏感,设计中则以下屈服点为依据。

对于没有缺陷和残余应力影响的试件,比例极限和屈服点比较接近,且屈服点前的应变很小（低碳钢约为 0.15%）。为了简化计算,通常假定屈服点以前钢材为完全弹性的,屈服点以后则为完全塑性的,这样就可以把钢材视为理想的弹-塑性体,其应力-应变曲线表现为双直线,如图 2-2 所示。当应力达到屈服点后,将使结构产生很大的在使用上不容许的残余变形（此时,对低碳钢 $\varepsilon_c = 2.5\%$）,表明钢材的承载能力达到了最大限度。因此,在设计时取屈服点为钢材可以达到的最大应力的代表值。

超过屈服台阶,材料出现应变硬化,曲线上升,直至曲线最高处的 B 点,这点的应力 f_u 称为抗拉强度或极限强度。当应力达到 B 点时,试件发生颈缩现象,至 D 点而断裂。当以

屈服点的应力 f_y 作为强度极限值时，抗拉强度 f_u 成为材料的强度储备。

高强度钢没有明显的屈服点和屈服台阶。这类钢的屈服条件是根据试验分析结果而人为规定的，故称为条件屈服点（或屈服强度）。条件屈服点是以卸荷后试件中残余应力 ε_r 为 0.2％所对应的应力定义的（有时用 $f_{0.2}$ 表示），如图 2-3 所示。由于这类钢材不具有明显的塑性平台，设计中不宜利用它的塑性。

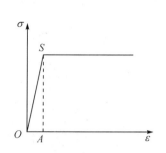

图 2-2　理想的弹-塑性体的应力-应变曲线

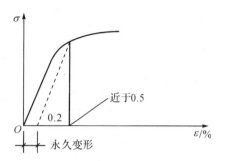

图 2-3　高强度钢的应力-应变曲线

2. 塑性性能

试件被拉断时的绝对变形值与试件原标距之比的百分数称为伸长率。当试件标距长度与试件的直径 d（圆形试件）之比为 10 时，以 δ_{10} 表示；当该比值为 5 时，以 δ_5 表示。伸长率代表材料在单向拉伸时的塑性应变的能力。

2.2.2　冷弯性能

冷弯性能由冷弯试验来确定（见图 2-4）。试验时按照规定的弯心直径在试验机上用冲头加压。使试件弯成 $180°$，如试件外表面不出现裂纹和分层，即为合格。冷弯试验不仅能直接检验钢材的弯曲变形能力或塑性性能，还能暴露钢材内部的冶金缺陷，如硫、磷偏析和硫化物与氧化物的掺杂情况，这些缺陷都将降低钢材的冷弯性能。因此，冷弯性能是鉴定钢材在弯曲状态下塑性应变能力和钢材质量的综合指标。

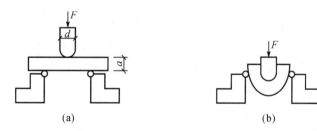

(a)　　　　　　　　　　　　　　(b)

图 2-4　钢材冷弯试验

2.2.3　冲击韧性

钢材冲击韧性是衡量钢材在冲击荷载作用下，抵抗脆性断裂能力的一项力学指标。钢材的冲击韧性通常采用在材料试验机上对标准试件进行冲击荷载试验来测定，如图 2-5(a)

所示。常用的标准试件的形式有梅氏 U 形(见图 2-5(b))和夏比 V 形(见图 2-5(c))两种缺口。U 形缺口试件的冲击韧性用冲击荷载下试件断裂所吸收或消耗的冲击功除横截面面积的量值来表示。V 形缺口试件的冲击韧性用试件断裂时所吸收的功 C_{kv} 或 A_{kv} 来表示,其单位符号为 J。由于 V 形缺口试件对冲击尤为敏感,更能反映结构类裂纹性缺陷的影响。《碳素结构钢》(GB/T 700—2006)规定,钢材的冲击韧性按 V 形缺口试件冲击功 C_{kv} 或 A_{kv} 来表示。

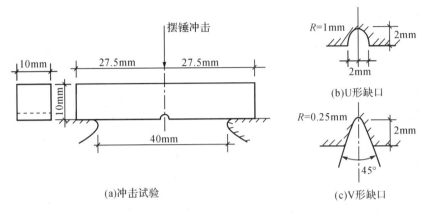

图 2-5　冲击韧性试验

由于低温对钢材的脆性破坏有显著影响,在寒冷地区建造的结构不但要求钢材具有常温冲击韧性指标,还要求具有负温冲击韧性指标,以保证结构具有足够的抗脆性破坏能力。

2.3　各种因素对钢材主要性能的影响

2.3.1　化学成分

钢是由各种化学成分组成的,化学成分及其含量对钢的性能特别是力学性能有着重要的影响。铁(Fe)是钢材的基本元素,纯铁质软,在碳素结构钢中约占 99%,碳和其他元素仅占 1%,但对钢材的力学性能却有着决定性的影响。其他元素包括硅(Si)、锰(Mn)、硫(S)、磷(P)、氮(N)、氧(O)等。低合金钢中还含有少量(低于 5%)合金元素,如铜(Cu)、钒(V)、钛(Ti)、铌(Nb)、铬(Cr)等。

在碳素结构钢中,碳是仅次于纯铁的主要元素,它直接影响钢材的强度、塑性、韧性和焊接性能等。碳含量增加,钢的强度提高,而塑性、韧性和疲劳强度下降,同时恶化钢的焊接性能和抗腐蚀性。因此,尽管碳是使钢材获得足够强度的主要元素,但在钢结构中采用的碳素结构钢,对碳含量要加以限制,一般不应超过 0.22%,在焊接结构钢中还应低于 0.20%。

硫和磷(特别是硫)是钢中的有害成分,它们降低钢材的塑性、韧性、焊接性能和疲劳强度。在高温时,硫使钢变脆,谓之热脆;在低温时,磷使钢变脆,谓之冷脆。一般硫的含量都不超过 0.045%,磷的含量不超过 0.045%。但是,磷可提高钢材的强度和抗锈蚀性。常使用的高磷钢,其含量可达 0.12%,这时应减少钢材中的含碳量,以保持一定的塑性和韧性。

氧和氮都是钢中的有害杂质。氧的作用和硫类似,使钢热脆;氮的作用和磷类似,使钢冷脆。氧、氮一般不会超过极限含量,故通常不要求做含量分析。

硅和锰都是钢中的有益元素,它们都是炼钢的脱氧剂。它们使钢材的强度提高,含量不过高时,对塑性和韧性无显著的不良影响。在碳素结构钢中,硅的含量应不大于 0.3%,锰的含量为 0.3%~0.8%。对于低合金高强度钢,锰的含量可达 1.0%~1.6%,硅的含量可达 0.55%。

钒和钛是钢中的合金元素,能提高钢的强度和抗腐蚀性能,又不显著降低钢的塑性。

铜在碳素结构钢中属于杂质成分。它可以显著提高钢的抗腐蚀性能,也可以提高钢的强度,但对焊接性能有不利影响。

2.3.2　冶炼、浇铸、轧制过程及热处理的影响

1. 冶炼

我国目前结构用钢主要是用平炉和氧化转炉冶炼而成,侧吹转炉钢质量较差,不宜作为承重结构用钢。目前,侧吹转炉炼钢基本已被淘汰,在建筑钢结构中,主要使用氧气顶吹转炉生产的钢材。氧气顶吹转炉具有投资少、生产率高、原料适应性大等特点,已成为主流炼钢方法。

冶炼过程控制钢的化学成分与含量,并不可避免地产生冶金缺陷,从而影响不同钢种、钢号的力学性能。

2. 浇铸

把熔炼好的钢水浇铸成钢锭或钢坯有两种方法:一种是浇入铸模做成钢锭;另一种是浇入连续浇铸机做成钢坯。前者是传统的方法,所得钢锭需要经过初轧才成为钢坯;后者是近年来迅速发展的新技术,浇铸和脱氧同时进行。铸锭过程中因脱氧程度不同,最终成为镇静钢、半镇静钢以及沸腾钢。镇静钢因浇铸时加入强脱氧剂,如硅,有时还加铝或钛,因而氧气杂质少且晶粒较细,偏析等缺陷不严重,所以钢材性能比沸腾钢好,但传统的浇铸方法因存在缩孔而使成材率较低。连续浇铸可以产出镇静钢而没有缩孔,并且化学成分分布比较均匀,只有轻微的偏析现象,因此,这种浇铸技术既能提高产量又能降低成本。

钢在冶炼和浇铸的过程中不可避免地产生冶金缺陷。常见的冶金缺陷有偏析、非金属杂质、气孔及裂纹等。偏析是指金属结晶后化学成分分布不均匀;非金属杂质是指钢中含有硫化物等杂质;气孔是指浇铸时有 FeO 与 C 作用所产生的 CO 气体因不能充分逸出而滞留在钢锭内形成的微小空洞。这些缺陷都将影响钢的力学性能。

3. 轧制

钢材的轧制能使金属的晶粒变细,也能使气泡、裂纹等焊合,因而改善了钢材的力学性能。薄板因轧制的次数多,其强度比厚板略高,浇铸时的非金属夹杂物在轧制后能造成钢材的分层,所以分层是钢材(尤其是厚板)的一种缺陷。设计时应尽量避免拉力垂直于板面的情况,以防止层间撕裂。

4. 热处理

一般钢材以热轧状态交货,某些高强度钢材则在轧制后经热处理才出厂。热处理的目

的在于取得高强度的同时能够保持良好的塑性和韧性。

2.3.3 钢材硬化

冷拉、冷弯、冲孔、机械剪切等冷加工使钢材产生很大塑性变形,从而提高了钢的屈服点,同时降低了钢的塑性和韧性,这种现象称为冷作硬化(或应变硬化)。

在高温时熔化于铁中的少量氮和碳,随着时间的增长逐渐从纯铁中析出,形成自由碳化物和氮化物,对机体的塑性变形起遏制作用,从而使钢材的强度提高,塑性、韧性下降。这种现象称为时效硬化,俗称老化。时效硬化的过程一般很长,但如在材料塑性变形后加热,可使时效硬化发展特别迅速,这种方法谓之人工时效。

此外还有应变时效硬化,指已经冷作硬化的钢材又发生时效硬化现象。

硬化对钢材性能的影响如图 2-6 所示。

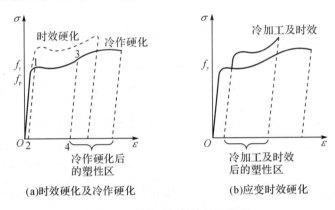

(a)时效硬化及冷作硬化   (b)应变时效硬化

图 2-6 硬化对钢材性能的影响

2.3.4 温度影响

钢材性能随温度变动而有所变化。总的趋势是:温度升高,钢材温度降低,应变增大;反之,温度降低,钢材强度会略有增加,塑性和韧性却会降低而变脆(见图 2-7)。

温度升高,在 200℃ 以内钢材性能没有很大变化,在 430～540℃ 时强度急剧下降,在 600℃ 时强度很低不能承担荷载。但在 250℃ 左右,钢材的强度反而略有提高,同时塑性和韧性均下降,材料有转脆的倾向,钢材表面氧化膜呈现蓝色,称为蓝脆现象。钢材应避免在蓝脆温度范围内进行热加工。当温度在 260～320℃ 时,在应力持续不变的情况下,钢材以很缓慢的速度继续变形,这种现象称为徐变现象。

当温度低于常温时,随着温度的降低,钢材的强度提高,而塑性和韧性降低,逐渐变脆,称为钢材的低温冷脆。钢材的冲击韧性对温度十分敏感,为了工程实用,根据大量的使用经验和试验资料的统计分析,我国有关标准对不同牌号和等级的钢材规定了在不同温度下的冲击韧性指标,例如对 Q235 钢,除 A 级不要求外,其他各级钢均取 $C_{kv}=27J$;对低合金高强度钢,除 A 级不要求外,E 级钢采用 $C_{kv}=27J$,其他各级钢均取 $C_{kv}=34J$。只要钢材在规定的温度下满足这些指标,那么就可按《钢结构设计规范》(GB 50017—2003)的有关规定,根据结构所处的工作温度,选择相应的钢材作为防脆断措施。

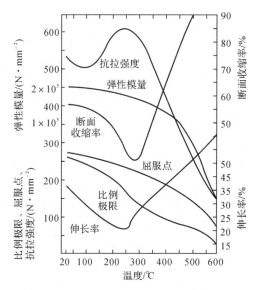

图 2-7　温度对钢材机械性能的影响

2.3.5　应力集中

钢材的工作性能和力学性能指标都是以轴心受拉杆件中应力沿界面均匀分布的情况作为基础的。实际在钢结构的构件中常存在孔洞、槽口、凹角、截面突然改变以及钢材内部缺陷等。此时,构件中的应力分布将不再保持均匀,而是在某些区域产生局部高峰应力,在另外一些区域应力降低,形成所谓应力集中现象(见图 2-8)。具有不同缺口形状的钢材拉伸试验结果也表明(如图 2-9 所示,其中第 1 种试件为标准试件,第 2、第 3、第 4 种为不同应力集中水平对比试件),截面改变的尖锐程度越大的试件,其应力集中现象就越严重,引起钢材脆

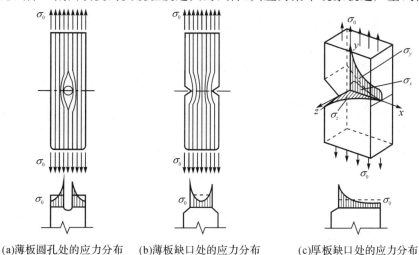

(a)薄板圆孔处的应力分布　　(b)薄板缺口处的应力分布　　(c)厚板缺口处的应力分布

图 2-8　板件在孔口处的应力集中

性破坏的危险性就越大。第 4 种试件已无明显屈服点，表现出高强钢的脆性破坏特征。

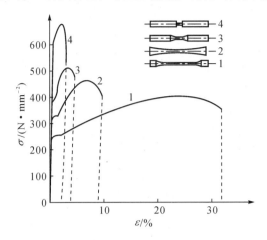

图 2-9　应力集中对钢材性能的影响

2.3.6　反复荷载作用

钢材在反复荷载作用下，结构的抗力及性能都会发生重要变化，甚至发生疲劳破坏。在直接的连续反复动力荷载作用下，根据实验，钢材的强度将降低，即低于一次静力荷载作用下的拉伸试验的极限强度 f_u，这种现象称为钢的疲劳。疲劳破坏表现为突然发生的脆性断裂。

但是，实际上疲劳破坏乃是累计损伤的结果。材料总是有"缺陷"的，在反复荷载作用下，先在其缺陷处发生塑性变形和硬化而生成一些极小的裂纹，此后这种微观裂纹逐渐发展为宏观裂纹，试件截面削弱，而在裂纹根部出现应力集中现象，使材料处于三向拉伸应力状态，塑性变形受到限制，当反复荷载达到一定的循环次数时，材料终于破坏，并表现为突然的脆性断裂。

实践证明，构件的应力水平不高或反复次数不多的钢材一般不会发生疲劳破坏，计算中不必考虑疲劳的影响。但是，长期承受频繁的反复荷载的结构及其连接，例如承受重级工作制吊车的吊车梁等，在设计中就必须考虑结构的疲劳问题。

2.3.7　复杂应力作用下钢材的屈服条件

在单向拉伸试验中，单向应力达到屈服点时，钢材即进入塑性状态。在复杂应力如平面或立体应力作用下，钢材由弹性状态转入塑性状态的条件是按能量强度理论（或第四强度理论）计算的折算应力 σ_{red} 与单向应力下的屈服点相比较来判断：

$$\sigma_{red} = \sqrt{\sigma_x^2 + \sigma_y^2 + \sigma_z^2 - (\sigma_x\sigma_y + \sigma_y\sigma_z + \sigma_z\sigma_x) + 3(\tau_{xy}^2 + \tau_{yz}^2 + \tau_{zx}^2)} \tag{2-1}$$

当 $\sigma_{red} < f_y$ 时，为弹性状态；当 $\sigma_{red} \geqslant f_y$ 时，为塑性状态。

如果三项应力中有一项应力很小（如厚度较小，厚度方向的应力可忽略不计）或为零时，则属于平面应力状态，式（2-1）成为

$$\sigma_{red} = \sqrt{\sigma_x^2 + \sigma_y^2 - \sigma_x\sigma_y + 3\tau_{xy}^2} \tag{2-2}$$

在一般的梁中，只存在正应力 σ 和剪应力 τ，则

$$\sigma_{red} = \sqrt{\sigma^2 + 3\tau^2} \tag{2-3}$$

当只有剪应力时，$\sigma = 0$，则

$$\sigma_{red} = \sqrt{3\tau^2} = \sqrt{3}\tau = f_y \tag{2-4}$$

由此得

$$\tau = \frac{f_y}{\sqrt{3}} = 0.58 f_y \tag{2-5}$$

因此，《钢结构设计规范》确定钢材抗剪设计强度为抗拉设计强度的 0.58 倍。

当平面或立体应力皆为拉应力时，材料破坏时没有明显的塑性变形产生，即材料处于脆性状态。

2.4　钢的种类和钢材规格

2.4.1　钢的种类

钢结构用的钢材主要有两个种类，即碳素结构钢和低合金高强度结构钢。后者因含有锰、钒等合金元素而具有较高的强度。此外，处在腐蚀介质中的结构则采用高耐候性结构钢，这种钢因含铜、磷、铬、镍等合金元素而具有较高的抗锈能力。

1. 碳素结构钢

我国于 2006 年 11 月 1 日发布了新的国家标准《碳素结构钢》(GB/T 700—2006)(取代原 GB/T 700—1988)，2007 年 2 月 1 日开始实施。新标准按质量等级将碳素结构钢分为 A、B、C、D 四级。在保证钢材力学性能符合标准规定的情况下，各牌号 A 级钢的碳、锰、硅含量可以不作为交货条件，但其含量应在质量说明书中注明。B、C、D 级钢均应保证屈服强度、抗拉强度、拉长率、冷弯及冲击韧性等力学性能。

碳素结构钢的牌号由代表屈服强度的汉语拼音字母(Q)、屈服强度数值、质量等级符号(A、B、C、D)、脱氧方法符号(F、Z、TZ)四个部分按顺序组成，如 Q235AF，Q235B 等。

其钢号的表示法和代表的意义如下：

(1)Q235A：屈服强度为 235N/mm²，A 级，镇静钢。

(2)Q235Ab：屈服强度为 235N/mm²，A 级，半镇静钢。

(3)Q235AF：屈服强度为 235N/mm²，A 级，沸腾钢。

(4)Q235B：屈服强度为 235N/mm²，B 级，镇静钢。

(5)Q235C：屈服强度为 235N/mm²，C 级，镇静钢。

从 Q195 到 Q275，是按强度由低到高排列的。Q195、Q215 的强度比较低，而 Q255 及 Q275 的含碳量都超出了低碳钢的范围，所以建筑结构在碳素结构钢中主要应用 Q235 这一钢号。

2. 低合金高强度结构钢

低合金高强度结构钢是在钢的冶炼过程中添加少量的几种合金元素(含碳量均不大于0.02%，合金元素总量不大于0.05%)，使钢的强度明显提高，故称低合金高强度结构钢。国

家标准 GB/T 1591—2008《低合金高强度结构钢》规定,低合金高强度结构钢分为 Q295、Q345、Q390、Q420、Q460 这五种,其符号的含义和碳素结构钢牌号的含义相同。其中 Q345、Q390、Q420 是钢结构设计规范中规定采用的钢种。

3.优质碳素结构钢

优质碳素结构钢以不热处理或热处理(正火、淬火、回火)状态交货,用作压力加工用钢和切削加工用钢。由于价格较高,钢结构中使用较少,仅用经热处理的优质碳素结构钢冷拔高强度钢丝或制作高强螺栓、自攻螺钉等。

2.4.2 钢材的规格

钢结构采用的型材有热轧成型的钢板和型钢以及冷弯(或冷压)成型的薄壁型钢。

1.热轧钢板

热轧钢板有厚钢板(厚度为 4.5～60mm)和薄钢板(厚度为 0.35～4mm),还有扁钢(厚度为 4～60mm,宽度为 30～200mm,此钢板宽度小)。钢板的表示方法为,在符号"—"后加"宽度×厚度×长度",如—1200×8×6000,单位符号均为 mm。

2.热轧型钢

热轧型钢有角钢、工字钢、槽钢和钢管,其截面如图 2-10 所示。角钢分等边和不等边两种。不等边角钢的表示方法为,在符号"∟"后加"长边宽×短边宽×厚度",如∟100×80×8,单位符号均为 mm;对于等边角钢则以边宽和厚度表示,如∟100×8,单位符号均为 mm。

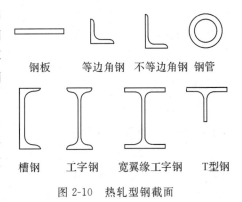

图 2-10 热轧型钢截面

工字钢有普通工字钢、轻型工字钢和 H 型钢。普通工字钢和轻型工字钢用号数表示,号数即为其截面高度的厘米数。20 号以上的工字钢,同一号数有三种腹板厚度分别为 a、b、c 三类。如工30a、工30b、工30c,由于 a 类腹板较薄,用作受弯构件较为经济。轻型工字钢的腹板和翼缘均较普通工字钢薄,因而在相同重量下其截面模量和回转半径较大。H 型钢是世界各国使用很广泛的热轧型钢,与普通工字钢相比,其翼缘内外两侧平行,便于与其他构件相连。它可分为宽翼缘 H 型钢(HW)、中翼缘 H 型钢(HM)。各种 H 型钢均可剖分为 T 型钢供应,代号分别为 TW、TM 和 TN。H 型钢和剖分 T 型钢的规格标记均表示为高度 H×宽度 B×腹板厚度 t_1×翼缘厚度 t_2。例如 HM340×250×9×14,其剖分 T 型钢为 TM170×250×9×14,单位符号均为 mm。

槽钢有普通槽钢和轻型槽钢两种,也以其截面高度的厘米数编号,如[30a。号码相同的轻型槽钢,其翼缘较普通槽钢宽而薄,腹板也较薄,回转半径较大,质量较轻。

3.薄壁型钢

薄壁型钢是用薄钢板(一般采用 Q235 或 Q345 钢)经模压或弯曲而制成,其截面如图 2-11 所示,其壁厚一般为 1.5～5mm,在国外薄壁型钢厚度有加大范围的趋势,如美国可用到 1in(25.4mm)厚。

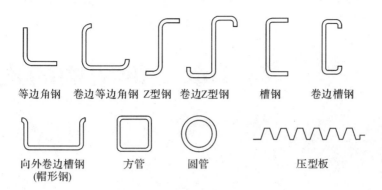

图 2-11　冷弯薄壁型钢截面

 习题

2.1　选择题

(1)已知某钢材的屈服强度标准值为 $250N/mm^2$,抗拉强度最小值为 $390N/mm^2$,材料分项系数为 1.087,则钢材的强度设计值应为(　　)。

A. $360N/mm^2$　　　　　B. $270N/mm^2$　　　　　C. $250N/mm^2$　　　　　D. $230N/mm^2$

(2)在低温工作的钢结构选择钢材时,除考虑强度、塑性、冷弯性能指标外,还需考虑的指标是(　　)。

A. 低温屈服强度　　　　　　　　　　B. 低温抗拉强度

C. 低温冲击韧性　　　　　　　　　　D. 疲劳强度

(3)钢材的伸长率可以通过下列哪项试验来获得?(　　)

A. 冷弯 180°试验　　　　　　　　　　B. 单向一次拉伸试验

C. 疲劳试验　　　　　　　　　　　　D. 冲击试验

(4)下列哪种元素的含量过高,可引起钢材的"热脆"现象?(　　)

A. 硅　　　　　　　B. 磷　　　　　　　C. 锰　　　　　　　D. 硫

(5)伸长率反映了钢材的哪一项性能?(　　)

A. 韧性　　　　　　　B. 弹性　　　　　　　C. 塑性　　　　　　　D. 可焊性

(6)可提高钢材的强度和抗锈蚀能力,但也会严重降低钢材的塑性、韧性和可焊性,特别是在温度较低时促使钢材变脆的是(　　)。

A. 碳　　　　　　　B. 磷　　　　　　　C. 硫　　　　　　　D. 锰

2.2　简答题

(1)简述 Q235 钢应力-应变曲线图中的各个阶段及各个工作阶段的典型特征。

(2)在钢结构设计中,衡量钢材力学性能好坏的三项重要指标及其作用是什么?

(3)影响钢材性能的因素主要有哪些?

(4)应力集中是怎样产生的?其有怎样的危害?在设计中应如何避免?

(5)钢材在高温下的力学性能如何?为何钢材不耐火?

第 3 章 钢结构的连接

3.1 钢结构的连接方法和特点

钢结构是由若干构件经工地现场安装连接架构而成的整体结构,而构件是由型钢、钢板等通过连接构成的。因此,连接是形成钢结构并保证结构安全正常工作的重要组成部分,连接方式及连接质量的优劣直接影响钢结构的工作性能。钢结构的连接设计必须遵循安全可靠、传力明确、构造简单、制造方便等原则。

钢结构的连接方法可分为焊缝连接、铆钉连接和螺栓连接,如图 3-1 所示。最早出现的连接方法是螺栓连接,目前则以焊缝连接为主,高强度螺栓连接近年来发展迅速,使用越来越多,而铆钉连接已很少采用。

  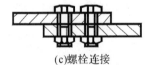

(a)焊缝连接　　　　　　　　(b)铆钉连接　　　　　　　　(c)螺栓连接

图 3-1　钢结构的连接方法

1. 焊缝连接

焊缝连接通过电弧产生的热量使焊条和焊件局部熔化冷却凝结成焊缝,从而将焊件连成整体,是目前钢结构连接中最主要的连接方法。其优点是构造简单,不削弱构件截面,节约钢材,加工方便,易于采用自动化操作,连接的密封性好,刚度大。缺点是焊接残余应力和残余变形对结构有不利影响,焊接结构的低温冷脆问题也比较突出。焊缝质量易受材料、操作的影响,因此对钢材性能要求较高。

2. 铆钉链接

铆钉连接的优点是塑性和韧性较好,传力可靠,质量易于检查,适用于直接承受动载结构的连接。缺点是构造复杂,用钢量多,目前已很少采用。

3.螺栓连接

螺栓连接根据螺栓使用的钢材性能等级分为普通螺栓连接和高强度螺栓连接两种。

(1)普通螺栓连接

普通螺栓连接的优点是施工简单,拆装方便。缺点是用钢量多。适用于安装连接和需要经常拆装的结构。普通螺栓分 C 级螺栓(又称粗制螺栓)和 A、B 级螺栓(又称精制螺栓)两种。其中 C 级螺栓有 4.6 级和 4.8 级两种,螺栓直径与孔径相差 1.0～2.0mm,便于安装,但螺杆与钢板孔壁不够紧密,螺栓不宜受剪。A、B 级螺栓有 5.6 级和 8.8 级两种,螺栓直径与孔径相差 0.3～0.5mm,A、B 级螺栓间的区别只是尺寸不同,其中 A 级为螺杆直径 $d \leqslant 24mm$ 且螺杆长度 $l \leqslant 150mm$ 的螺栓,B 级为 $d > 24mm$ 或 $l > 150mm$ 的螺栓。

C 级螺栓安装简单,便于拆装,但螺杆与钢板孔壁接触不够紧密,当传递剪力时,连接变形较大,故 C 级螺栓宜用于承受拉力的连接,或用于次要结构和可拆卸结构的受剪连接以及安装时的临时固定。A、B 级螺栓的受力性能较 C 级螺栓好,但其加工费用较高且安装费时费工,目前建筑结构中很少使用。

(2)高强度螺栓连接

高强度螺栓用高强度的钢材制作,安装时通过特制的扳手,以较大的扭矩上紧螺母,使螺杆产生很大的预应力,预应力把被连接的部件夹紧,使部件的接触面间产生很大的摩擦力,外力可通过摩擦力来传递。按受力特征的不同,高强度螺栓连接可分为高强度螺栓摩擦型连接和高强度螺栓承压型连接两种。

①高强度螺栓摩擦型连接:仅考虑以部件接触面间的摩擦力传递外力。孔径比螺栓公称直径大 1.5～2.0mm。其特点是连接紧密,变形小,传力可靠,疲劳性能好,主要用于直接承受动力荷载的结构、构件连接。

②高强度螺栓承压型连接:起初由摩擦传力,后期则依靠螺杆抗剪和承压来传递外力。其连接承载力一般比摩擦型连接高,可节约钢材。但这种连接在摩擦力被克服后的剪切变形较大,规范规定高强度螺栓承压型连接不得用于直接承受动力荷载的结构。

3.1.1　焊缝连接

1.常用焊接方法

钢结构常用的焊接方法很多,但通常钢结构中采用电弧焊(手工电弧焊、埋弧焊和气体保护焊)。电弧焊是利用通电后焊条和焊件之间产生的强大电弧提供热源,熔化焊条,使其滴落在焊件上被电弧吹成的小凹槽的熔池中,冷却后即形成焊缝金属。钢结构主要采用电弧焊,它设备简单,易于操作,且焊缝质量可靠,优点较多。

(1)手工电弧焊

这是最常用的一种焊接方法。原理是利用电弧产生热量熔化焊条和母材形成焊缝。手工电弧焊如图 3-2 所示,它由焊件、焊条、焊钳、焊机和导线组成电路。手工电弧焊通电后在涂有焊药的焊条与焊件之间产生电弧,其温度可高达 3000℃ 左右,从而使焊条和焊件迅速熔化。熔化的焊条金属与焊件金属结合成为焊缝金属。焊药则随焊条熔化而形成熔渣覆盖在焊缝上,同时产生一种气体,防止空气中的氧、氮等有害气体与熔化的液体金属接触而形成脆性大的化合物。

手工电弧焊设备简单,操作灵活方便,适用于任意空间位置的焊接,特别适用于在高空和野外作业的小型焊接。

手工电弧焊所用焊条应与焊件钢材(主体金属)相适应,亦即采用的焊条型号应与焊件母材的牌号相匹配。然后再结合钢材的牌号、结构的重要性、焊接位置和焊条工艺性能等选择具体型号。当两不同强度的钢材相焊接时,可采用与较低强度钢材相适应的焊接材料。对Q235 钢焊件宜用 E43 系列型焊条;Q345 钢焊件宜用 E50 系列型焊条;Q390 钢焊件和 Q420 钢焊件宜用 E55 系列型焊条。焊条型号中,字母 E 表示焊条,前两位数字为熔敷金属的最小抗拉强度(单位符号为 kgf/mm^2),第三和第四位数字表示适用焊接位置、电流以及药皮类型等。

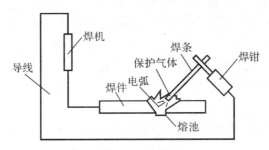

图 3-2　手工电弧焊

(2)埋弧焊(自动或半自动埋弧焊)

自动或半自动埋弧焊(见图 3-3)是电弧在焊剂层下燃烧的一种电弧焊方法。焊丝送进和焊接方法的移动有专门机构控制的称埋弧自动电阻焊;焊丝送进有专门机构控制,而焊接方向的移动靠工人操作的称埋弧半自动电弧焊。电弧焊的焊丝不涂药皮,但施焊端由焊剂漏头自动流下的颗粒状焊剂所覆盖,电弧完全被埋在焊剂内,电弧热量集中,熔深大,适于厚板焊接,具有很高的生产率。由于采用了自动或半自动化操作,焊接时的工艺条件稳定,焊缝的化学成分均匀,故焊成的焊缝质量好,焊件变形小。同时,高的焊速也减小了热影响区的范围。但埋弧焊对焊件边缘的装配精度(如间隙)要求比手工焊高。

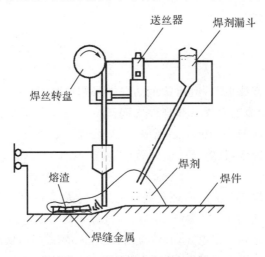

图 3-3　自动或半自动电弧焊

（3）气体保护焊

气体保护焊是利用二氧化碳气体或其他惰性气体作为保护介质的一种电弧熔焊方法。它直接依靠保护气体在电弧周围形成局部的保护层,以防止有害气体的侵入并保证焊接过程的稳定。

气体保护焊的焊缝熔化区没有熔渣,焊工能够清楚地看到焊缝成型的过程;由于保护气体是喷射的,有助于熔滴的过渡;又由于热量集中,焊接速度快,焊件熔深大,故所形成的焊缝强度比手工电弧焊高,塑性和抗腐蚀性好,适用于全位置的焊接,但不适于在风较大的地方施焊。

2.焊缝连接形式及焊缝形式

（1）焊接连接形式

焊缝连接形式可按构件相对位置、构造和施焊位置来划分。

①按构件的相对位置划分

焊缝连接形式按被连接构件相对位置可分为对接、搭接、T 形连接和角部连接（见图 3-4）。

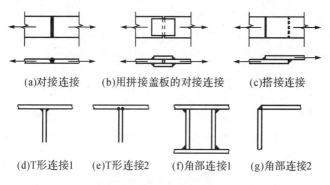

(a)对接连接　　　(b)用拼接盖板的对接连接　　　(c)搭接连接

(d)T形连接1　　(e)T形连接2　　(f)角部连接1　　(g)角部连接2

图 3-4　焊缝连接形式

②按构造划分

焊缝连接形式按构造可分为对接焊缝和角焊缝两种形式。图 3-4 中（a）、（e）为对接焊缝；（b）、（c）、（d）、（f）和（g）为角焊缝。

③按施焊位置划分

施焊时焊条运行与焊缝的相对位置称为焊接位置。焊缝按施焊位置分为平焊、横焊、立焊及仰焊（见图 3-5）。平焊的施焊工作方便,质量易于保证。立焊和横焊的质量及生产效率比平焊的差一些。仰焊的操作条件最差,焊缝质量不易保证,因此应尽量避免采用仰焊焊缝。

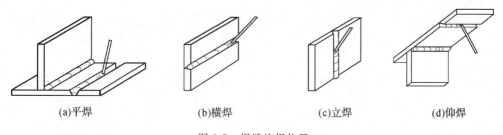

(a)平焊　　　(b)横焊　　　(c)立焊　　　(d)仰焊

图 3-5　焊缝施焊位置

焊缝的施焊位置由连接构造决定,在设计时应尽量采用便于平焊的焊接构造。要避免焊缝立体交叉和在一处集中大量焊缝,同时焊缝的布置要尽量对称于构件形心。

(2)焊缝形式

对接焊缝按所受力的方向分为对接正焊缝(见图 3-6(a))和对接斜焊缝(见图 3-6(b))。角焊缝长度方向垂直于力作用方向的称为正面角焊缝,平行于力作用方向的称为侧面角焊缝,如图 3-6(c)所示。

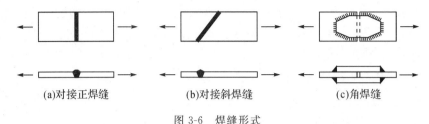

(a)对接正焊缝   (b)对接斜焊缝   (c)角焊缝

图 3-6　焊缝形式

焊缝按沿长度方向的分布情况分为连续角焊缝和断续角焊缝两种形式(见图 3-7)。连续角焊缝受力性能较好,为主要的角焊缝形式。断续角焊缝容易引起应力集中,重要结构中应避免采用,它只用于一些次要构件的连接或次要焊缝中,间断角焊缝距离 l 不宜太长,以免因距离大使连接不易紧密,潮气易侵入而引起锈蚀。间断角焊缝距离 l 一般在受压构件中不应大于 $15t$,在受拉构件中不应大于 $30t$,t 为较薄焊件的厚度。

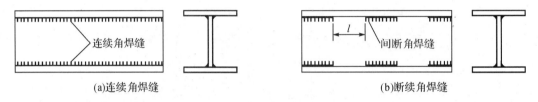

(a)连续角焊缝   (b)断续角焊缝

图 3-7　连接角焊缝和断续角焊缝

3.焊缝缺陷及焊缝质量检验

(1)焊缝缺陷

焊接过程中产生于焊缝金属或附近热影响区钢材表面或内部的缺陷。常见的缺陷有裂纹、焊瘤、烧穿、弧坑、气孔、夹渣、咬边、未熔合、未焊透(见图 3-8)等,以及焊缝尺寸不符合要求、焊缝成形不良等。

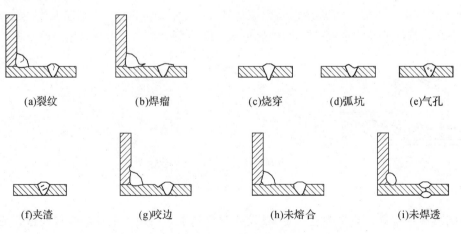

(a)裂纹   (b)焊瘤   (c)烧穿   (d)弧坑   (e)气孔

(f)夹渣   (g)咬边   (h)未熔合   (i)未焊透

图 3-8　焊缝缺陷

裂纹是焊缝连接中最危险的缺陷。按产生的时间不同,可分为热裂纹和冷裂纹,前者是在焊接时产生的,后者是在焊缝冷却过程中产生的。产生裂纹的原因很多,如钢材的化学成分不当;焊接工艺条件(如电流、电压、焊速、施焊次序等)选择不合适;焊件表面油污未清除干净等。如果采用合理的施焊次序,可以减少焊接应力,避免出现裂纹;进行预热,缓慢冷却或焊后热处理,可以减少裂纹形成。

(2)焊缝质量检验

为了避免并减少缺陷的影响,保证焊缝连接的可靠工作,对焊缝进行质量检查极为重要。焊缝质量检验一般可用外观检查及内部无损检验。《钢结构工程施工质量验收规范》(GB 50205—2008)规定,焊缝按其检验方法和质量要求分为三级,其中三级焊缝只要求通过外观检查,即检查焊缝实际尺寸是否符合设计要求和有无看得见的裂纹、咬边等缺陷。对于重要结构或要求焊缝金属强度等于被焊金属强度的对接焊缝,必须进行一级或二级质量检验,即在外观检查的基础上再做无损检验。其中二级要求用超声波检验每条焊缝的 20% 长度,且不小于 200mm;一级要求用超声波检验每条焊缝全部的长度,以便揭示焊缝内部缺陷。当超声波探伤不能对缺陷做出判断时,应采用射线探伤,探伤比例与超声波检验的比例相同。

(3)焊缝质量等级的选用原则

焊缝质量等级由设计人员根据需要在设计图纸上做出规定:

①需要进行疲劳计算的构件,凡是对接焊缝均应焊透。其中垂直于作用力方向的横向对接焊缝或 T 形对接与角接组合焊缝受拉时应为一级,受压时应为二级;作用力平行于焊缝长度方向的纵向对接焊缝应为二级。

②不需要进行疲劳计算的构件,凡要求与母材等强的对接焊缝应焊透。母材等强的受拉对接焊缝应不低于二级;受压时宜为二级。

③重级工作制和起重量 $Q \geqslant 500kN$ 的中级工作制吊车梁的腹板与上翼缘板之间,以及吊车桁架上弦杆与节点板之间的 T 形接头均要求焊透,质量等级不应低于二级。

④T 形接头的角焊缝或部分焊透的对接与角接组合焊缝,以及搭接连接采用的角焊缝,在用于直接承受动力荷载且需要计算疲劳的结构和起重量 $Q \geqslant 500kN$ 的中级吊车梁时,外观质量应符合二级。在用于其他结构时,外观质量可为三级。

4.焊缝符号

在钢结构施工图上要用焊缝符号标明焊缝形式、尺寸和辅助要求。焊缝符号主要由图形符号、辅助符号和引出线等部分组成。引出线一般由横线和带箭头的斜线组成,箭头指向图形上相应的焊缝处,横线的上、下用来标注基本符号和焊缝尺寸。当引出线的箭头指向焊缝所在的一面时,应将图形符号和焊缝尺寸等标注在水平横线的上面;当引出线的箭头指向焊缝所在的另一面时,应将图形符号和焊缝尺寸等标注在水平横线的下面。必要时,可在水平横线的末端加一尾部做其他辅助说明。表3-1列出了一些常用焊缝符号。

表 3-1 焊缝符号

	角焊缝			
	单面焊缝	双面焊缝	安装焊缝	相同焊缝
形式				
标注方式	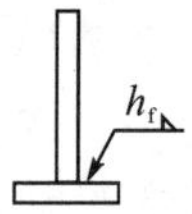	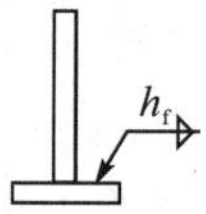	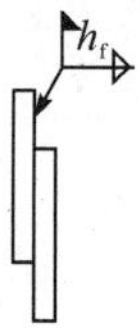	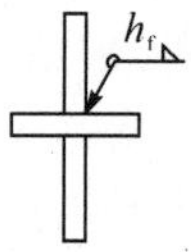
	对接焊缝		塞焊缝	三面围焊
形式				
标注方式				

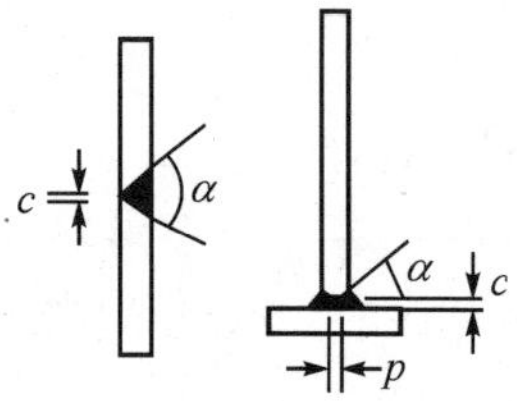

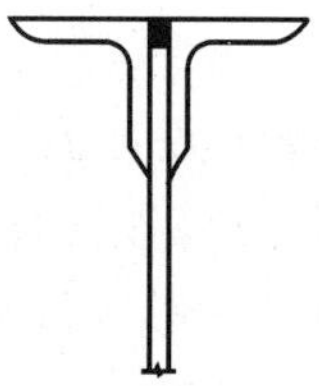

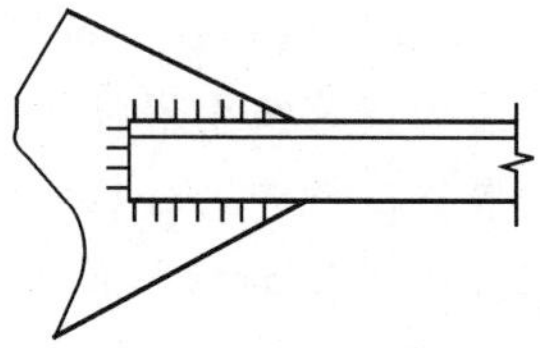

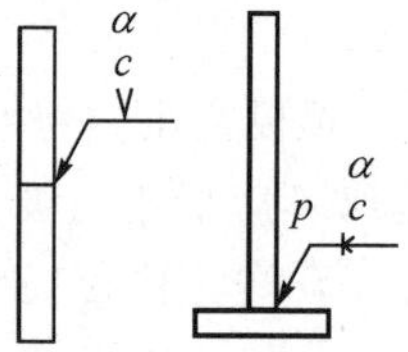

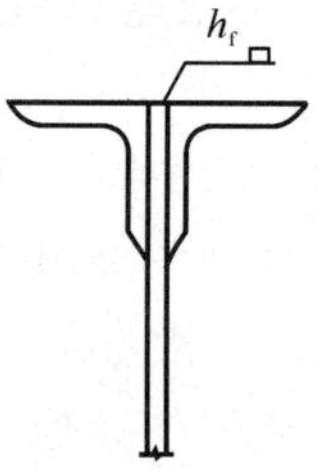

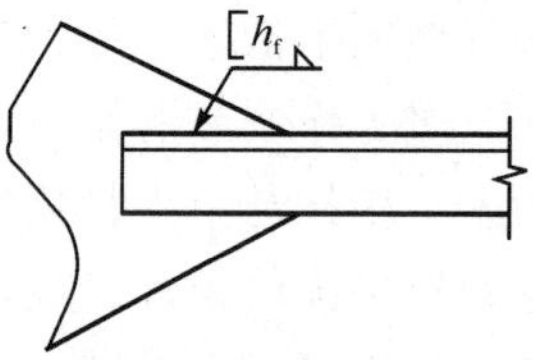

当焊缝分布比较复杂或用上述标注方法不能表达清楚时,在标注焊缝符号的同时,可在图形上加栅线表示(见图 3-9)。

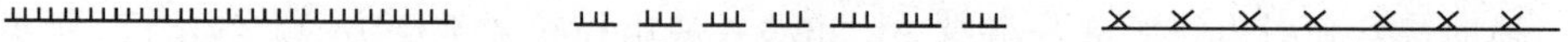

(a)正面焊缝   (b)背面焊缝   (c)安装焊缝

图 3-9　用栅线表示焊缝

3.2　对接焊缝的构造和计算

3.2.1　对接焊缝的构造

对接焊缝包括焊透对接焊缝和部分焊透对接焊缝,为了保证焊缝的质量,对接焊缝的焊件常需做成坡口,故又叫坡口焊缝。对接焊缝的坡口形式(见图 3-10)与焊件的厚度有关。当焊件厚度 t 很小($t{\leqslant}10mm$),可采用不切坡口的 I 形缝,也称直边缝。对于一般厚度($t=10\sim20mm$)的焊件,可采用有斜坡口的单边 V 形缝或 V 形缝,以便斜坡口和焊缝根部共同形成一个能够运转的施焊空间,使焊缝易于焊透。对于较厚的焊件($t>20mm$),应采用 U 形缝、K 形缝和 X 形缝。对于 V 形缝和 U 形缝的根部还需要清除焊根并进行补焊。焊缝的坡口形式和尺寸可参看行业标准《建筑钢结构焊接技术规程》(JGJ 81—2002)。

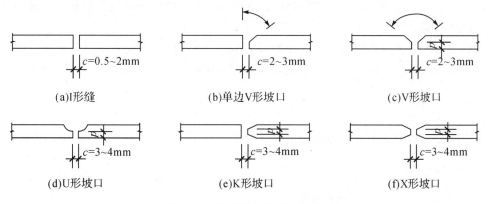

(a)I形缝　　　　　　　(b)单边V形坡口　　　　　　　(c)V形坡口

(d)U形坡口　　　　　　(e)K形坡口　　　　　　　(f)X形坡口

图 3-10　对接焊缝的坡口形式

当钢板宽度或厚度有变化时,在拼接处,当焊件的宽度不同或厚度在一侧相差 4mm 以上时,应分别在宽度方向或厚度方向从一侧或两侧做成坡度不大于 1:2.5 的斜角(见图 3-11),以使截面过渡平缓,减小应力集中。对于直接承受动力荷载且需要进行疲劳计算的结构,斜角要求更加平缓,斜角坡度不大于 1:4。当板厚相差不大于 4mm 时,可不做斜坡,焊缝的计算厚度取较薄板件的厚度。

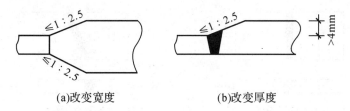

(a)改变宽度　　　　　　　　　(b)改变厚度

图 3-11　钢板拼接

在焊缝的起弧灭弧处,常会出现弧坑等缺陷,这些缺陷对承载力影响极大,故焊接时一般应设置引弧板(见图 3-12),焊后将引弧板多余的部分割除,并用砂轮将表面磨平。对受静力荷载的结构设置引弧板有困难时,允许不设置,但是在计算时取焊缝计算长度为焊缝实际长度减去 $2t$(t 为较薄焊件厚度)。

图 3-12　引弧板焊接

3.2.2　对接焊缝的计算

对接焊缝的强度与所用钢材的牌号、焊条型号及焊缝质量检验标准等因素有关。对接焊缝受压、受剪的对接焊缝与母材强度相等;对接焊缝受拉时,由于三级检验的焊缝允许存在的缺陷较多,故其抗拉强度为母材强度的 85%;而一、二级检验的焊缝的抗拉强度可认为与母材强度相等。

对接焊缝的应力分布情况基本上与焊件相同,可用计算焊件的方法计算对接焊缝。对于重要的构件,按一、二级标准检验焊缝质量,焊缝和构件等强,不必另行计算,只有受拉的三级焊缝才需要进行计算。

1. 轴心受力的对接焊缝

垂直于轴心拉力或轴心压力的对接焊缝如图 3-13(a)所示,其强度可按式(3-1)计算:

$$\sigma = \frac{N}{l_w t} \leqslant f_c^w \text{ 或 } f_t^w \qquad (3\text{-}1)$$

式中:N——轴心拉力或压力的设计值。

l_w——焊缝的计算长度。当采用引弧板施焊时,取焊缝实际长度;当未采用引弧板时,每条焊缝取实际长度减去 $2t$。

t——在对接连接中连接件的较小厚度,不考虑焊缝的余高;在 T 形接头中为腹板厚度。

f_t^w、f_c^w——对接焊缝的抗拉、抗压强度设计值,抗压焊缝和一、二级抗拉焊缝同母材,三级抗拉焊缝为母材的 85%,可由附表 1-3 查得。

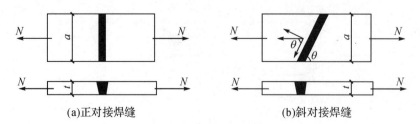

(a)正对接焊缝　　　　　　　　　(b)斜对接焊缝

图 3-13　对接焊缝受轴心力

当正缝连接不能满足强度要求时,可采用如图 3-13(b)所示的斜缝,受轴心拉力作用的斜对接焊缝可按公式(3-2)和式(3-3)计算:

$$\sigma = \frac{N\sin\theta}{l_{\mathrm{w}}t} \leqslant f_{\mathrm{t}}^{\mathrm{w}} \tag{3-2}$$

$$\tau = \frac{N\cos\theta}{l_{\mathrm{w}}t} \leqslant f_{\mathrm{v}}^{\mathrm{w}} \tag{3-3}$$

式中：l_{w}——斜焊缝计算长度。加引弧板时，$l_{\mathrm{w}} = \dfrac{a}{\sin\theta}$；不加引弧板时，$l_{\mathrm{w}} = \dfrac{a}{\sin\theta} - 2t$。

　　$f_{\mathrm{v}}^{\mathrm{w}}$——对接焊缝抗剪设计强度。

　　规范规定当斜缝与作用力间的夹角 θ 满足 $\tan\theta \leqslant 1.5$ 时，斜焊缝的强度不低于母材强度，可不再进行焊缝强度验算。

【例 3-1】　如图 3-13(a)所示两块钢板的对接连接焊缝能否满足强度要求？如不满足要求，可采用哪些改进措施？已知截面尺寸 $a = 250\mathrm{mm}$，$t = 8\mathrm{mm}$，轴心拉力设计值 $N = 370\mathrm{kN}$，钢材为 Q235B 级钢，E43 型焊条，采用手工焊，$f_{\mathrm{t}}^{\mathrm{w}} = 185\mathrm{N/mm^2}$，焊接时不采用引弧板，焊缝质量为三级。

解： 采用直缝时，由于焊接时没有采用引弧板，直缝的计算长度 $l_{\mathrm{w}} = 250\mathrm{mm} - 2 \times 8\mathrm{mm} = 234\mathrm{mm}$，焊缝正应力为

$$\sigma = \frac{N}{l_{\mathrm{w}}t} = \frac{370 \times 10^3}{234 \times 8}\mathrm{N/mm^2} = 197.6\mathrm{N/mm^2} > f_{\mathrm{t}}^{\mathrm{w}} = 185\mathrm{N/mm^2}，不满足要求。$$

改用斜对接焊缝如图 3-13(b)所示，取 $\theta = 56°$，焊缝长度为

$$l_{\mathrm{w}} = \frac{a}{\sin\theta} - 2t = \frac{250}{\sin56°}\mathrm{mm} - 2 \times 8\mathrm{mm} = 286\mathrm{mm}$$

故此时焊缝的正应力为

$$\sigma = \frac{N\sin\theta}{l_{\mathrm{w}}t} = \frac{370 \times 10^3 \times \sin56°}{286 \times 8}\mathrm{N/mm^2} = 134\mathrm{N/mm^2} < f_{\mathrm{t}}^{\mathrm{w}} = 185\mathrm{N/mm^2}$$

切应力为

$$\tau = \frac{N\cos\theta}{l_{\mathrm{w}}t} = \frac{370 \times 10^3 \times \cos56°}{286 \times 8}\mathrm{N/mm^2} = 90.4\mathrm{N/mm^2} < f_{\mathrm{v}}^{\mathrm{w}} = 125\mathrm{N/mm^2}$$

这就说明当 $\tan\theta \leqslant 1.5$ 时，焊缝强度能够保证要求，可不必计算。

2. 承受弯矩和剪力共同作用的对接焊缝

如图 3-14(a)所示钢板对接接头受到弯矩和剪力的共同作用，由于焊缝截面是矩形，正应力与剪应力图形分别为三角形与抛物线形，其最大值应分别满足下列强度条件：

$$\sigma = \frac{M}{W_{\mathrm{w}}} \leqslant f_{\mathrm{t}}^{\mathrm{w}} \tag{3-4}$$

$$\tau = \frac{VS_{\mathrm{w}}}{I_{\mathrm{w}}t} \leqslant f_{\mathrm{v}}^{\mathrm{w}} \tag{3-5}$$

式中：W_{w}——焊缝截面的截面模量；

　　S_{w}——焊缝截面在计算剪应力处以上部分对中和轴的面积矩；

　　I_{w}——焊缝截面对其中和轴的惯性矩；

　　$f_{\mathrm{v}}^{\mathrm{w}}$——对接焊缝的抗剪强度设计值，可由附表 1-3 查得。

如图 3-14(b)所示工字形截面梁的对接接头、箱形、T 形等构件，在腹板与翼缘交接处，焊缝截面同时受有较大的正应力 σ_1 和较大的剪应力 τ_1。对此类截面构件，除应分别验算焊缝截面最大正应力和最大剪应力外，还应按式(3-6)验算折算应力：

$$\sqrt{\sigma_1^2+3\tau_1^2}\leqslant 1.1f_t^w \qquad (3-6)$$

式中：σ_1、τ_1——验算点处（腹板、翼缘交接）焊缝截面正应力和剪应力；

1.1——考虑到最大折算应力只在局部出现，故将其强度设计值适当提高。

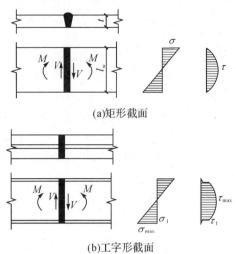

(a)矩形截面

(b)工字形截面

图 3-14　对接焊缝受弯矩和剪力联合作用

3. 承受轴力、弯矩和剪力共同作用的对接焊缝

当轴力与弯矩、剪力共同作用时，对接焊缝的最大正应力应为轴力和弯矩引起的应力之和，剪应力按式(3-5)验算，折算应力仍按式(3-6)验算。

【**例 3-2**】　验算工字形截面牛腿与钢柱连接的对接焊缝强度（见图 3-15）。$F=550\text{kN}$（设计值），偏心距 $e=300\text{mm}$。钢材为 Q235B，焊条为 E43 型，手工焊。焊缝为三级检验标准，上、下翼缘加引弧板施焊。

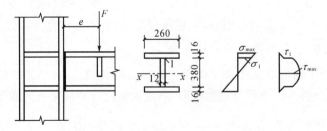

图 3-15　例题 3-2 图

解：截面几何特征值和内力为

$$I_x=\frac{1}{12}\times 1.2\times 38^3\text{cm}^4+2\times 1.6\times 26\times 19.8^2\text{cm}^4=38105\text{cm}^4$$

$$S_{x1}=26\times 1.6\times 19.8\text{cm}^3=824\text{cm}^3$$

$$V=F=550\text{kN},M=Fe=550\times 0.3\text{kN}\cdot\text{m}=165\text{kN}\cdot\text{m}$$

（1）最大正应力

$$\sigma_{max}=\frac{M}{I_x}\cdot\frac{h}{2}=\frac{165\times 10^6\times 206}{38105\times 10^4}\text{N/mm}^2=89.2\text{N/mm}^2<f_t^w=185\text{N/mm}^2$$

(2)最大剪应力

$$\tau_{max} = \frac{VS_x}{I_x t} = \frac{550 \times 10^3}{38105 \times 10^4 \times 12} \times \left(260 \times 16 \times 198 + 190 \times 12 \times \frac{190}{2}\right) \text{N/mm}^2$$

$$= 125.1 \text{N/mm}^2 \approx f_v^w = 125 \text{N/mm}^2$$

(3)"1"点的折算应力

$$\sigma_1 = \sigma_{max} \cdot \frac{190}{206} = 82.3 \text{N/mm}^2$$

$$\tau_1 = \frac{VS_{x1}}{I_x t} = \frac{550 \times 10^3 \times 824 \times 10^3}{38105 \times 10^4 \times 12} \text{N/mm}^2 = 99.1 \text{N/mm}^2$$

$$\sqrt{\sigma_1^2 + 3\tau_1^2} = \sqrt{82.3^2 + 3 \times 99.1^2} \text{N/mm}^2 = 190.4 \text{N/mm}^2 \leqslant 1.1 \times 185 \text{N/mm}^2$$

$$= 203.5 \text{N/mm}^2$$

焊缝强度满足要求。

3.2.3　部分焊透的对接焊缝

当受力很小,焊缝主要起联系作用,或焊缝受力虽然较大,但采用焊透的对接焊缝将使强度不能充分发挥时,可采用部分焊透的对接焊缝。例如当用四块较厚的板焊成箱形截面的轴心受压构件,当采用如图 3-16(a)所示的焊透对接焊缝是不必要的;如采用角焊缝(见图 3-16(b)),外形又不能平整;在此情况下,采用部分焊透的对接焊缝(见图 3-16(c)),既可省工省料,又美观大方。

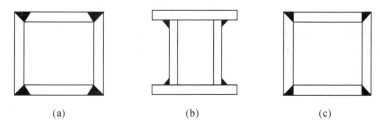

图 3-16　箱形截面轴心压杆的焊缝连接

3.3　角焊缝的构造和计算

3.3.1　角焊缝的构造

1.角焊缝的应力分布

角焊缝按其截面形式可分为直角角焊缝和斜角角焊缝。当角焊缝两焊脚边夹角为 90°时,称为直角角焊缝。直角角焊缝的截面形式有普通型、平坦型、凹面型等几种(见图 3-17)。在一般情况下常用普通型。在受动力荷载的结构中,侧面角焊缝可用如图 3-17(a)所示边长比为1:1的普通型;正面角焊缝最好采用如图 3-17(b)所示边长比为1:1.5的平坦型。直角角焊缝最好做成直线形或凹面型。凹面型焊缝如图 3-17(c)所示,有较好的动力性能。图 3-17 中 h_f 为焊脚尺寸。

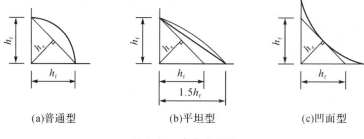

(a)普通型　　　　　　　(b)平坦型　　　　　　　(c)凹面型

图 3-17　直角角焊缝

两焊脚边的夹角 $\alpha > 90°$ 或 $\alpha < 90°$ 的焊缝称为斜角角焊缝(见图 3-18)。斜角角焊缝常用于钢漏斗和钢管结构中。对于夹角 $\alpha > 135°$ 或 $\alpha < 60°$ 的斜角角焊缝,除钢管结构外,不宜用作受力焊缝。

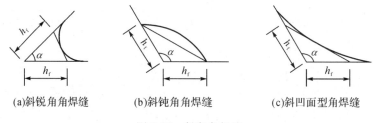

(a)斜锐角角焊缝　　　　(b)斜钝角角焊缝　　　　(c)斜凹面型角焊缝

图 3-18　斜角角焊缝

侧面角焊缝(见图 3-19)主要承受剪力作用。在弹性阶段,由于传力线通过侧面角焊缝时产生弯折,因而应力沿焊缝长度方向的分布不均匀,呈两端大中间小的状态,焊缝越长,应力分布不均匀性越显著。但由于侧面角焊缝的塑性较好,两端出现塑性变形,产生应力重分布,在规范规定长度范围内,应力分布可趋于均匀。

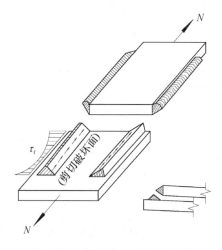

图 3-19　侧面角焊缝应力分布

正面角焊缝的应力状态比侧面角焊缝复杂,其破坏强度比侧面角焊缝的要高,但塑性变形要差一些(见图 3-20)。在外力作用下,由于力线弯折,焊根处正好是两焊件接触面的端部,相当于裂缝的尖端,故焊根处存在很严重的应力集中。破坏截面总是首先在跟部出现裂缝,然后扩展至整个截面。正面角焊缝焊角截面 ab、ac 上都有正应力和剪应力(见图 3-20),且分布不均匀,但沿焊缝长度的应力分布则比较均匀,两端的应力略比中间的低。

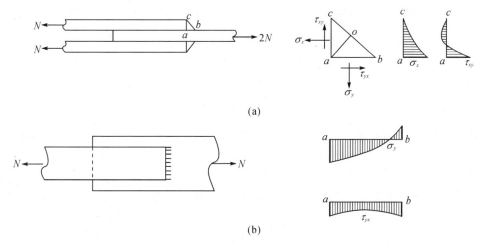

图 3-20　正面角焊缝应力分布

通常认为直角角焊缝是以 45° 方向的最小截面作为有效截面或称为计算截面。计算时假定有效截面上应力分布均匀,计算是采用有效截面,并且不分抗拉、抗压或抗剪都采用同一强度设计值 f_f^w。

斜焊缝的受力性能和强度值介于正面角焊缝和侧面角焊缝之间。

2. 角焊缝的尺寸限制

角焊缝的焊脚尺寸 h_f 应与焊件的厚度相适应,不宜过大或过小。焊脚尺寸 h_f 不宜过小,以保证焊缝的最小承载能力,并防止焊缝因冷却过快而产生裂纹。焊缝的冷却速度和焊件的厚度有关,焊件越厚则焊缝冷却越快,在焊件刚度较大的情况下,焊缝也容易产生裂纹。因此,规范规定角焊缝的最小焊角尺寸 h_{fmin} 为:

(1)手工焊:$h_f \geqslant 1.5\sqrt{t}$,其中 t 为较厚焊件厚度(单位符号为 mm);

(2)自动焊因熔深较大:$h_f \geqslant 1.5\sqrt{t} - 1$;

(3)T 形连接的单面角焊缝:$h_f \geqslant 1.5\sqrt{t} + 1$;

(4)当焊件厚 $t \leqslant 4mm$ 时,则 h_f 应与焊件厚度相同。

角焊缝的焊角尺寸 h_f 不宜太大,以避免焊缝收缩时产生较大的焊接变形,且热影响区扩大,容易产生脆裂,较薄焊件容易烧穿。因此,规范规定:角焊缝的焊脚尺寸 h_f 不宜大于较薄焊件厚度的 1.2 倍(见图 3-21)(钢管结构除外)。对板边施焊,为防止咬边,h_f 尚应满足下列要求:

对贴着板边施焊时,最大焊脚尺寸应满足下列要求:

(1)当 $t > 6mm$ 时,$h_{fmax} \leqslant t - (1 \sim 2)mm$;

(2)当 $t \leqslant 6mm$ 时,$h_f \leqslant t$。

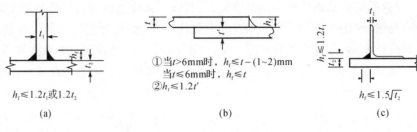

图 3-21　最大焊脚尺寸

因此，在选择焊缝的焊角尺寸时，应符合

$$h_{\text{fmin}} \leqslant h_f \leqslant h_{\text{fmax}} \tag{3-7}$$

3. 焊缝长度 l_w

角焊缝长度 l_w 也有最大和最小的限制：角焊缝的长度不宜过小，长度过小会使杆件局部加热严重，且起弧、落弧坑相距太近，加上一些可能产生的缺陷，使焊缝不够可靠。因此，侧面角焊缝或正面角焊缝的计算长度不得小于 $8h_f$ 或 40mm。另外，如图 3-19 所示，侧面角焊缝的应力沿其长度分布不均匀，两端大中间小，焊缝越长其差别也越大，太长时焊缝端部应力就会达到极限而破坏，而中部焊缝还未充分发挥其承载能力。这种应力分布的不均匀性，对承受动力荷载的构件尤其不利。因此，侧面角焊缝的计算长度不宜大于 $60h_f$。大于上述规定时，其超过部分在计算中不予考虑。

因此，在设计焊缝的长度时，应符合

$$l_{\text{min}} \leqslant l_w \leqslant l_{\text{max}} \tag{3-8}$$

当内力沿焊缝全长均匀分布时，焊缝计算长度不受此限制，如工字形截面梁或柱的翼缘与腹板的连接焊缝，屋架中弦杆与节点板的连接焊缝，梁的支撑加劲肋与腹板的连接焊缝。

4. 角焊缝的其他构造要求

当板件端部仅有两条侧面角焊缝连接时，为了避免应力传递的过分弯折而使板件应力过分不均匀，每条焊缝长度 l_w 不宜小于两条焊缝之间的距离 b（见图 3-22），同时为了避免因焊缝横向收缩时引起板件拱曲太大，两侧面角焊缝之间的距离不宜大于 $16t(t>12\text{mm})$ 或 $190\text{mm}(t\leqslant12\text{mm})$，$t$ 为较薄焊件的厚度。

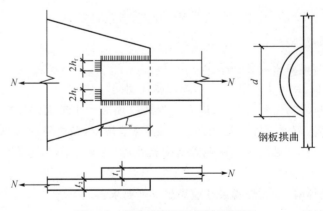

图 3-22　焊缝长度及两侧焊缝间距

搭接连接的搭接长度不得小于焊件较小厚度的 5 倍,同时不得小于 25mm(见图 3-23)。杆件端部搭接采用围焊(包括三面围焊、L 形围焊)时,转角处截面突变会产生应力集中,如在此处起灭弧,可能出现弧坑或咬边等缺陷,从而加大应力集中的影响,故所有围焊的转角处必须连接施焊。对于非围焊情况,当角焊缝的端部在构件转角处时,可连续地做长度为 $2h_f$ 的绕角焊(见图 3-22)。

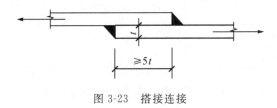

图 3-23　搭接连接

3.3.2　角焊缝的计算

1. 角焊缝计算的基本公式

如图 3-24(a)所示的角焊缝连接,在三向轴力作用下,直角角焊缝有效截面上产生三个方向的应力,即 $\sigma_\perp$、$\tau_\perp$、$\tau_/\!/$(见图 3-24(b)),其中 $\sigma_\perp$、$\tau_\perp$ 为垂直于焊缝长度方向的正应力和剪应力,$\tau_/\!/$ 为平行于焊缝长度方向的剪应力。根据试验研究,三个方向应力与焊缝强度间的关系可用式(3-9)表示:

$$\sqrt{\sigma_\perp^2 + 3(\tau_\perp^2 + \tau_/\!/^2)} \leqslant \sqrt{3} f_f^w \tag{3-9}$$

式中:$\sigma_\perp$——垂直于角焊缝有效截面上的正应力;

$\tau_\perp$——有效截面上垂直于焊缝长度方向的剪应力;

$\tau_/\!/$——有效截面上平行于焊缝长度方向的剪应力;

f_f^w——角焊缝的强度设计值,把它看为剪切强度,因而乘以 $\sqrt{3}$。

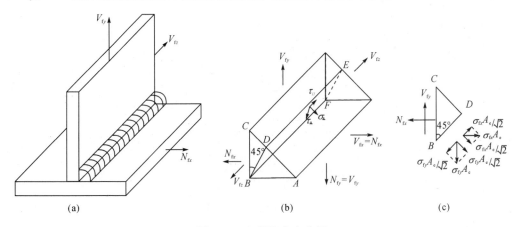

图 3-24　角焊缝应力分析

为了便于计算角焊缝,不计诸力的偏心作用,并认为有效截面上诸应力都是均匀分布的。有效截面面积为 A_e,在图 3-24(c)中,$N_{fx} = \sigma_{fx} A_e$,$V_{fy} = \sigma_{fy} A_e$,$V_{fz} = \tau_{fz} A_e$。根据平衡条件有

$$\sigma_\perp = \frac{\sigma_{fx}}{\sqrt{2}} + \frac{\sigma_{fy}}{\sqrt{2}} \tag{3-10}$$

$$\tau_\perp = \frac{\sigma_{fy}}{\sqrt{2}} - \frac{\sigma_{fx}}{\sqrt{2}} \tag{3-11}$$

$$\tau_{/\!/} = \tau_{fz} \tag{3-12}$$

将式(3-10)、式(3-11)、式(3-12)带入式(3-9)整理后得到角焊缝的计算公式为

$$\sqrt{\left(\frac{\sigma_f}{\beta_f}\right)^2 + \tau_f^2} \leqslant f_f^w \tag{3-13}$$

式中:σ_f——按焊缝有效截面($h_e l_w$)计算,垂直于焊缝长度方向的应力。

τ_f——按焊缝有效截面($h_e l_w$)计算,沿焊缝长度方向的剪应力。

β_f——正面角焊缝的强度设计值增大系数,对承受静力荷载和间接承受动力荷载的结构,$\beta_f = \sqrt{3/2} = 1.22$;但对直接承受动力荷载结构中的角焊缝,应取 $\beta_f = 1.0$。

f_f^w——角焊缝的抗拉、抗剪和抗压强度设计值。

(1)当作用力平行于焊缝长度方向时

此种情况相当于侧面角焊缝受力 $\sigma_f = 0$,故得

$$\tau_f = \frac{N}{h_e \sum l_w} \leqslant f_f^w \tag{3-14}$$

(2)当作用力垂直于焊缝长度方向时

此种情况相当于正面角焊缝受力 $\sigma_f = 0$,故得

$$\tau_f = \frac{N}{h_e \sum l_w} \leqslant \beta_f f_f^w \tag{3-15}$$

2.角焊缝连接计算

(1)轴心力作用下角焊缝的连接计算

1)盖板连接

当焊件受轴心力,且轴心力通过连接焊缝形心时,可认为焊缝应力是均匀分布的。

在如图 3-25 所示的连接中:

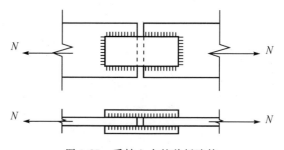

图 3-25　受轴心力的盖板连接

①当只有侧面角焊缝时,按式(3-14)计算;

②当只有正面角焊缝时,按式(3-15)计算;

③当采用三面围焊时,对矩形拼接板,先按式(3-15)计算正面角焊缝所承担的内力:

$$N' = \beta_f f_f^w \sum h_e l_w$$

式中：$\sum l_w$ 为连接一侧正面角焊缝计算长度的总和。

再由力 $(N-N')$ 计算侧面角焊缝的强度：

$$\tau_f = \frac{N-N'}{\sum h_e l_w} \leqslant f_f^w \tag{3-16}$$

式中：$\sum l_w$ 为连接一侧侧面角焊缝计算长度的总和。

2）承受斜向轴心力的角焊缝连接计算

如图 3-26 所示受斜向轴心力的角焊缝连接，将 N 分解为垂直于焊缝和平行于焊缝的分力 $N_x = N\sin\theta$，$N_y = N\cos\theta$，并计算应力：

$$\left. \begin{aligned} \sigma_f &= \frac{N\sin\theta}{\sum h_e l_w} \\ \tau_f &= \frac{N\cos\theta}{\sum h_e l_w} \end{aligned} \right\} \tag{3-17}$$

代入式（3-13）中进行验算。

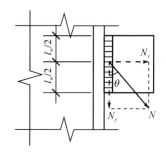

图 3-26　斜向轴心力作用

3）受轴心力角钢的连接

当角钢用角焊缝连接时（见图 3-27），虽然轴心力通过截面形心，但由于截面形心到角钢肢背和肢尖的距离不等，肢背焊缝和肢尖焊缝受力也不相等。由力的平衡关系$\left(\sum M = 0,\ \sum N = 0 \right)$可求出各焊缝的受力。

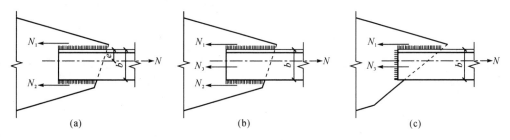

图 3-27　桁架腹杆与节点板的连接

①采用两面侧焊（见图 3-27(a)）

肢背：

$$N_1 = \frac{b-e}{b}N = \alpha_1 N \tag{3-18a}$$

肢尖：

$$N_2 = N - N_1 = \frac{e}{b}N = \alpha_2 N \tag{3-18b}$$

式中：N_1、N_2——角钢肢背和肢尖上的侧面角焊缝所分担的轴力；

α_1、α_2——角钢肢背、肢尖焊缝内力分配系数，如表 3-2 所示；

e——角钢的形心距。

②采用三面围焊（见图 3-27(b)）

正面角焊缝承担的力

$$N_3 = 0.7h_f \sum l_{w3} \beta_f f_f^w$$

肢背：

$$N_1 = \frac{N(b-e)}{b} - \frac{N_3}{2} = \alpha_1 N - \frac{N_3}{2} \tag{3-19a}$$

肢尖：

$$N_2 = \frac{Ne}{b} - \frac{N_3}{2} = \alpha_2 N - \frac{N_3}{2} \tag{3-19b}$$

式中：l_{w3} 为端部正面角焊缝的计算长度。

③L 形焊缝（见图 3-27(c)）

正面角焊缝承担的力

$$N_3 = 0.7h_f \sum l_{w3} \beta_f f_f^w$$

肢背：

$$N_1 = N - N_3 \tag{3-20}$$

表 3-2　角钢角焊缝内力分配系数

角钢类型	连接形式	角钢肢背	角钢肢尖
等肢		0.70	0.30
不等肢（短肢相连）		0.75	0.25
不等肢（长肢相连）		0.65	0.35

【例 3-3】　设计如图 3-28 所示双面不等边角钢（长肢相连）和节点板间的连接角焊缝。受动力荷载 $N=575\text{kN}$，$h_f=6\text{mm}$。钢材 Q235，手工焊，焊条 E43 型。

解：$f_f^w = 160\text{N/mm}^2$，$K_1 = 0.65$，$K_2 = 0.35$。

（1）肢背焊缝承担的内力 $N_1 = K_1 N = 0.65 \times 575\text{kN} = 373.75\text{kN}$，

肢尖焊缝承担的内力 $N_2 = K_2 N = 0.35 \times 575\text{kN} = 201.25\text{kN}$。

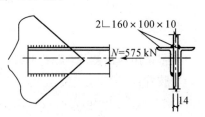

图 3-28　例题 3-3 图

（2）肢背焊缝的计算长度 $l_\mathrm{w}=\dfrac{N_1}{2\times0.7h_\mathrm{f}f_\mathrm{f}^\mathrm{w}}=\dfrac{373.75\times10^3}{2\times0.7\times6\times160}\mathrm{mm}=278\mathrm{mm}$，

肢尖焊缝的计算长度 $l_\mathrm{w}=\dfrac{N_2}{2\times0.7h_\mathrm{f}f_\mathrm{f}^\mathrm{w}}=\dfrac{201.25\times10^3}{2\times0.7\times6\times160}\mathrm{mm}=150\mathrm{mm}$。

（3）肢背焊缝的实际长度 $l=l_\mathrm{w}+2h_\mathrm{f}=278\mathrm{mm}+2\times6\mathrm{mm}=290\mathrm{mm}$，取 300mm，

肢尖焊缝的实际长度 $l=l_\mathrm{w}+2h_\mathrm{f}=150\mathrm{mm}+2\times6\mathrm{mm}=162\mathrm{mm}$，取 170mm。

2. 承受弯矩、轴心力和剪力联合作用的角焊缝连接计算

如图 3-29 所示的双面角焊缝连接承受偏心斜向力 N，将 N 分解为 N_x 和 N_y 两个分力，则角焊缝同时承受轴心力 N_x、剪力 N_y 和弯矩 $M=N_x e$ 的共同作用。焊缝计算截面上的应力分布如图 3-29（b）所示，其中 A 点应力最大，为控制设计点。

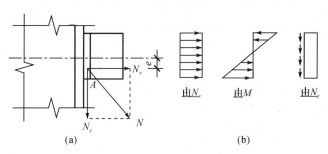

图 3-29　承受偏心斜向力的角焊缝

轴力作用：

$$\sigma_N=\frac{N_x}{A_\mathrm{e}}=\frac{N_x}{2h_\mathrm{e}l_\mathrm{w}} \tag{3-21}$$

弯矩作用：

$$\sigma_M=\frac{M}{W_\mathrm{e}}=\frac{6M}{2h_\mathrm{e}l_\mathrm{w}^2} \tag{3-22}$$

剪力作用：

$$\tau_y=\frac{N_y}{A_\mathrm{e}}=\frac{N_y}{2h_\mathrm{e}l_\mathrm{w}} \tag{3-23}$$

A 点应满足式（3-13），即

$$\sqrt{\left(\frac{\sigma_N+\sigma_M}{\beta_\mathrm{f}}\right)+\tau_y^2}\leqslant f_\mathrm{f}^\mathrm{w}$$

当连接直接承受动力荷载作用时，取 $\beta_\mathrm{f}=1.0$。

3. 承受扭矩与剪力联合作用的角焊缝连接计算

如图 3-30 所示为采用三面围焊的搭接连接，该连接角焊缝承受竖向剪力 $V=F$ 和扭矩 $T=F(e_1+e_2)$ 的作用。计算角焊缝在扭矩 T 作用下产生的应力时，采用如下假定：

（1）被连接构件是绝对刚性的，而焊缝则是弹性的；

（2）被连接板件绕角焊缝有效截面形心 O 旋转，角焊缝上任一点的应力方向垂直于该点与形心 O 的连线，应力的大小与其距离 r 的大小成正比。

图 3-30 中，A 点与 A' 点由扭矩 T 引起的剪应力 τ_T 最大，焊缝群其他各处由扭矩 T 引起的剪应力 τ_T 均小于 A 点和 A' 点的剪应力，因此 A 点和 A' 点为设计控制点。

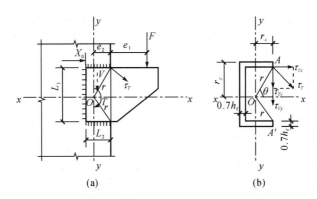

图 3-30　受剪力和扭矩作用的角焊缝

在扭矩 T 作用下，A 点（或 A' 点）的应力为

$$\tau_T = \frac{Tr}{I_p} = \frac{Tr}{I_x + I_y} \tag{3-24}$$

式中：I_p 为焊缝有效截面的极惯性矩，$I_p = I_x + I_y$。

将 τ_T 沿 x 轴和 y 轴分解为

$$\tau_{Tx} = \tau_T \cdot \sin\theta = \frac{Tr}{I_p} \cdot \frac{r_y}{r} = \frac{Tr_y}{I_p} \tag{3-25}$$

$$\tau_{Ty} = \tau_T \cdot \cos\theta = \frac{Tr}{I_p} \cdot \frac{r_x}{r} = \frac{Tr_x}{I_p} \tag{3-26}$$

假设由剪力 V 在焊缝群引起的剪应力 τ_V 均匀分布，则引起的应力 τ_{Vy} 为

$$\tau_{Vy} = \frac{V}{\sum h_e l_w}$$

则 A 点受到垂直于焊缝长度方向的应力为

$$\sigma_f = \tau_{Ty} + \tau_{Vy}$$

沿焊缝长度方向的应力为 τ_{Tx}，则 A 点合应力应满足的强度条件为

$$\sqrt{\left(\frac{\sigma_f}{\beta_f}\right)^2 + \tau_{Tx}^2} \leqslant f_f^w \tag{3-27}$$

【例 3-4】　验算图 3-31 中梁与钢柱间的连接角焊缝的强度。钢材 Q235，手工焊，焊条 E43 型。荷载设计值 $N = 400\text{kN}$（静力荷载），$e = 250\text{mm}$，焊脚尺寸 $h_f = 8\text{mm}$。

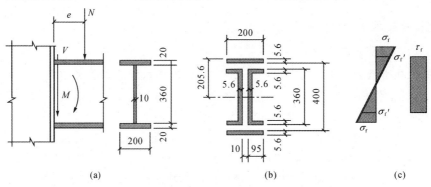

图 3-31　工字形梁（或牛腿）的角焊缝连接（单位：mm）

解：竖向力在角焊缝形心处引起剪力 $V=400\text{kN}$ 和弯矩 $M=400\times0.25=100\text{kN}\cdot\text{m}$，全部焊缝有效截面对中和轴的惯性矩为

$$I_\text{w}=2\times0.7\times8\times200\times\left(205.6-\frac{5.6}{2}\right)^2\text{mm}^4+4\times0.7\times8\times95\times\left(180-\frac{5.6}{2}\right)^2\text{mm}^4+$$

$$2\times\frac{5.6\times(360-11.2)^3}{12}\text{mm}^4$$

$$=198551697\text{mm}^4$$

翼缘焊缝的最大应力为

$$\sigma_\text{f1}=\frac{M}{I_\text{w}}\cdot\frac{h}{2}=\frac{100\times10^6}{198551697}\times205.6\text{N/mm}^2$$

$$=103.5\text{N/mm}^2<\beta_\text{f}f_\text{f}^\text{w}=1.22\times160\text{N/mm}^2=195.2\text{N/mm}^2$$

腹板焊缝中由于弯矩 M 引起的最大应力为

$$\sigma_\text{f2}=103.5\times\frac{174.4}{205.6}\text{N/mm}^2=87.8\text{N/mm}^2$$

剪力 V 在腹板焊缝中产生的平均剪应力为

$$\tau_\text{f}=\frac{V}{\sum(h_\text{e2}l_\text{w2})}=\frac{400\times10^3}{2\times0.7\times8\times348.8}\text{N/mm}^2=102.4\text{N/mm}^2$$

则腹板焊缝的强度为

$$\sqrt{\left(\frac{\sigma_\text{f2}}{\beta_\text{f}}\right)^2+\tau_\text{f}^2}=\sqrt{\left(\frac{87.8}{1.22}\right)^2+102.4^2}\text{N/mm}^2=125.2\text{N/mm}^2<f_\text{f}^\text{w}=160\text{N/mm}^2$$

满足要求。

3.4　焊接应力和焊接变形

3.4.1　焊接残余应力和变形的概念

焊接残余应力有纵向焊接残余应力、横向焊接残余应力和沿厚度方向的残余应力，这些应力都是由焊接加热和冷却过程中不均匀收缩变形引起的。

1. 纵向焊接残余应力

焊接过程是一个不均匀加热和冷却的过程。在施焊时，焊件上产生不均匀的温度场，焊缝及其附近温度最高，达 1600℃ 以上，其邻近区域温度则急剧下降（见图 3-32）。不均匀的温度场产生不均匀的膨胀。温度高的钢材膨胀大，由于受到两侧温度较低、膨胀量较小的钢材的限制，产生了热态塑性压缩。焊缝冷却时，被塑性压缩的焊缝区趋向于缩得比原始长度稍短，这种缩短变形受到两侧钢材的限制而产生纵向拉应力。在低碳钢和低合金钢中，这种拉应力经常达到钢材的屈服强度。焊接残余应力是一种无荷载作用下的内应力，因此会在焊件内部自相平衡。这就必然在距焊缝稍远区段内产生压应力（见图 3-32(c)）。

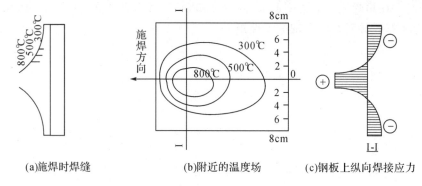

(a)施焊时焊缝   (b)附近的温度场   (c)钢板上纵向焊接应力

图 3-32   施焊时焊缝及附近的温度场和焊接残余应力

2.横向焊接残余应力

横向焊接残余应力产生的原因有两种:一是由于焊缝纵向收缩,使两块钢板趋向于形成反方向的弯曲变形,但实际上焊缝将两块钢板连成整体,不能分开,于是在焊缝中部产生横向拉应力,而在两端产生横向压应力(见图 3-33(a)和图 3-33(b))。二是焊缝在施焊过程中,先后冷却的时间不同,先焊的焊缝已经凝固,且具有一定的强度,会阻止后焊焊缝在横向的自由膨胀,使其发生横向的塑性压缩变形。当先焊部分冷却时,中间焊缝部分逐渐冷却,后焊部分开始冷却。后焊焊缝的收缩受到已凝固的焊缝限制而产生横向拉应力,同时在先焊部分的焊缝内产生横向压应力。因应力自相平衡,更远处的另一端焊缝则受拉应力(见图 3-33(c))。焊缝收缩引起的横向应力与施焊方向和顺序有关。焊缝的横向残余应力是上述两种原因产生的应力合成的结果(见图 3-33(d))。

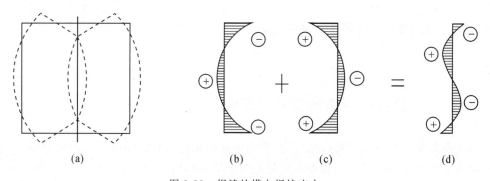

(a)   (b)   (c)   (d)

图 3-33   焊缝的横向焊接应力

3.沿焊缝厚度方向的残余应力

在厚钢板的焊接连接中,焊缝需要多层施焊。因此,除有纵向和横向焊接残余应力 σ_x、σ_y 外,还存在沿钢板厚度方向的焊接残余应力 σ_z(见图 3-34)。这三种应力形成比较严重的同号三轴应力,将大大降低结构连接的塑性。

焊接残余变形与焊接残余应力相伴相生。在焊接过程中的局部加热和不均匀冷却收缩,在使焊件产生残余应力的同时还将伴生焊接残余变形,它的主要形式有纵向和横向收缩、角变形、弯曲变形和扭曲变形等(见图 3-35)。

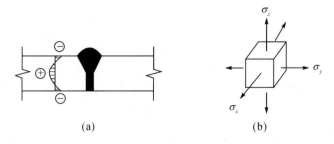

图 3-34　厚板中的焊接残余应力

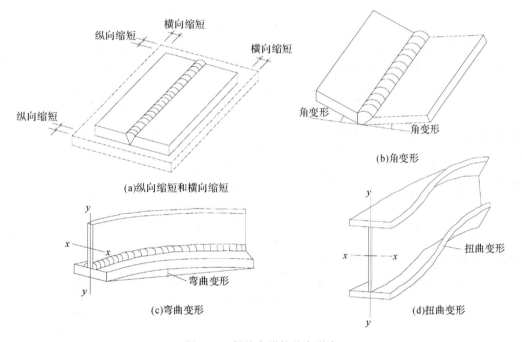

图 3-35　焊缝变形的基本形式

3.4.2　焊接应力和变形对结构工作性能的影响

1. 对结构静力强度的影响

在静力荷载作用下,由于钢材具有一定塑性,焊接残余应力不会影响结构强度。设轴心受拉构件在受荷前($N=0$)截面上就存在纵向焊接残余应力,并假设其分布如图 3-36(a)所示。由于截面 bt 部分的焊接拉应力已达屈服强度 f_y,故在轴心力作用下,其应力不再增加,因为钢材具有一定的塑性,拉力 N 就仅由受压的弹性区承担。随着外力 N 的增大,两侧受压区的应力由原来的受压逐渐变为受拉,最后应力也达到 f_y(见图 3-36(b))。由于焊接残余应力在焊件内部自相平衡,残余压应力的合力必然等于残余拉应力的合力,其承载力仍为 $N_y=A_c+(B-b)tf_y=Btf_y$。所以,有残余应力焊接的承载能力和没有残余应力者完全相同,可见残余应力不影响结构的静力强度。

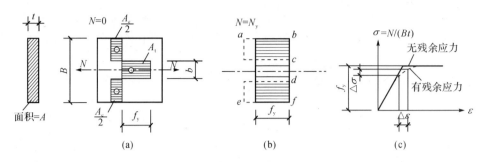

图 3-36　具有焊接残余应力的轴心受拉杆加荷时应力的变化情况

2.对结构刚度的影响

构件上存在焊接残余应力会降低结构的刚度。现仍以轴心受拉构件为例加以说明(见图 3-36(c))。对有残余应力的轴心拉杆,当加载时,截面中部塑性区逐渐加宽,而两侧的弹性区逐渐减小。有残余应力时对应于拉力增量 ΔN 的拉应变 $\Delta\varepsilon_1 = \dfrac{\Delta N}{(B-b)tE}$ 必然大于无残余应力时的拉应变 $\Delta\varepsilon_2 = \dfrac{\Delta N}{BtE}$。因此焊接残余应力的存在将增大构件的变形,刚度降低。

3.对压杆稳定性的影响

焊接残余应力使压杆的挠曲刚度减小,抵抗外力增量的弹性区面积和弹性区惯性矩减小,从而降低其稳定承载能力。

4.对低温工作的影响

在厚板焊接处或具有交叉焊缝的部位,将产生三向焊接残余应力(见图 3-37),阻碍该区域钢材塑性变形的发展,从而增加钢材在低温下的脆断倾向。因此,降低或消除焊缝中的残余应力是改善结构低温冷脆趋势的重要措施之一。

5.对疲劳强度的影响

在焊缝及其附近的主体金属残余拉应力通常达到钢材的屈服强度,此部位正是形成和发展疲劳裂纹最为敏感的区域,因此焊接残余应力对结构的疲劳强度有明显不利影响。

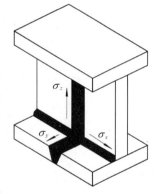

图 3-37　三向焊接残余应力

3.4.3　减小焊接应力和变形的措施

减小焊接应力和焊接变形可采取以下措施:

1.设计上的措施(见图 3-38)

(1)焊接位置的安排要合理;

(2)焊缝尺寸要适当;

(3)焊缝的数量宜少,且不宜过分集中;

(4)应尽量避免两条或三条焊缝垂直交叉;

(5)尽量避免在母材厚度方向的收缩应力。

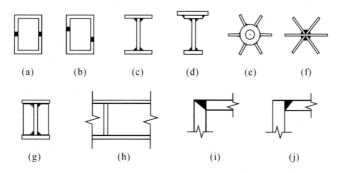

图 3-38　减小焊接应力和焊接变形影响的设计措施
(a)、(c)、(e)、(g)、(i)推荐；(b)、(d)、(f)、(h)、(j)不推荐

2.工艺上的措施

(1)采取合理的施焊次序(见图 3-39)；

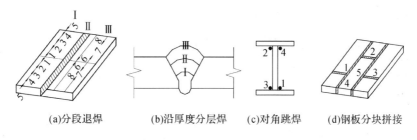

(a)分段退焊　　(b)沿厚度分层焊　　(c)对角跳焊　　(d)钢板分块拼接

图 3-39　合理的施焊次序

(2)采用反变形(见图 3-40)；

(3)对于小尺寸焊件,焊前预热,或焊后回火加热至 600℃ 左右,然后缓慢冷却,可以部分消除焊接应力和焊接变形。也可采用刚性固定法将构件加以固定来限制焊接变形,但增加了焊接残余应力。

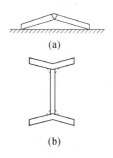

图 3-40　焊接前反变形

3.5　普通螺栓连接

3.5.1　普通螺栓的排列和构造要求

钢板的螺栓排列通常分为并列和错列两种形式(见图 3-41)。螺栓在构件上的排列要满足以下三个方面的要求：

(1)受力要求：在垂直于受力方向,对于受拉构件,各排螺栓的中距及边距不能过小,以免使螺栓周围应力集中相互影响,且使钢板的截面削弱过多,降低其承载力。在顺力作用方向,端距应按被连接件材料的抗挤压及抗剪切等强度条件确定,以使钢板在端部不致被螺栓撕裂,规范规定端距不应小于 $2d_0$。

(2)构造要求：若中距和边距过大,则构件接触面不够紧密,潮气易于侵入缝隙而发生锈蚀。

（3）施工要求：螺栓中距不能太近，要保证有一定的空间，便于转动螺栓扳手。

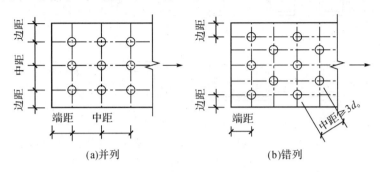

图 3-41　钢板的螺栓排列

根据以上要求，规范规定螺栓和铆钉的最大、最小容许距离（见表 3-3）。角钢、普通工字钢、槽钢上排列的螺栓还应符合各自线距和最大孔径的要求（见表 3-4～表 3-6）。角钢、普通工字钢、槽钢截面上排列螺栓的线距应满足图 3-42 的要求。

表 3-3　螺栓和铆钉的最大、最小容许距离

名称	位置和方向			最大容许距离 （取两者的较少者）	最少容许距离
中心间距	任意方向	外排		$8d_0$ 或 $12t$	$3d_0$
		中间排	构件受压力	$12d_0$ 或 $18t$	
			构件受拉力	$16d_0$ 或 $24t$	
中心至构件边缘距离	顺内力方向			$4d_0$ 或 $8t$	$2d_0$
	垂直内力方向	切割边			$1.5d_0$
		轧制边	高强度螺栓		$1.5d_0$
			其他螺栓或铆钉		$1.2d_0$

表 3-4　角钢上螺栓或铆钉线距

单位：mm

单行排列	角钢肢宽	40	45	50	56	63	70	75	80	90	100	110	125
	线距 e	25	25	30	30	35	40	40	45	50	55	60	70
	钉孔最大直径	11.5	13.5	13.5	15.5	17.5	20	22	22	24	24	26	26

双行错排	角钢肢宽	125	140	160	180	200	双行并列	角钢肢宽	160	180	200
	e_1	55	60	70	70	80		e_1	60	70	80
	e_2	90	100	120	140	160		e_2	130	140	160
	钉孔最大直径	24	24	26	26	26		钉孔最大直径	24	24	26

表 3-5　工字钢和槽钢腹板上的螺栓线距

单位:mm

工字钢型号	12	14	16	18	20	22	25	28	32	36	40	45	50	56	63
线距 c_{min}	40	45	45	45	50	50	55	60	60	65	70	75	75	75	75
槽钢型号	12	14	16	18	20	22	25	28	32	36	40	—	—	—	—
线距 c_{min}	40	45	50	50	55	55	55	60	65	70	75	—	—	—	—

表 3-6　工字钢和槽钢翼缘上的螺栓线距

单位:mm

工字钢型号	12	14	16	18	20	22	25	28	32	36	40	45	50	56	63
线距 c_{min}	40	40	50	55	60	65	65	70	75	80	80	85	90	95	95
槽钢型号	12	14	16	18	20	22	25	28	32	36	40	—	—	—	—
线距 c_{min}	30	35	35	40	40	45	45	45	50	56	60	—	—	—	—

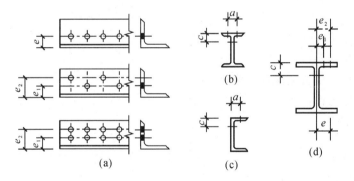

图 3-42　型钢的螺栓排列

3.5.2　普通螺栓的抗剪连接

1. 抗剪连接的工作性能

抗剪螺栓连接在受力以后,首先由构件间的摩擦力抵抗外力。不过摩擦力很小,随着外力的增大,构件很快就出现滑移使螺杆与孔壁接触,使螺杆受剪,同时孔壁受压。

图 3-43 表示螺栓连接有五种可能的破坏情况。其中对螺杆被剪断、孔壁挤压以及板被拉断,要进行计算。而对于钢板剪断和螺杆弯曲破坏两种形式,可以通过限制端距 $e \geqslant 2d_0$,以避免板因受螺杆挤压而被剪断;限制板叠厚度不超过 $5d$(即 $\sum t \leqslant 5d$),以避免螺杆弯曲过大而影响承载能力。

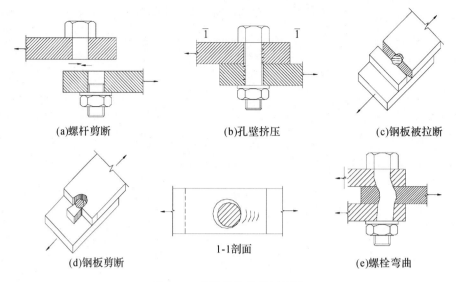

(a)螺杆剪断　　　　　　　　(b)孔壁挤压　　　　　　　　(c)钢板被拉断

(d)钢板剪断　　　　　　　1-1剖面　　　　　　　(e)螺栓弯曲

图 3-43　螺栓连接的破坏情况

2.单个抗剪螺栓的承载力设计值

（1）抗剪承载力设计值

$$N_v^b = n_v \frac{\pi d^2}{4} f_v^b \tag{3-28}$$

式中：n_v——螺栓受剪面数，单剪 $n_v = 1$，双剪 $n_v = 2$，四剪 $n_v = 4$ 等；

　　　d——螺杆直径；

　　　f_v^b——螺栓的抗剪强度设计值，见附表 1-4。

（2）承压承载力设计值

$$N_c^b = d \sum t f_c^b \tag{3-29}$$

式中：$\sum t$——在不同受力方向中同一受力方向承压板件总厚度的较小值；

　　　d——螺杆直径；

　　　f_c^b——螺栓承压强度设计值，见附表 1-4；

一个抗剪螺栓的承载力设计值应该取 N_v^b 和 N_c^b 的较小值 N_{min}^b。

3.螺栓群在轴心力作用下的抗剪计算

（1）螺栓数目

当连接处于弹性阶段时，螺栓群中各螺栓受力不相等，两端大而中间小，超过弹性阶段出现塑性变形后，因内力重分布使各螺栓受力趋于均匀（见图 3-44）。但当构件的节点处或拼接缝的一侧螺栓很多，且沿受力方向的连接长度 l_1 过大时，端部的螺栓会因受力过大而首先破坏，随后依次向内发展逐个破坏（即所谓的解纽扣现象）。因此，规范规定当 $l_1 > 15d_0$ 时，应将螺栓的承载力乘以折减系数：

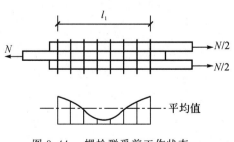

图 3-44　螺栓群受剪工作状态

$$\eta = 1.1 - \frac{l_1}{150d_0} \tag{3-30}$$

当 $l_0 > 15d_0$ 时, $\eta = 1.1 - \frac{l_1}{150d_0}$;

当 $l_0 \geqslant 60d_0$ 时, $\eta = 0.7$。

因此,当外力通过螺栓群中心时,可认为所有的螺栓受力相同。

当外力通过螺栓群形心时,在连接长度范围内,计算时假定所有螺栓受力相等,则计算所需螺栓数目为

$$n = \frac{N}{\eta \cdot N_{min}^b} \tag{3-31}$$

式中: N 为作用于螺栓群的轴心力设计值。

(2)构件(板件)净截面强度

由于螺栓孔削弱了板件的截面,为防止板件在净截面上被拉断,需要验算净截面的强度,其公式为

$$\sigma = \frac{N}{A_n} \leqslant f \tag{3-32}$$

构件净截面面积 A_n 的计算方法:

① 并列(见图 3-45(a))

$$A_n = t(b - n_1 d_0)$$

② 错列(见图 3-45(b))

正截面: $A_n = t(b - n_1 d_0)$,

齿形截面: $A_n = t[2e_4 + (n_2 - 1)\sqrt{e_1^2 + e_2^2} - n_2 d_0]$。

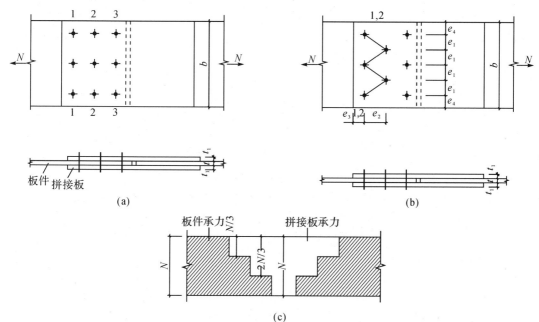

图 3-45　力的传递及净截面面积计算

4.普通螺栓群在扭矩和剪力作用下的抗剪连接计算

在螺栓群受扭矩 $T=F \cdot e$，剪力 F 共同作用的连接中（见图 3-46），分析螺栓群受扭矩作用时采用下列计算假定：①被连接板件是绝对刚性的，而螺栓则是弹性的；②各螺栓绕螺栓群形心 O 旋转，其受力大小与其至螺栓群形心 O 的距离 r 成正比，力的方向与其至螺栓群形心的连线相垂直。

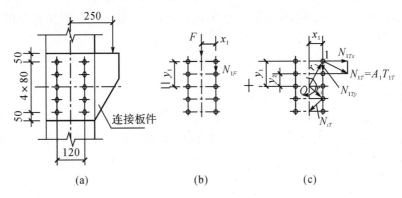

(a)   (b)   (c)

图 3-46　螺栓群偏心受剪（单位：mm）

（1）T 作用下单个螺栓受力

根据平衡条件得

$$T = N_1^T r_1 + N_2^T r_2 + \cdots + N_n^T r_n$$

$$\frac{N_1^T}{r_1} = \frac{N_2^T}{r_2} = \cdots = \frac{N_n^T}{r_n}$$

则

$$T = N_1^T \frac{r_1^2}{r_1} + N_2^T \frac{r_2^2}{r_1} + \cdots + N_n^T \frac{r_n^2}{r_1} = N_1^T \frac{\sum\limits_{i=1}^{n} r_i^2}{r_1} \tag{3-33}$$

或

$$N_1^T = \frac{Tr_1}{\sum r_i^2} = \frac{Tr_1}{\sum x_i^2 + \sum y_i^2} \tag{3-34}$$

为便于计算，可将 N_1^T 分解为沿 x 轴和 y 轴上的两个分量：

$$N_{1Tx} = N_{1T} \frac{y_1}{r_1} = \frac{Ty_1}{\sum r_i^2} = \frac{Ty_1}{\sum x_i^2 + \sum y_i^2} \tag{3-35a}$$

$$N_{1Ty} = N_{1T} \frac{x_1}{r_1} = \frac{Tx_1}{\sum r_i^2} = \frac{Tx_1}{\sum x_i^2 + \sum y_i^2} \tag{3-35b}$$

（2）剪力 F 作用下

$$N_{1F} = \frac{F}{n}$$

（3）螺栓群偏心受剪

螺栓群偏心受剪时，受力最大的螺栓 1 所受的合力为

$$N_1 = \sqrt{N_{1Tx}^2 + (N_{1Ty} + N_{1F})^2} \leqslant N_{\min}^b \tag{3-36}$$

【**例 3-5**】　设计两块钢板用普通螺栓的盖板拼接(见图 3-47)。已知轴心拉力的设计值 $N=325\text{kN}$,钢材为 Q235A,螺栓直径 $d=20\text{mm}$(粗制螺栓),孔径 $d_0=21.5\text{mm}$。

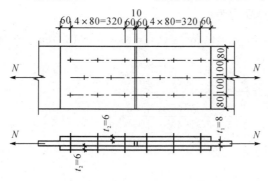

图 3-47　例题 3-5 图(单位:mm)

解:(1)计算螺栓数

抗剪承载力设计值为

$$N_\text{v}^\text{b}=n_\text{v}\frac{\pi d^2}{4}f_\text{v}^\text{b}=2\times\frac{3.14\times20^2}{4}\times140\text{N}=87.9\text{kN}$$

承压承载力设计值为

$$N_\text{c}^\text{b}=d\sum t\cdot f_\text{c}^\text{b}=20\times8\times305\text{N}=48.8\text{kN}$$

连接一侧所需螺栓数 n 为

$$n=\frac{N}{N_\text{min}^\text{b}}=\frac{325}{48.8}=6.7,\text{取 8 个,如图 3-47 所示。}$$

(2)构件净截面强度验算

正截面:$A_\text{1n}=(360-2\times21.5)\times8\text{mm}^2=2536\text{mm}^2$,

齿形截面:$A_\text{2n}=(416-3\times21.5)\times8\text{mm}^2=2812\text{mm}^2$,

故板件的净截面应力为

$$\sigma=\frac{N}{A_\text{n}}=\frac{325\times1000}{2536}\text{N/mm}^2=128\text{N/mm}^2\leqslant f=215\text{N/mm}^2$$

【**例 3-6**】　设计如图 3-48 所示的普通螺栓拼接。柱翼缘厚度为 10mm,连接板厚度为 8mm,钢材为 Q235B,荷载设计值为 $F=150\text{kN}$,偏心距为 $e=250\text{mm}$,粗制螺栓 M22。

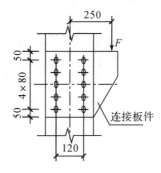

图 3-48　例题 3-6 图(单位:mm)

解:螺栓受力计算:

$$T = Fe = 150 \times 0.25 \text{kN} \cdot \text{m} = 37.5 \text{kN} \cdot \text{m}$$
$$V = F = 150 \text{kN}$$

扭矩作用下 1 号螺栓受力为

$$\sum x_i^2 + \sum y_i^2 = 10 \times 6^2 \text{cm}^2 + (4 \times 8^2 + 4 \times 16^2) \text{cm}^2 = 1640 \text{cm}^2$$

$$N_{1Tx} = \frac{Ty_1}{\sum x_i^2 + \sum y_i^2} = \frac{37.5 \times 0.16}{1640 \times 10^{-4}} \text{kN} = 36.6 \text{kN}$$

$$N_{1Ty} = \frac{Tx_1}{\sum x_i^2 + \sum y_i^2} = \frac{37.5 \times 0.06}{1640 \times 10^{-4}} \text{kN} = 13.7 \text{kN}$$

剪力作用下 1 号螺栓受力为

$$N_{1F} = \frac{F}{n} = \frac{150}{10} \text{kN} = 15 \text{kN}$$

1 号螺栓受力为

$$N_1 = \sqrt{N_{1Tx}^2 + (N_{1Ty} + N_{1F})^2} = \sqrt{36.6^2 + (13.7 + 15)^2} \text{kN} = 46.5 \text{kN}$$

承载力验算

$$N_v^b = n_v \frac{\pi d^2}{4} f_v^b = 1 \times \frac{3.14 \times 22^2}{4} \times 140 \text{N} = 53.2 \text{kN} > N_1 = 46.5 \text{kN}$$

$$N_c^b = d \sum t \cdot f_c^b = 22 \times 8 \times 305 \text{N} = 53.7 \text{kN} > N_1 = 46.5 \text{kN}$$

3.5.3 普通螺栓的抗拉连接

1. 普通螺栓受拉工作性能

沿螺杆轴方向受拉时,一般很难做到拉力正好作用在螺杆轴线上,而是通过水平板件传递,如图 3-49 所示。若与螺栓直接相连的翼缘板的刚度不是很大,由于翼缘的弯曲,使螺栓受到撬力的附加作用,杆力增加到

$$P_f = N_t + Q$$

式中:Q 称为撬力,撬力的大小与连接板刚度、螺栓直径、螺栓所在位置等有关,准确求值非常困难。

由于确定 Q 力比较复杂,在计算中对普通螺栓连接,一般不计 Q 力,而用降低螺栓强度设计值的方法解决,规范规定的普通螺栓抗拉强度设计值 f_t^b 是取同样钢号钢材抗拉强度设计值 f 的 0.8 倍(即 $f_t^b = 0.8f$)以考虑这种不利影响。也可在构造上采取措施,如设置加劲肋(见图 3-50),提高刚度,可以减小甚至消除撬力的影响。

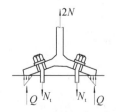

图 3-49 受拉螺栓的撬力

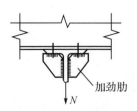

图 3-50 T 形连接中螺栓受拉

2.单个普通螺栓的抗拉承载力

$$N_t^b = \frac{\pi d_e^2}{4} f_t^b = A_e f_t^b \tag{3-37}$$

式中:d_e、A_e—— 普通螺栓或锚栓螺纹处的有效直径和有效面积;

　　　f_t^b—— 普通螺栓或锚栓的抗拉强度设计值。

3.普通螺栓群轴心受拉

当外力 N 通过螺栓群形心时,假定所有螺栓受力相等,则连接所需螺栓数目为

$$n \geqslant \frac{N}{N_t^b} \tag{3-38}$$

4.普通螺栓群在弯矩作用下的受拉计算

普通螺栓群在弯矩作用下的抗拉连接(剪力 V 通过承托板传递,支托承受剪力 V)如图 3-51 所示。螺栓群在弯矩 M 作用下上部螺栓受拉,连接板有顺 M 方向旋转的趋势,使螺栓群形心下移。与螺栓群拉力相平衡的压力产生于下部的接触面上,精确确定中和轴的位置比较复杂。通常近似地假定中和轴在最下边一排螺栓的轴线上(见图 3-51(c)),并且忽略压力所提供的力矩。因此,在弯矩作用下螺栓所受拉力大小与其至中和轴的距离 y_i 成正比,螺栓的最大拉力为

$$N_1^M = \frac{M y_1}{m \sum y_i^2} \leqslant N_t^b \tag{3-39}$$

式中:m—— 螺栓排列的纵列数(图 3-51 中,$m = 2$);

　　　y_i—— 各螺栓到螺栓群中和轴的距离;

　　　y_1—— 受力最大的螺栓到中和轴的距离。

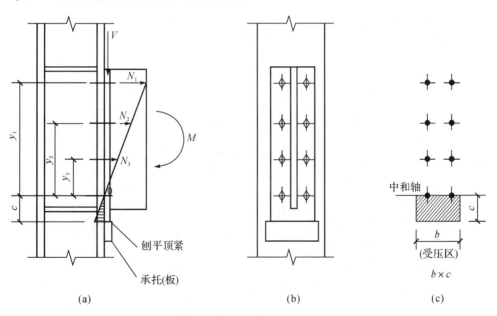

(a)　　　　　　　　　　　(b)　　　　　　　　　　　(c)

图 3-51　普通螺栓弯矩受拉

【例 3-7】　牛腿用 C 级普通螺栓以及承托与柱连接,如图 3-52 所示,承受竖向荷载(设计值)$F = 220\text{kN}$,偏心距为 $e = 200\text{mm}$。试设计其螺栓连接。已知构件和螺栓均用 Q235 钢

材,螺栓为 M20,孔径 21.5mm。

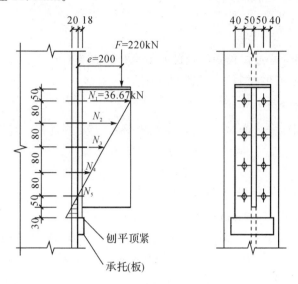

图 3-52　例题 3-7 图(长度单位:mm)

解:查附表 8-1,M20($A_e = 245\text{mm}^2$),承托板传递全部剪力 V,$V = F = 220\text{kN}$。

弯矩由螺栓连接传递,$M = Ve = 220 \times 0.20\text{kN} \cdot \text{m} = 44\text{kN} \cdot \text{m}$。

单个螺栓最大拉力为

$$N_1^M = \frac{My_1}{m\sum y_i^2} = \frac{44 \times 0.32}{2 \times (0.08^2 + 0.16^2 + 0.24^2 + 0.32^2)}\text{kN} = 36.7\text{kN}$$

单个螺栓的抗拉承载力设计值为

$$N_t^b = A_e f_t^b = 245 \times 170\text{N} = 41.7\text{kN} > N_1 = 36.7\text{kN}$$

连接满足要求。

3.5.4　普通螺栓受剪力和拉力的联合作用

大量实验研究结果表明,如图 3-53 所示的同时承受剪力和拉力作用的普通螺栓有两种可能破坏形式:一是螺杆受剪兼受拉破坏;二是孔壁承压破坏。

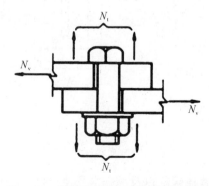

图 3-53　螺栓群受剪力和拉力联合作用

大量的试验结果表明,当将拉-剪联合作用下的螺杆处于极限承载力时的拉力和剪力分别除以各自单独作用时的承载能力,所得到的关于 $\frac{N_t}{N_t^b}$ 和 $\frac{N_v}{N_v^b}$ 的相关曲线,近似为半径为 1.0 的 1/4 圆曲线(见图 3-54)。

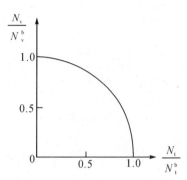

图 3-54　剪力和拉力的相关曲线

于是,《钢结构规范》规定:螺栓在拉力和剪力共同作用下,应满足公式

$$\sqrt{\left(\frac{N_v}{N_v^b}\right)^2 + \left(\frac{N_t}{N_t^b}\right)^2} \leqslant 1 \tag{3-40}$$

满足式(3-40)时,螺栓不会因受拉和受剪破坏,但当连接板件过薄时,可能因承压强度不足而破坏,螺栓的承压承载力计算公式为

$$N_v = \frac{V}{n} \leqslant N_c^b \tag{3-41}$$

式中:N_v、N_t——一个螺栓所承受的剪力和拉力;

N_v^b、N_c^b、N_t^b——一个螺栓的抗剪、承压和抗拉承载力设计值。

【例 3-8】　图 3-55 为短横梁与柱翼缘的连接,剪力 $V = 250\text{kN}$,$e = 120\text{mm}$,螺栓为 C 级,梁端竖板下有承托。钢材为 Q235B,手工焊,焊条 E43 型,如果去掉承托,试设计此连接。

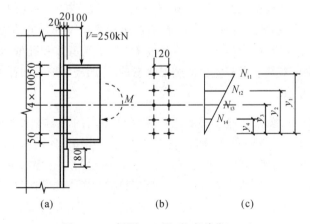

图 3-55　例题 3-8 图(长度单位:mm)

解:该螺栓受力 $V = 250\text{kN}$,$M = Ve = 250 \times 0.12\text{kN} \cdot \text{m} = 30\text{kN} \cdot \text{m}$,

设螺栓为 M20($A_e = 245\text{mm}^2$),$n = 8$,

（1）单个普通螺栓的承载力

$$N_v^b = n_v \frac{\pi d^2}{4} f_v^b = 1 \times \frac{3.14 \times 20^2}{4} \times 140\text{N} = 44.0\text{kN}$$

$$N_c^b = d \sum t \cdot f_c^b = 20 \times 20 \times 305\text{N} = 122\text{kN}$$

$$N_t^b = A_e f_t^b = 245 \times 170\text{N} = 41.7\text{kN}$$

（2）单个螺栓最大拉力

$$N_t = \frac{My_1}{m \sum y_i^2} \cdot y_1 = \frac{30 \times 10^3 \times 400}{2 \times (100^2 + 200^2 + 300^2 + 400^2)}\text{kN} = 20\text{kN} < N_t^b = 41.7\text{kN}$$

$$N_t = 20\text{kN}, N_v = \frac{V}{n} = \frac{250}{10}\text{kN} = 25\text{kN} < N_c^b = 122\text{kN}$$

（3）剪力和拉力联合作用下

$$\sqrt{\left(\frac{N_v}{N_v^b}\right)^2 + \left(\frac{N_t}{N_t^b}\right)^2} = \sqrt{\left(\frac{25}{44.0}\right)^2 + \left(\frac{20}{41.7}\right)^2} = 0.744 < 1$$

3.6 高强度螺栓连接

3.6.1 高强度螺栓连接的构造要求

高强度螺栓连接有摩擦型连接和承压型连接两种。

普通螺栓连接在抗剪时依靠杆身承压和螺栓抗剪来传递剪力，扭紧螺帽时螺栓产生的预拉力很小，其影响可以忽略。高强度螺栓除了材料强度高外还给螺栓施加很大的预拉力，使被连接构件的接触面之间产生较大挤压力，因而当构件有相对滑动趋势时会在接触面产生垂直于螺杆方向的摩擦力。高强度螺栓摩擦型连接单纯依靠被连接构件间的摩擦阻力传递剪力，以剪力等于摩擦力为承载能力的极限状态。高强度螺栓承压型连接的传力特征是剪力超过摩擦力时，构件间发生相互滑移，螺栓杆身与孔壁接触，开始受剪并和孔壁承压。高强度螺栓承压型连接以螺栓或钢板破坏为承载能力的极限状态，可能的破坏形式和普通螺栓相同。

1.高强度螺栓材料

高强度螺栓的杆身、螺帽和垫圈都要用抗拉强度很高的钢材制作。高强度螺栓的性能等级有 8.8 级（40B 钢、45 号钢和 35 号钢）和 10.9 级（20MnTiB 钢和 35VB 钢）两种。级别划分的小数点前的数字是螺栓钢材热处理后的最低抗拉强度，小数点后面的数字是屈强比（屈服强度 f_y 与抗拉强度 f_u 的比值），如 8.8 级钢材的最低抗拉强度是 800N/mm²，屈服强度是 0.8×800N/mm²＝640N/mm²。高强度螺栓所用的螺帽和垫圈采用 45 号钢或 35 号钢制成。高强度螺栓孔应采用钻成孔，摩擦型的孔径比螺栓公称直径大 1.5～2.0mm，承压型的孔径则大 1.0～1.5mm。

2.高强度螺栓的预拉力

高强度螺栓的预拉力是通过扭紧螺帽实现的。一般采用扭矩法、转角法和扭剪法。

扭矩法:采用可直接显示扭矩的特制扳手,根据事先测定的扭矩和螺栓拉力之间的关系施加扭矩,使之达到预定的预拉力。

转角法:分初拧和终拧两步。初拧是先用普通扳手使被连接构件相互紧密贴合,终拧就是以初拧的贴紧位置为起点,根据按螺栓直径和板叠厚度所确定的终拧角度,用强有力的扳手旋转螺母,拧至预定角度值时,螺栓的拉力达到所需要的预拉力数值。

扭剪法:扭剪型高强度螺栓的受力特征与一般高强度螺栓相同,只是施加预拉力的方法为用拧断螺栓梅花头切口处截面来控制预拉力数值。这种螺栓施加预拉力简单、准确。

高强度螺栓的设计预拉力值由材料强度和螺栓有效截面确定,取值时考虑:①螺栓材料抗力的变异性,引入折减系数 0.9;②施工时为补偿预拉力的松弛要对螺栓超张拉 5%～10%,引入折减系数 0.9;③在扭紧螺栓时扭矩使螺栓产生的剪力将降低螺栓的抗拉承载力,故对材料抗拉强度除以系数 1.2;④由于以抗拉强度为准,引入附加安全系数 0.9。这样,高强度螺栓预拉力为

$$P = \frac{0.9 \times 0.9 \times 0.9}{1.2} A_e f_u = 0.608 f_u A_e \tag{3-42}$$

式中:f_u——螺栓材料经热处理后的最低抗拉强度,8.8 级取 830N/mm^2,10.9 级取 1040N/mm^2;

A_e——高强度螺栓螺纹处的有效截面面积,见附表 8-1。

规范规定的高强度螺栓预拉力设计值,按式(3-42)计算,并且取 5kN 的倍数,见表 3-7。

表 3-7　高强度螺栓的设计预拉力 P 值

单位:kN

螺栓的强度等级	螺栓的公称直径/mm					
	M16	M20	M22	M24	M27	M30
8.8 级	80	125	150	175	230	280
10.9 级	100	155	190	225	290	355

3.高强度螺栓连接的摩擦面抗滑移系数

被连接板件之间的摩擦力大小不仅和螺栓的预拉力有关,还与被连接板件材料及其接触面的表面处理有关。高强度螺栓应严格按照施工规程操作,不得在潮湿、淋雨状态下拼装,不得在摩擦面上涂红丹、油漆等,应保证摩擦面干燥、清洁。

规范规定的高强度螺栓连接的摩擦面抗滑移系数见表 3-8。

表 3-8　摩擦面的抗滑移系数 μ 值

在连接处构件接触面的处理方法	构件的钢号		
	Q235 钢	Q345、Q390 钢	Q420 钢
喷砂	0.45	0.50	0.50
喷砂后涂无机富锌漆	0.35	0.40	0.40
喷砂后生赤锈	0.45	0.50	0.50
钢丝刷清除浮锈或未经处理的干净轧制表面	0.30	0.35	0.40

4. 高强度螺栓的排列

高强度螺栓的排列和普通螺栓相同,应符合图 3-41、图 3-42、表 3-3～表 3-6 的要求。它沿受力方向的连接长度 l_1,亦考虑 $l_1>15d_0$ 时对设计承载力的不利影响。

3.6.2 单个高强度螺栓的承载力

1. 单个高强度螺栓摩擦型连接抗剪承载力设计值

高强度螺栓摩擦型连接依靠被连接构件间的摩擦阻力传递剪力,以剪力等于摩擦力为承载能力的极限状态。

$$N_v^b = 0.9 n_f \mu P \tag{3-43}$$

式中:0.9——抗力分项系数 γ_R 的倒数,即 $\dfrac{1}{\gamma_R} = \dfrac{1}{1.111} = 0.9$;

n_f——传力摩擦面数目;

μ——高强度螺栓摩擦面抗滑移系数 μ,按表 3-8 选用;

P——一个高强度螺栓的预拉力,按表 3-7 选用。

2. 单个高强度螺栓摩擦型连接抗拉承载力设计值

高强度螺栓连接由于螺栓中的预拉力作用,构件间在承受外力作用前已经有较大的挤压力,高强度螺栓受到外拉力作用时,首先要抵消这种挤压力(见图 3-56)。分析表明,当高强度螺栓达到规范规定的承载力 $0.8P$ 时,螺杆的拉力仅增大 7% 左右,可以认为基本不变。

$$N_t^b = 0.8P \tag{3-44}$$

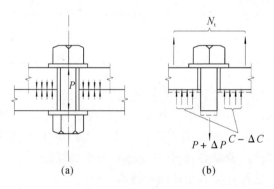

图 3-56　高强度螺栓受拉

3. 单个高强度螺栓承压型连接抗剪承载力设计值

在抗剪连接中,承压型连接的高强度螺栓承载力设计值的计算方法与普通螺栓相同,只是采用高强度螺栓的抗剪、承压设计值。但当剪切面在螺纹处时,其受剪承载力设计值应按螺纹处的有效面积进行计算,即 $N_v^b = n_v \cdot \dfrac{\pi d_e^2 f_v^b}{4}$,式中 f_v^b 为高强度螺栓的抗剪设计值。

在受拉连接中,承压型连接的高强度螺栓抗拉承载力设计值的计算方法与普通螺栓相同,按式(3-37)进行计算。

3.6.3 高强度螺栓群的计算

高强度螺栓群的计算方法同普通螺栓,只需用高强度螺栓的承载力代替普通螺栓的承载力。

1.高强度螺栓群的抗剪计算

(1)轴心力作用时

①螺栓数:高强度螺栓连接所需螺栓数目,仍按式(3-31)计算,其中 N_{min}^b 对摩擦型为按式(3-43)算得的 N_v^b 值,对承压型计算 N_{min}^b 时用高强度螺栓的 f_v^b、f_c^b。

②构件净截面强度验算:对承压型连接,构件净截面强度验算和普通螺栓连接的相同。对摩擦型连接,要考虑由于摩擦阻力作用,一部分剪力由孔前接触面传递(见图3-57)。按照规范规定,孔前传力占螺栓传力的50%。这样截面1-1处净截面传力为

$$N' = N\left(1 - \frac{0.5n_1}{n}\right) \tag{3-45}$$

式中:n_1——计算截面上的螺栓数;

n——连接一侧的螺栓总数。

有了 N' 后,构件净截面强度仍按式(3-32)进行验算。

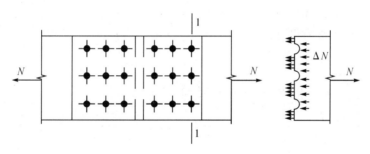

图 3-57 摩擦型高强度螺栓孔前传力

(2)扭矩、剪力、轴心力共同作用时

抗剪高强度螺栓所受剪力的计算方法与普通螺栓相同,单个螺栓所受剪力应不超过高强度螺栓的承载力设计值。

【例 3-9】 试设计一双盖板拼接的钢板连接。钢材 Q235B,高强度螺栓为 8.8 级的 M20,连接处构件接触面用喷砂处理,作用在螺栓群形心处的轴心拉力设计值 $N=800$kN。

解:①采用摩擦型高强螺栓连接时

单个螺栓承载力设计值为

$$N_v^b = 0.9n_f \mu P = 0.9 \times 2 \times 0.45 \times 125\text{kN} = 101.3\text{kN}$$

一侧所需螺栓数为

$$n = \frac{N}{N_v^b} = \frac{800}{101.3} = 7.9$$

用 9 个,如图 3-58 所示。

构件净截面强度验算:

$$N' = N\left(1 - \frac{0.5n_1}{n}\right) = 800 \times \left(1 - \frac{0.5 \times 3}{9}\right)\text{kN} = 666.7\text{kN}$$

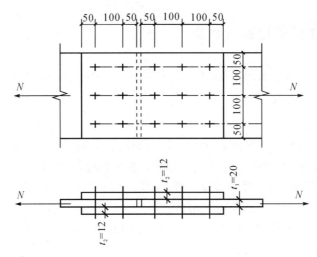

图 3-58　例题 3-9 图(单位:mm)

$$A_n = t(b - n_1 d_0) = 20 \times (300 - 3 \times 21.5) \text{mm}^2 = 4710 \text{mm}^2$$

$$\sigma = \frac{N'}{A_n} = \frac{666700}{4710} \text{N/mm}^2 = 141.5 \text{N/mm}^2 < f = 215 \text{N/mm}^2$$

②采用承压型高强螺栓时

单个抗剪螺栓承载力设计值为

$$N_v^b = n_v \frac{\pi d^2}{4} f_v^b = 2 \times \frac{3.14 \times 20^2}{4} \times 250 \text{N} = 157 \text{kN}$$

$$N_c^b = d \sum t \cdot f_c^b = 20 \times 20 \times 470 \text{N} = 188 \text{kN}$$

一侧所需螺栓数为

$$n = \frac{N}{N_{min}^b} = \frac{800}{157} = 5.1$$

用 6 个,如图 3-58 所示。

构件净截面强度验算:

$$A_n = t(b - n_1 d_0) = 20 \times (300 - 3 \times 21.5) \text{mm}^2 = 4710 \text{mm}^2$$

$$\sigma = \frac{N}{A_n} = \frac{800000}{4710} \text{N/mm}^2 = 169.9 \text{N/mm}^2 < f = 215 \text{N/mm}^2$$

2. 高强度螺栓群的抗拉连接计算

(1)轴心力作用时

连接需要的螺栓数

$$n = \frac{N}{N_t^b} \tag{3-46}$$

(2)高强度螺栓群在弯矩作用下的计算

高强度螺栓群在弯矩 M 作用下(见图 3-59),由于被连接构件的接触面一直保持紧密贴合,可认为在 M 作用下,中和轴在螺栓群的形心线处(见图 3-59(c))。如果以板不被拉开为承载能力的极限,在弯矩的作用下,弯曲中和轴取螺栓群形心线处,最外排螺栓受力最大。

$$N_1^M = \frac{M y_1}{(m \sum y_i^2)} \leqslant 0.8P \tag{3-47}$$

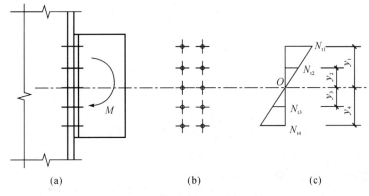

图 3-59　高强度螺栓受弯连接

(3)同时承受剪力和拉力的高强度螺栓连接计算

①对高强度螺栓摩擦型连接,同时承受剪力和拉力的计算

随着外力的增大,板件间的挤压力降低。每个螺栓的抗剪承载力也随之减少。另外,由试验知,抗滑移系数也随板件间的挤压力的减小而降低。规范规定按式(3-48)计算高强度螺栓摩擦型连接的抗剪承载力,μ 仍用原值。

$$\frac{N_v}{N_v^b} + \frac{N_t}{N_t^b} \leqslant 1 \qquad (3-48)$$

式中:N_v、N_t——一个高强度螺栓所承受的剪力和拉力;

N_v^b、N_t^b——单个高强度螺栓的受剪、受拉承载力设计值。

② 对高强度螺栓承压型连接,同时承受剪力和拉力的计算

$$\sqrt{\left(\frac{N_v}{N_v^b}\right)^2 + \left(\frac{N_t}{N_t^b}\right)^2} \leqslant 1 \qquad (3-49)$$

$$N_v \leqslant \frac{N_c^b}{1.2} = \frac{1}{1.2}d \sum t \cdot f_c^b \qquad (3-50)$$

式中:N_v^b、N_t^b、N_c^b——每个高强度螺栓的抗剪、抗拉、承压承载力设计值。

　　1.2——折减系数。由于外拉力将减少被连接构件间的预压力,因而构件材料的承压强度设计值随之降低,用 1.2 来考虑这一不利因素。

【例 3-10】　如图 3-60 所示高强度螺栓摩擦型连接,采用 10.9 级高强度螺栓,螺栓直径M24,构件接触面用喷砂处理,结构钢材为 Q345 钢,作用力设计值如图 3-60 所示。

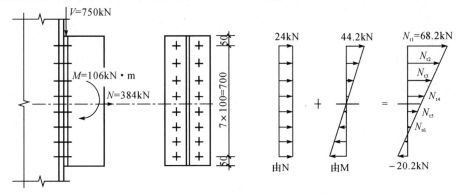

图 3-60　例题 3-10 图(长度单位:mm)

解:螺栓布置如图 3-60 所示,连接中受力最大螺栓承受的拉力及剪力为

$$N_{t1} = \frac{N}{n} + \frac{My_1}{m\sum y_i^2} = \frac{384}{16}\text{kN} + \frac{106 \times 10^3 \times 350}{2 \times 2 \times (350^2 + 250^2 + 150^2 + 50^2)}\text{kN} = 68.2\text{kN}$$

$$N_v = \frac{V}{n} = \frac{750}{16}\text{kN} = 46.9\text{kN}$$

单个高强度螺栓受剪、受拉承载力设计值为

$$N_v^b = 0.9n_f\mu P = 0.9 \times 1 \times 0.50 \times 225\text{kN} = 101.25\text{kN}$$

$$N_t^b = 0.8P = 0.8 \times 225\text{kN} = 180\text{kN}$$

拉剪共同作用下,受力最大螺栓的承载力验算:

$$\frac{N_v}{N_v^b} + \frac{N_t}{N_t^b} = \frac{46.9}{101.25} + \frac{68.2}{180} = 0.842 < 1$$

故螺栓群满足拉力、剪力和弯矩共同作用的要求。

 习题

3.1 选择题

(1)如图 3-61 所示连接中,在拉力 N 的作用下,侧面角焊缝中沿焊缝长度方向的应力分布形式为(   )。

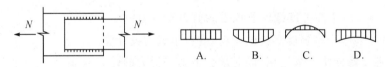

图 3-61 习题 3.1(1)图

(2)普通螺栓受剪连接中,为防止板件被挤压破坏,应满足(   )。

A. 板件总厚度 $\sum t \leqslant 5d$

B. 螺栓端距 $a_1 \geqslant 2d_0$

C. 螺栓所受剪力 $N_v \leqslant d \cdot \sum t f_c^b$ ($\sum t$ 为同一受力方向承压构件的较小厚度之和)

D. 螺栓所受剪力 $N_v \leqslant n_v \frac{\pi d^2}{4} f_v^b$

(3)T形接头中直角角焊缝的最小焊角尺寸 $h_{fmin} = 1.5\sqrt{t_2}$,最大焊角尺寸 $h_{fmax} = 1.2t_1$,式中(   )。

A. t_1 为腹板厚度,t_2 为翼缘厚度

B. t_1 为翼缘厚度,t_2 为腹板厚度

C. t_1 为较薄焊件的厚度,t_2 为较厚焊件的厚度

D. t_1 为较厚焊件的厚度,t_2 为较薄焊件的厚度

(4)焊接结构中的侧面角焊缝长度过长时,在外荷载作用下会造成(   )。

A. 焊缝中间应力可能先达到极限值,从而先发生破坏

B. 焊缝两端应力可能先达到极限值,从而先发生破坏

C. 焊缝内部应力同时达到极限值,从而同时发生脆性破坏

D. 焊缝内部应力同时达到极限值,从而同时发生塑性破坏

(5)在焊接施工过程中,下列哪种焊缝最难施焊,而且焊缝质量最难以控制?（　　）

A. 平焊　　　　　　　B. 横焊　　　　　　　C. 仰焊　　　　　　　D. 立焊

(6)在对接焊缝中经常使用引弧板,目的是（　　）。

A. 消除起落弧在焊口处的缺陷　　　　B. 对被连接构件起到补强作用

C. 减小焊接残余变形　　　　　　　　D. 防止熔化的焊剂滴落,保证焊接质量

(7)螺栓连接中要求栓孔端距大于 $2d_0$,是为了防止（　　）。

A. 板件被挤压破坏　　　　　　　　　B. 板件端部被冲剪破坏

C. 螺杆发生弯曲破坏　　　　　　　　D. 螺杆被剪断破坏

(8)普通螺栓的受剪承载力设计值与下列哪项无关?（　　）

A. 螺栓孔的直径　　　　　　　　　　B. 螺栓直径

C. 受剪面数　　　　　　　　　　　　D. 螺栓抗剪强度设计值

3.2　计算题

(1)如图 3-62 所示三面围焊的角钢与钢板连接中,静载 $N=667kN$,角钢 $2 \llcorner 100 \times 10$,节点板厚 $t=8mm$,钢材 Q235B,采用 E43 焊条,$f_f^w=160N/mm^2$,试确定所需焊角尺寸及焊缝长度。（提示:$K_1=0.7,K_2=0.3$）

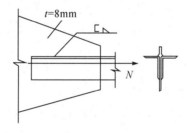

图 3-62　习题 3.2(1)图

(2)如图 3-63 所示焊缝连接,采用三面围焊,焊角尺寸为 8mm,钢材为 Q235B,焊条为 E43 系列型,试计算此连接所能承受的最大轴心拉力 N。

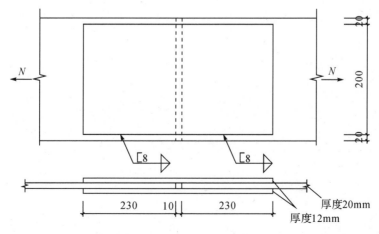

图 3-63　习题 3.2(2)图(单位:mm)

(3)如图 3-64 所示,翼缘与节点板之间采用 10.9 级 M20 高强度螺栓摩擦型连接,螺栓孔直径 $d_0 = 21.5$mm,钢材为 Q235B,接触面喷砂后涂富锌漆,$\mu = 0.35$,预拉力 $P = 155$kN,外荷载设计值 $N = 268.3$kN,试验算此连接是否可靠。

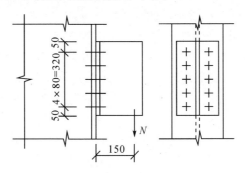

图 3-64　习题 3.2(3)图(单位:mm)

(4)如图 3-65 所示,验算柱与牛腿间高强度螺栓摩擦型连接是否安全,螺栓 M20,10.9 级,摩擦面的抗滑移系数 $\mu = 0.5$,高强度螺栓的设计预拉力 $P = 155$kN。

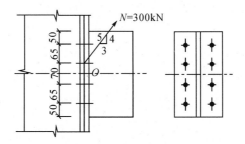

图 3-65　习题 3.2(4)图(长度单位:mm)

第 4 章　轴心受力构件

4.1　轴心受力构件的特点和截面形式

4.1.1　轴心受力构件的特点

轴心受力构件是指只承受通过构件截面形心轴线的纵向力作用的构件。按照轴向力的作用方向不同,轴心受力构件可分为轴心受拉构件(简称轴心拉杆)和轴心受压构件(简称轴心压杆)。轴心受力构件在钢结构中的应用十分广泛,例如桁架、塔架和网架、网壳等杆件体系,如图 4-1 所示。这类结构通常假设其节点为铰接连接,当无节间荷载作用时,构件只受轴向拉力和压力的作用,可按轴心受力构件计算。此外,各种支撑系统中的构件也都是按轴心受力考虑。

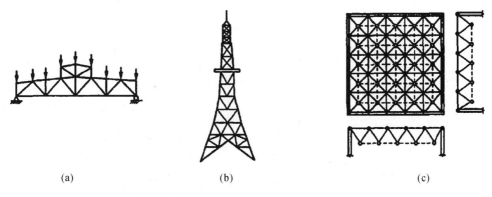

(a)　　　　　　　　　　　　(b)　　　　　　　　　　　　(c)

图 4-1　轴心受力构件在实际工程中的应用

在工程中当压杆为竖向构件并用以支撑屋盖、楼盖或工作平台时,常称为柱。如图 4-2 所示,柱通常由柱头、柱身和柱脚三部分组成。柱头支承上部结构(如平台梁或屋架)并将荷载传递给柱身,柱脚则把荷载由柱身传递给基础。

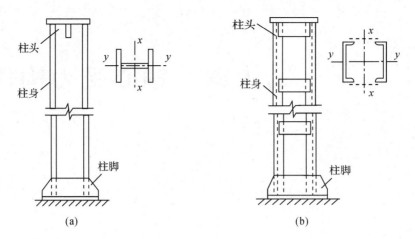

图 4-2　柱的组成

4.1.2　轴心受力构件的截面形式

轴心受力构件的截面形式很多,按其截面组成形式及构造来看,可分为实腹式和格构式两大类,如图 4-3 所示。

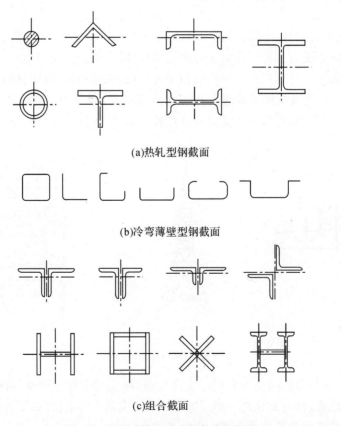

(a)热轧型钢截面

(b)冷弯薄壁型钢截面

(c)组合截面

图 4-3　实腹式轴心受力构件常用截面

实腹式构件具有整体连通的截面且制作简单,与其他构件连接也较方便,常见的有三种形式:

(1)热轧型钢截面:如圆钢、钢管、角钢、T 型钢、槽钢、工字钢、H 型钢(见图 4-3(a)),其中最常用的是工字钢和 H 型钢截面。热轧型钢截面只需少量加工即可用作构件,省工省时,成本低,但型钢截面受型钢种类及型钢号限制,难于完全与受力所需的面积相对应,用料较多。

(2)冷弯薄壁型钢截面:如卷边和不卷边的角钢或槽钢等(见图 4-3(b)),在轻型结构中常用此类截面,其设计应按《冷弯薄壁型钢结构技术规范》进行,本章中不进行专门介绍。

(3)由型钢或钢板组成的组合截面:如双角钢组成的 T 形和十字形组合截面,钢板拼接而成的工字形、箱形、十字形组合截面和钢板与型钢拼接而成的组合截面(见图 4-3(c))等。实腹式组合截面可以根据构件的受力性质和力的大小选用合适的截面,从而节约钢材,但费工费时,成本较高。

格构式截面一般由两个或多个分肢用缀材连接而成,如图 4-4 所示。按其分肢个数不同可分为双肢、三肢和四肢格构式截面(见图 4-4(a));按缀材的形式不同可分为缀条式和缀板式两种(见图 4-4(b))。格构式截面可调整分肢间距,在增加钢材(缀材)很少的情况下,显著提高截面的惯性矩从而显著提高构件的刚度,而且容易使压杆(柱)实现两主轴方向的等稳定性,用钢量少,经济性好,但是制作麻烦。

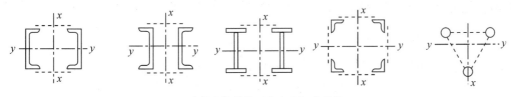

(a)格构式构件截面的分肢组成形式

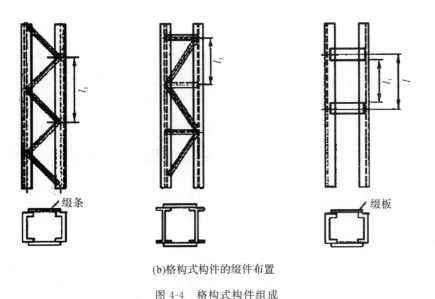

(b)格构式构件的缀件布置

图 4-4　格构式构件组成

4.2 轴心受力构件的强度、刚度及稳定性

在进行轴心受力构件的设计时,应同时满足承载能力极限状态和正常使用极限状态的要求。拉杆的破坏主要是强度破坏,表现为钢材屈服或被拉断,属于承载能力极限状态。压杆的破坏则主要是由于构件失去整体稳定性(或称屈曲)或组成压杆的板件局部失去稳定性,当构件上有螺栓孔等使截面有较多削弱时,也可能因强度不足而破坏。因此,对压杆通常要计算构件的整体稳定性、板件的局部稳定性和截面的强度三项,这些计算内容都属于按承载能力极限状态,计算时应采用荷载的设计值。

轴心受力构件的正常使用极限状态则是通过限制其长细比来保证构件的刚度的。

4.2.1 轴心受力构件的强度

轴心受力构件的强度承载力是以截面的平均应力达到钢材的屈服应力为极限。对于有孔洞的构件(见图 4-5),在孔洞附近虽有应力集中现象,但材料塑性变形的发展使截面应力重分布,净截面上各处的应力最终仍能达到均匀分布。《钢结构设计规范》(GB 50017—2003)规定用式(4-1)来验算轴心受力构件的强度:

$$\sigma = \frac{N}{A} \leqslant f \tag{4-1}$$

式中:N——构件的轴心拉力或轴心压力设计值;

f——钢材的抗拉压强度设计值;

A——构件的截面面积。

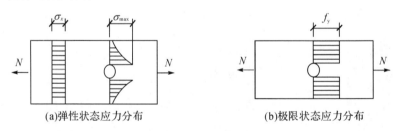

(a)弹性状态应力分布   (b)极限状态应力分布

图 4-5 有孔洞拉杆的截面应力分布

当构件截面有局部削弱时,其强度计算时应采用净截面面积,按式(4-2)计算:

$$\sigma = \frac{N}{A_n} \leqslant f \tag{4-2}$$

式中:A_n 为构件的净截面面积,其取法按图 4-6 进行。

1.采用普通螺栓连接

螺栓并列布置(见图 4-6(a))时 A_n 按最危险的正交的 Ⅰ-Ⅰ 截面计算。螺栓错列布置(见图 4-6(b)和图 4-6(c))时,构件既可能沿正交截面 Ⅰ-Ⅰ 破坏,也可能沿齿状截面 Ⅱ-Ⅱ 破坏,A_n 应取 Ⅰ-Ⅰ 和 Ⅱ-Ⅱ 截面的较小面积计算。

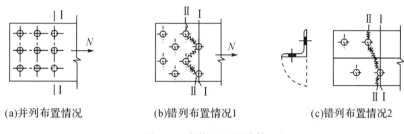

(a)并列布置情况　　　(b)错列布置情况1　　　(c)错列布置情况2

图 4-6　净截面面积计算

2.摩擦型高强度螺栓连接

验算净截面强度时应考虑截面上孔前传力作用的影响(见图 4-7),净截面上所受内力应扣除已传走的力。因此,验算最外列螺栓处危险截面的强度时,应按式(4-3)计算:

$$\sigma = \frac{N'}{A_n} \leqslant f \tag{4-3a}$$

$$N' = N\left(1 - 0.5\frac{n_1}{n}\right) \tag{4-3b}$$

式中:n——连接一侧的高强度螺栓总数;

　　　n_1——计算截面(最外列螺栓处)上的高强度螺栓数;

　　　0.5——孔前传力系数。

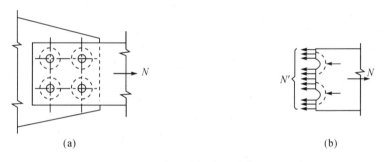

图 4-7　高强度螺栓孔前传力

摩擦型高强度螺栓连接的拉杆除按式(4-3)验算净截面强度外,还应验算毛截面强度。

4.2.2　轴心受力构件的刚度

轴心受力构件中与受力相对应的变形是伸长或压缩,但最大应变不足千分之一,其值甚小。因此,对轴心受力构件并不要求验算其轴向变形。但轴心受力构件如果过分细长,则在制造、运输和安装时很易弯曲变形。对压杆而言,构件过分细长,还会降低构件的整体稳定性。因而为满足结构的正常使用要求,轴心受力构件不应做得过分柔细而应具有一定的刚度,以保证构件不会产生过度的变形。规范规定:受拉和受压构件的刚度通过限制其长细比λ来实现,按式(4-4)计算:

$$\lambda = \frac{l_0}{i} \leqslant [\lambda] \tag{4-4}$$

式中:λ——构件的最大长细比;

l_0——构件的计算长度，$l_0=\mu l$，计算长度系数 μ 应根据构件两端的支承情况按表4-1取值；

i——截面的回转半径；

$[\lambda]$——构件的容许长细比，按表4-2和表4-3取值。

表 4-1 轴心受压构件的计算长度系数 μ

支座形式	两端固定	一端固定			两端铰接	一端铰接，一端定向支座
		一端固定铰支座	一端活动铰支座	一端定向支座		
屈曲形式		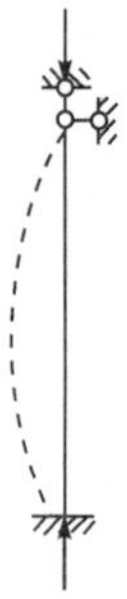	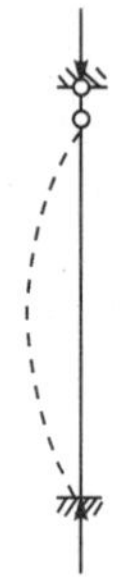	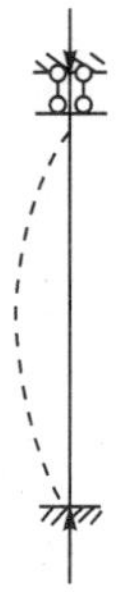		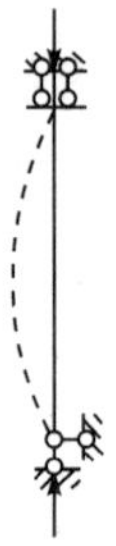
μ 的理论值	0.5	0.7	2.0	1.0	1.0	2.0
μ 的建议值	0.65	0.8	2.1	1.2	1.0	2.0

表 4-2 受拉构件的容许长细比

项次	构件名称	承受静力荷载或间接承受动力荷载的结构		直接承受动力荷载的结构
		一般建筑结构	有重级工作制吊车的厂房	
1	桁架杆件	350	250	250
2	吊车梁或吊车桁架以下的柱间支撑	300	200	—
3	其他拉杆、支撑、系杆等（张紧的圆钢除外）	400	350	—

注：1. 承受静力荷载的结构中，可仅计算受拉构件在竖向平面内的长细比。

2. 在直接或间接承受动力荷载的结构中，计算单角钢受拉构件的长细比时，应采用角钢的最小回转半径，但在计算交叉杆件平面外的长细比时，应采用与角钢肢边平行轴的回转半径。

3. 中、重级工作制吊车桁架下弦杆的长细比不宜超过200。

4. 在设有夹钳或刚性料耙等硬钩吊车的厂房中，支撑（表4-2中第2项除外）的长细比不宜超过300。

5. 受拉构件在永久荷载与风荷载组合作用下受压时，其长细比不宜超过250。

6. 跨度等于或大于60m的桁架，其受拉弦杆和腹杆的长细比不宜超过300（承受静力荷载或间接承受动力荷载）或250（直接承受动力荷载）。

表 4-3　受压构件的容许长细比

项次	构件名称	容许长细比
1	柱、桁架和天窗架中的杆件	150
	柱的缀条、吊车梁或吊车桁架以下的柱间支撑	
2	支撑(吊车梁或吊车桁架以下的柱间支撑除外)	200
	用以减小受压构件长细比的构件	

注:1.桁架(包括空间桁架)的受压腹杆,当其内力等于或小于承载能力的50%时,容许长细比值可取为200。

2.计算单角钢受压构件的长细比时,应采用角钢的最小回转半径,但在计算交叉点相互连接的交叉杆件平面外的长细比时,应采用与角钢肢边平行轴的回转半径。

3.跨度等于或大于60m的桁架,其受压弦杆和端压杆的容许长细比值宜取为100,其他受压腹杆可取为150(承受静力荷载或间接承受动力荷载)或120(直接承受动力荷载)。

4.由容许长细比控制截面的杆件,在计算其长细比时,可不考虑扭转效应。

4.2.3　轴心受压构件的整体稳定性

轴心受压构件受外力作用后,当截面上的平均应力还远低于钢材的屈服点时,常由于其内力和外力间不能保持平衡的稳定性,些微扰动即促使构件产生很大的弯曲变形、扭转变形或又弯又扭而丧失承载能力,这种现象称为丧失整体稳定性(或称屈曲)。

近几十年来,由于结构形式的不断发展和较高强度钢材的应用,钢结构构件也越来越轻柔且截面多为开展的薄壁形式,同时长而细的轴心受压构件在使用中发生强度破坏的情况很少,主要是失去整体稳定性而破坏。所以对轴心受压构件而言,稳定问题往往是起控制作用的因素。在工程历史中,建筑结构尤其是钢结构因失去稳定性而造成倒塌破坏的事故并非个别,对此必须引起足够重视。

1.整体稳定的临界应力

确定轴心压杆整体稳定临界应力的方法一般有下列四种:

(1)屈曲准则

轴心压杆在使用过程中可能发生如图 4-8 所示的三种屈曲形式。

①弯曲屈曲。如图 4-8(a)所示,构件屈曲时只发生弯曲变形,杆件的截面只绕一个主轴旋转,杆的纵轴由直线变为曲线,这是双轴对称截面最常见的屈曲形式。

②扭转屈曲。如图 4-8(b)所示,构件屈曲时杆件除支承端外的各截面均绕纵轴扭转,这是某些双轴对称截面压杆可能发生的屈曲形式。

③弯扭屈曲。如图 4-8(c)所示,单轴对称截面绕对称轴屈曲时,杆件在发生弯曲变形的同时还伴随着扭转。

在这三种屈曲形式中最基本且最简单的是弯曲屈曲。

(2)边缘屈服准则

边缘屈服准则以有初偏心和初弯曲的压杆为计算模型,以截面边缘应力达到屈服点作为压杆承载能力的极限来求取压杆稳定的临界应力。

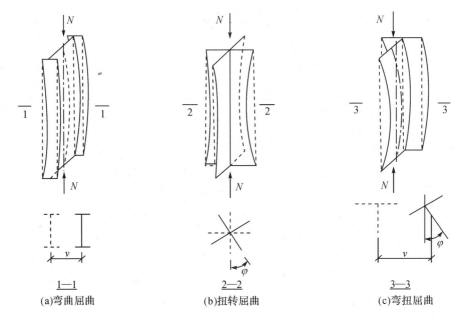

(a)弯曲屈曲   (b)扭转屈曲   (c)弯扭屈曲

图 4-8 轴心压杆的屈曲形式

（3）最大强度准则

边缘纤维屈服以后压力还可以继续增加,构件进入弹塑性阶段,随着截面塑性区不断扩展,压杆的抵抗能力开始小于外力的作用,不能维持稳定平衡。以此为准则计算压杆稳定,称为"最大强度准则"。

（4）经验公式

临界应力主要根据试验资料确定,从实验数据中回归得出经验公式,作为压杆稳定承载能力的设计依据。

2.设计规范对轴心受压构件稳定承载能力的计算

真正的轴心受压构件实际上并不存在,实际构件都存在诸如残余应力、初弯曲、初偏心等所谓的缺陷。它们会在一定程度上影响轴心受压构件的稳定承载能力,有的影响还很大。我国现行《钢结构设计规范》(GB 50017—2003)在进行理论计算时,考虑了不同截面形式、尺寸、加工条件和相应的残余应力,并考虑了 1/1000 杆长的初弯曲。在计算资料的基础上,结合工程实际,把稳定承载能力相近的截面及弯曲失稳所对应的轴合为一类,将柱子曲线(σ_{cr}-λ 关系曲线)合并归纳为 a、b、c、d 四类(见图 4-9),每条曲线各代表一组截面及弯曲失稳所对应的轴。

在这些工作的基础上,《钢结构设计规范》(GB 50017—2003)采用式(4-5)对轴心受压构件进行整体稳定性计算:

$$\sigma = \frac{N}{A} \leqslant \frac{\sigma_{cr}}{f_y} \cdot \frac{f_y}{\gamma_R} = \varphi f \tag{4-5}$$

式中:A——构件的毛截面面积;

$\varphi = \dfrac{\sigma_{cr}}{f_y}$ 为轴心受压构件的整体稳定系数。

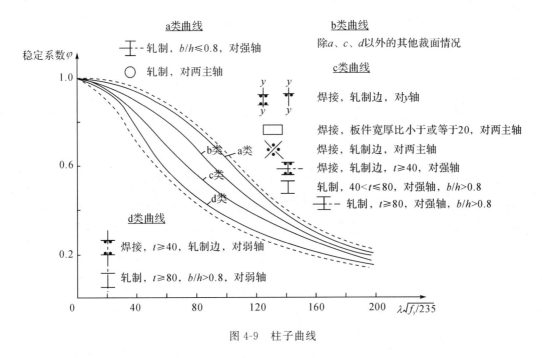

图 4-9　柱子曲线

应根据表 4-4 和表 4-5 的截面分类以及构件的长细比，按附表 5-1～附表 5-4 查出。它与长细比 λ、截面形式、加工条件、验算稳定性所绕的轴及钢号有关。

表 4-4　轴心受压构件的截面分类(板厚 $t < 40$mm)

截面形式			对 x 轴	对 y 轴
$x\ ⊕\ x$　轧制			a 类	a 类
x— I —x　轧制, $b/h \leqslant 0.8$			a 类	b 类
轧制, $b/h > 0.8$	焊接，翼缘为焰切边	焊接	b 类	b 类
轧制		轧制，等边角钢		

续表

截 面 形 式			对 x 轴	对 y 轴
轧制,焊接(板件宽厚比大于20)	轧制或焊接			
焊接	轧制截面和翼缘为焰切边的焊接截面		b 类	b 类
格构式	焊接板件边缘焰切			
焊接,翼缘为轧制或剪切边				
焊接,板件边缘轧制或剪切	焊接,板件宽厚比小于或等于20		c 类	c 类

表 4-5 轴心受压构件的截面分类(板厚 $t \geqslant 40\text{mm}$)

截 面 形 式		对 x 轴	对 y 轴
轧制工字钢或 H 型钢	$t < 80\text{mm}$	b 类	c 类
	$t \geqslant 80\text{mm}$	c 类	d 类
焊接工字形截面	翼缘为焰切边	b 类	b 类
	翼缘为轧制或剪切边	c 类	d 类
焊接箱形截面	板件宽厚比大于20	b 类	b 类
	板件宽厚比小于或等于20	c 类	c 类

3. 不同截面的轴心受压构件长细比计算

轴心受压构件长细比 λ 应按照下列规定确定：

（1）截面为双轴对称或极对称的构件

$$\lambda_x = \frac{l_{0x}}{i_x} \tag{4-6}$$

$$\lambda_y = \frac{l_{0y}}{i_y} \tag{4-7}$$

式中：l_{0x}、l_{0y}——构件对主轴 x 和 y 的计算长度；

　　　i_x、i_y——构件截面对主轴 x 和 y 的回转半径。

对双轴对称十字形截面构件，λ_x 或 λ_y 取值不得小于 $5.07b/t$（其中 b/t 为悬伸板件宽厚比）。

（2）截面为单轴对称的构件

对于单轴对称截面，由于截面形心与剪心（即剪切中心）不重合，绕对称轴失稳时，在弯曲的同时总伴随着扭转，即形成弯扭屈曲。在相同情况下，弯扭失稳比弯曲失稳的临界应力要低。因此，单轴对称截面在进行整体稳定性计算时，绕非对称轴（设为 x 轴）长细比 λ_x 仍按式（4-6）计算，但绕对称轴（设为 y 轴）的稳定性应取计及扭转效应的换算长细比 λ_{yz} 代替 λ_y，各种常见单轴对称截面的换算长细比按下列方法进行：

1）双板 T 形和槽形等单轴对称截面

$$\lambda_{yz} = \frac{1}{\sqrt{2}} \left[(\lambda_y^2 + \lambda_z^2) + \sqrt{(\lambda_y^2 + \lambda_z^2)^2 - 4\left(1 - \frac{e_0^2}{i_0^2}\right) \lambda_y^2 \lambda_z^2} \right]^{\frac{1}{2}} \tag{4-8}$$

$$\lambda_z^2 = \frac{i_0^2 A}{\dfrac{I_t}{25.7} + \dfrac{I_w}{l_w^2}} \tag{4-9}$$

$$i_0^2 = e_0^2 + i_x^2 + i_y^2 \tag{4-10}$$

式中：e_0——截面形心至剪心的距离；

　　　i_0——截面对剪心的极回转半径；

　　　λ_y——构件对对称轴的长细比；

　　　λ_z——扭转屈曲的换算长细比；

　　　I_t——毛截面抗扭惯性矩；

　　　I_w——毛截面扇性惯性矩，对 T 形截面（轧制、双板焊接、双角钢组合）、十字形截面和角形截面可近似取 $I_w = 0$；

　　　A——毛截面面积；

　　　l_w——扭转屈曲的计算长度，对两端铰接端部截面可自由翘曲或两端嵌固端部截面的翘曲完全受到约束的构件，取 $l_w = l_{0y}$。

2）单角钢截面和双角钢组合 T 形截面（见图 4-10）

①等边单角钢截面（见图 4-10(a)）

当 $\dfrac{b}{t} \leqslant 0.54 \dfrac{l_{0y}}{b}$ 时，

$$\lambda_{yz} = \lambda_y \left(1 + \frac{0.85b^4}{l_{0y}^2 t^2}\right) \tag{4-11}$$

(a)等边单角钢　　　　(b)等边双角钢　　　　(c)长肢相并的不等边双角钢

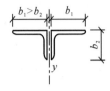

(d)短肢相并的不等边双角钢　　　(e)绕非对称轴的单角钢

图 4-10　单角钢截面和双角钢 T 形组合截面

当 $\dfrac{b}{t} > 0.54\dfrac{l_{0y}}{b}$ 时，

$$\lambda_{yz} = 4.78\frac{b}{t}\left(1 + \frac{l_{0y}^2 t^2}{13.5b^4}\right) \tag{4-12}$$

式中：b 为角钢肢宽度，t 为角钢肢厚度。

②等边双角钢截面（见图 4-10(b)）

当 $\dfrac{b}{t} \leqslant 0.58\dfrac{l_{0y}}{b}$ 时，

$$\lambda_{yz} = \lambda_y\left(1 + \frac{0.475b^4}{l_{0y}^2 t^2}\right) \tag{4-13}$$

当 $\dfrac{b}{t} > 0.58\dfrac{l_{0y}}{b}$ 时，

$$\lambda_{yz} = 3.9\frac{b}{t}\left(1 + \frac{l_{0y}^2 t^2}{18.6b^4}\right) \tag{4-14}$$

③长肢相并的不等边双角钢截面（见图 4-10(c)）

当 $\dfrac{b_2}{t} \leqslant 0.48\dfrac{l_{0y}}{b_2}$ 时，

$$\lambda_{yz} = \lambda_y\left(1 + \frac{1.09b_2^4}{l_{0y}^2 t^2}\right) \tag{4-15}$$

当 $\dfrac{b_2}{t} > 0.48\dfrac{l_{0y}}{b_2}$ 时，

$$\lambda_{yz} = 5.1\frac{b_2}{t}\left(1 + \frac{l_{0y}^2 t^2}{17.4b_2^4}\right) \tag{4-16}$$

④短肢相并的不等边双角钢截面（见图 4-10(d)）

当 $\dfrac{b_1}{t} \leqslant 0.56\dfrac{l_{0y}}{b_1}$ 时，可近似取 $\lambda_{yz} = \lambda_y$，

当 $\dfrac{b_1}{t} > 0.56\dfrac{l_{0y}}{b_1}$ 时，

$$\lambda_{yz} = 3.7 \frac{b_1}{t} \left(1 + \frac{l_{0y}^2 t^2}{52.7 b_1^4}\right) \tag{4-17}$$

单轴对称的轴心压杆在绕非对称主轴以外的任一轴失稳时,应按照弯扭屈曲计算其稳定性。当计算等边单角钢构件绕平行轴(图 4-10(e)的 u 轴同)的稳定性时,可用式(4-18)和式(4-19)计算其换算长细比 λ_{uz},并按 b 类截面确定 φ 值:

当 $\dfrac{b}{t} \leqslant 0.69 \dfrac{l_{0u}}{b}$ 时,

$$\lambda_{uz} = \lambda_u \left(1 + \frac{0.25 b^4}{l_{0u}^2 t^2}\right) \tag{4-18}$$

当 $\dfrac{b}{t} > 0.69 \dfrac{l_{0u}}{b}$ 时,

$$\lambda_{uz} = 5.4 \frac{b}{t} \tag{4-19}$$

式中: $\lambda_u = \dfrac{l_{0u}}{i_u}$,$l_{0u}$ 为构件对 u 轴的计算长度, i_u 为构件截面对 u 轴的回转半径。

无任何对称轴且又非极对称的截面(单面连接的不等边单角钢除外)不宜用作轴心受压构件。

4.2.4　轴心受压构件的局部稳定性

1. 局部稳定性的概念

采用宽展的截面可以增大截面的惯性矩,提高轴心受压构件整体稳定承载力,从而达到节约钢材的目的。所以,实腹式轴心受压组合构件常采用钢板组成工字形和箱形等宽展的截面形式,且组成截面的板件厚度与板的宽度相比都较小。这些板件本身也承受均匀压应力,也有稳定问题。板件越宽越薄,越容易失稳。当其临界应力低于整体失稳的临界应力时,组成构件的板件失稳将发生在构件整体失稳之前,这种现象称为局部失稳。

2. 局部稳定性的计算方法

板件的局部失稳并不一定导致整个构件丧失承载能力,但由于失稳板件退出工作,将使能承受力的截面(称为有效截面)面积减少,同时还可能使原本对称的截面变得不对称,加速构件整体失稳而丧失承载能力。因此,构件的局部稳定性必须得以保证,它属于构件承载能力极限状态的一部分。

我国现行《钢结构设计规范》(GB 50017—2003)以等稳定性原则(即构件整体屈曲前其板件不发生局部屈曲),确定了保证板件局部稳定性的轴心受压构件宽(高)厚比限值。对于如图 4-11 所示的各种常用截面的轴心受压构件,其宽(高)厚比限值如下:

(1)工字形、H 形截面

翼缘:

$$\frac{b_1}{t} \leqslant (10 + 0.1\lambda) \sqrt{\frac{235}{f_y}} \tag{4-20}$$

腹板:

$$\frac{h_0}{t_w} \leqslant (25 + 0.5\lambda) \sqrt{\frac{235}{f_y}} \tag{4-21}$$

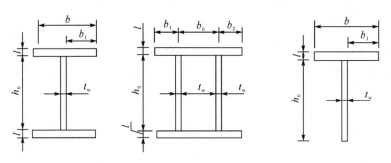

图 4-11 工字形、箱形及 T 形截面

式中:λ 为构件两方向长细比的较大值。当 $\lambda < 30$ 时,取 $\lambda = 30$;当 $\lambda > 100$ 时,取 $\lambda = 100$。

(2)箱形截面

自由外伸翼缘:

$$\frac{b_1}{t} \leqslant 15\sqrt{\frac{235}{f_y}} \tag{4-22}$$

腹板(腹板间无支撑翼缘):

$$\frac{h_0}{t_w}\left(或\frac{b_0}{t}\right) \leqslant 40\sqrt{\frac{235}{f_y}} \tag{4-23}$$

式中:b_0 为翼缘在两腹板之间的无支撑宽度。

(3)T 形截面

自由外伸翼缘与工字形截面相同,按式(4-20)计算;

腹板:

对热轧剖分 T 型钢:

$$\frac{h_0}{t_w} \leqslant (15+0.2\lambda)\sqrt{\frac{235}{f_y}} \tag{4-24}$$

对焊接 T 型钢:

$$\frac{h_0}{t_w} \leqslant (13+0.17\lambda)\sqrt{\frac{235}{f_y}} \tag{4-25}$$

(4)圆管截面

$$\frac{D}{t} \leqslant 100\left(\frac{235}{f_y}\right) \tag{4-26}$$

式中:D 为圆管的外径,t 为圆管的壁厚。

3.腹板高厚比超限的处理方法

对于十分宽大的工字形、H 形或箱形截面轴心受压构件,当腹板的高厚比不满足规范要求时,有如下三种处理措施:

(1)增加腹板厚度,使其满足宽厚比限制要求。对于宽大截面构件,增加腹板厚度意味着显著增加用钢量,此种不经济,一般并不采用。

(2)设置纵向加劲肋。如图 4-12 所示,纵向加劲肋由一对沿纵向焊接于腹板中央两侧的肋板组成,它能有效阻止腹板凹凸变形,从而提高腹板的局部稳定性且增加的用钢量有限。

(3)任其腹板局部失稳。腹板局部失稳后,抵抗轴心力的截面减少(减少后的截面称为有效截面,如图 4-13 所示),因此,构件的强度和整体稳定性都应按有效截面进行重新计算。

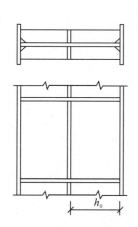

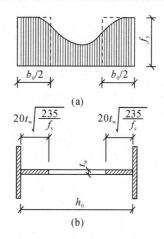

图 4-12　轴心受压构件腹板纵向加劲肋　　　　图 4-13　腹板屈曲后的有效截面

需要指出:对于轧制型钢构件,由于翼缘、腹板较厚,且相连处倒圆角,一般都能满足局部稳定性要求,不需要进行局部稳定性验算。

4.3　实腹式轴心受压构件的设计

4.3.1　设计原则

轴心受力构件的截面有多种形式,设计时要根据内力大小、两方向的计算长度值以及制造加工量、材料供应、经济性等方面综合考虑。一般在选择实腹式轴心受压构件的截面时,应遵循以下几个原则:

(1)形状规整:截面宜具有对称轴,使构件有良好的工作性能。

(2)宽肢薄壁:截面面积的分布应尽量开展,远离截面形心,以增加截面的惯性矩和回转半径,提高柱的整体稳定性和刚度。

(3)等稳定性:两个主轴方向等稳定性可以使构件失稳时两主轴方向的稳定承载力充分发挥出来,避免某个方向控制稳定承载力,另一方向稳定承载力远未发挥出来造成浪费,以达到经济的效果。

(4)简单、方便:截面尽可能构造简单,制造省工,取材方便;另外,也要考虑构件应便于与其他构件进行连接,减少二次加工的费用。

4.3.2　截面设计

截面设计时,先选定合适的截面形式,再初步选择截面尺寸,然后进行强度、整体稳定性、局部稳定性、刚度等的验算。实腹式轴心受压构件一般采用双轴对称截面,以避免弯扭失稳。常用截面形式有轧制普通工字钢、H 型钢、焊接工字形截面、型钢和钢板的组合截面、圆管和方管截面等,具体如图 4-14 所示。

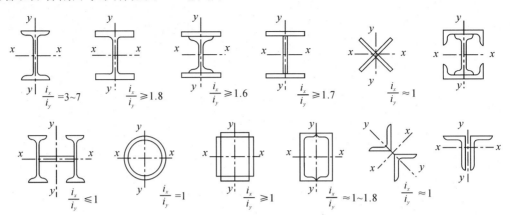

图 4-14　实腹式轴心受压构件常用截面

1. 型钢截面尺寸选择及验算的具体步骤

(1)假定柱的长细比为 λ,求出需要的截面面积 A_{req}。一般假定 $λ=50\sim100$,当压力大而计算长度小时取较小值,反之取较大值。根据 λ、截面分类和钢种可查得稳定系数 $φ$,则需要的截面面积为

$$A_{req} \geqslant \frac{N}{φf}$$

(2)求两个主轴所需要的回转半径:

$$i_{xreq} = \frac{l_{0x}}{λ}, i_{yreq} = \frac{l_{0y}}{λ}$$

(3)由截面面积 A_{req},两个主轴的回转半径 i_{xreq}、i_{yreq},根据型钢表选用合适的型钢型号。

(4)构件强度、稳定性和刚度验算。

①当截面有削弱时,需用式(4-2)进行净截面强度验算。

②整体稳定性验算。按照式(4-5)对截面两个主轴分别进行整体稳定性验算。

③局部稳定性验算。对于热轧型钢截面,由于其板件的宽厚比较小,一般能满足要求,可不验算。

④刚度验算。按照式(4-4)计算两主轴长细比,使其符合规范所规定的容许长细比要求。

2. 组合截面尺寸选择及验算的具体步骤

(1)假定柱的长细比为 λ,求出需要的截面面积 A_{req}:

$$A_{req} \geqslant \frac{N}{φf}$$

(2)求两个主轴所需要的回转半径:

$$i_{xreq} = \frac{l_{0x}}{λ}, i_{yreq} = \frac{l_{0y}}{λ}$$

(3)由截面面积 A_{req},两个主轴的回转半径 i_{xreq}、i_{yreq},初步定出所需截面的高度 h 和宽度 b:

$$h \approx \frac{i_{xreq}}{α_1}, b \approx \frac{i_{yreq}}{α_2}$$

式中：α_1、α_2 为系数，表示 h、b 和回转半径 i_x、i_y 之间的近似数值关系，常用截面可由附表 9-1 查得。

（4）由所需要的 A_{req}、h、b 等，再考虑构造要求、局部稳定性以及钢材规格等，确定截面的初选尺寸。

（5）构件强度、稳定性和刚度验算。

①当截面有削弱时，需用式(4-2)进行净截面强度验算。

②整体稳定性验算。按照式(4-5)对截面两个主轴分别进行整体稳定性验算。

③局部稳定性验算。根据截面形式按照式(4-20)～式(4-26)规定的板件的宽厚比进行验算。

④刚度验算。按照式(4-4)计算两主轴长细比，使其符合规范所规定的容许长细比要求。

事实上，在进行整体稳定性验算时，构件的长细比已预先求出，以确定整体稳定系数 φ，因而刚度验算可与整体稳定性验算同时进行。

4.3.3 构造要求

当实腹柱的腹板高厚比 $\dfrac{h_0}{t_w} > 80$ 时，为防止腹板在施工和运输过程中发生变形，提高柱的抗扭刚度，应设置横向加劲肋。横向加劲肋的间距不得大于 $3h_0$，其截面尺寸要求双侧加劲肋的外伸宽度 b_s 应不小于 $\left(\dfrac{h_0}{30} + 40\right)$ mm，厚度 t_s 应不小于外伸宽度的 $\dfrac{1}{15}$。

轴心受压实腹柱的纵向焊缝（翼缘与腹板的连接焊缝）受力很小，不必计算，可按构造要求确定焊缝尺寸。

【例 4-1】 如图 4-15 所示，某工作平台柱承受轴心压力设计值 $N = 1200$kN，柱的上、下端均采用铰接。钢材为 Q345，截面无削弱。试设计该柱截面：(1)采用轧制工字钢；(2)采用焊接工字形截面（翼缘为剪切边）。

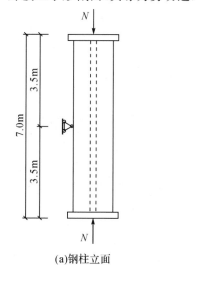

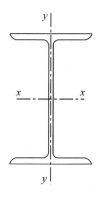

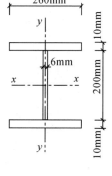

(a)钢柱立面　　　　　　(b)工字形截面　　　　　　(c)工字形组合截面

图 4-15 例题 4-1 图

解：铰接，查表 4-1 知 $\mu=1.0$，取强轴为 x 轴，弱轴为 y 轴，则可得计算长度

$$l_{0x}=\mu l=1.0\times7000\text{mm}=7000\text{mm},l_{0y}=\frac{1}{2}\mu l=\frac{1}{2}\times1.0\times7000\text{mm}=3500\text{mm}$$

（1）轧制工字钢

①初选截面型号

假定 $\lambda=100$，则 $\lambda\sqrt{\dfrac{f_y}{235}}=100\times\sqrt{\dfrac{345}{235}}=121$，先按 $\dfrac{b}{h}<0.8$ 查表 4-4 知，对 x 轴属 a 类，对 y 轴属 b 类，查附表 5-1 得 $\varphi_x=0.488$，查附表 5-2 得 $\varphi_y=0.432$。

$$A_{\text{req}}=\frac{N}{\varphi_{\min}f}=\frac{1200\times10^3}{0.432\times310}\text{mm}^2=8960\text{mm}^2$$

$$i_{x\text{req}}=\frac{l_{0x}}{\lambda}=\frac{7000}{100}\text{mm}=70\text{mm},i_{y\text{req}}=\frac{l_{0y}}{\lambda}=\frac{3500}{100}\text{mm}=35\text{mm}$$

查型钢表，试选工56a，截面面积 $A=135.38\text{cm}^2$，回转半径 $i_x=22.01\text{cm}$，$i_y=3.18\text{cm}$，$\dfrac{b}{h}=\dfrac{166}{560}=0.29$，满足小于 0.8 的假设。

②截面安全性验算

强度验算：截面无削弱，不需要验算强度。

整体稳定性验算：

$$\lambda_x=\frac{l_{0x}}{i_x}=\frac{7000}{220.1}=31.8,\lambda_y=\frac{l_{0y}}{i_y}=\frac{3500}{31.8}=110.1$$

对 x 轴属 a 类，按 $\lambda_x\sqrt{\dfrac{f_y}{235}}=31.8\times\sqrt{\dfrac{345}{235}}=38.5$ 查附表 5-1 并线性内插得 $\varphi_x=0.945$。

$$\frac{N}{\varphi_x A}=\frac{1200\times10^3}{0.945\times135.38\times10^2}\text{N/mm}^2=93.8\text{N/mm}^2<f=310\text{N/mm}^2,满足要求。$$

对 y 轴属 b 类，按 $\lambda_y\sqrt{\dfrac{f_y}{235}}=110.1\times\sqrt{\dfrac{345}{235}}=133.4$ 查附表 5-2 并线性内插得 $\varphi_y=0.372$。

$$\frac{N}{\varphi_y A}=\frac{1200\times10^3}{0.372\times135.38\times10^2}\text{N/mm}^2=238.3\text{N/mm}^2<f=310\text{N/mm}^2,满足要求。$$

局部稳定性验算：型钢，不需要进行局部稳定性验算。

刚度验算：

$\lambda_{\max}=\max\{\lambda_x,\lambda_y\}=110.1<[\lambda]=150$，满足要求。

各项验算通过，截面安全可用。

（2）焊接工字形截面

①试选截面尺寸

假定 $\lambda=60$，则 $\lambda\sqrt{\dfrac{f_y}{235}}=60\times\sqrt{\dfrac{345}{235}}=73$，查表 5-4 知，对 x 轴属 b 类，对 y 轴属 c 类，查附表 5-2 得 $\varphi_x=0.732$，查附表 5-3 得 $\varphi_y=0.623$。

$$A_{\text{req}}=\frac{N}{\varphi_{\min}f}=\frac{1200\times10^3}{0.623\times310}\text{mm}^2=6213\text{mm}^2$$

$$i_{x\text{req}}=\frac{l_{0x}}{\lambda}=\frac{7000}{60}\text{mm}=117\text{mm},h_{\text{req}}=\frac{i_{x\text{req}}}{\alpha_1}=\frac{117}{0.43}\text{mm}=272\text{mm}$$

$$i_{\text{yreq}} = \frac{l_{0y}}{\lambda} = \frac{3500}{60} \text{mm} = 58.3 \text{mm}, b_{\text{req}} = \frac{i_{\text{yreq}}}{\alpha_2} = \frac{58.3}{0.24} \text{mm} = 243 \text{mm}$$

根据宽肢薄壁原则,取用实际截面尺寸如图 4-15(c)所示。

②截面安全性验算

$$A = 2 \times 10 \times 260 \text{mm}^2 + 6 \times 200 \text{mm}^2 = 6400 \text{mm}^2$$

$$I_x = \frac{1}{12} \times 6 \times 200^3 \text{mm}^4 + 2 \times 260 \times 10 \times 105^2 \text{mm}^4 = 61.33 \times 10^6 \text{mm}^4$$

$$I_y = 2 \times \frac{1}{12} \times 10 \times 260^3 \text{mm}^4 = 29.29 \times 10^6 \text{mm}^4$$

$$i_x = \sqrt{\frac{I_x}{A}} = \sqrt{\frac{61.33 \times 10^6}{6400}} \text{mm} = 97.9 \text{mm}$$

$$i_y = \sqrt{\frac{I_y}{A}} = \sqrt{\frac{29.29 \times 10^6}{6400}} \text{mm} = 67.7 \text{mm}$$

强度验算:截面无削弱,不需要进行强度验算。

整体稳定性验算:

$$\lambda_x = \frac{l_{0x}}{i_x} = \frac{7000}{97.9} = 71.5, \lambda_y = \frac{l_{0y}}{i_y} = \frac{3500}{67.7} = 51.7$$

查表 5-4 知,对 x 轴属 b 类,对 y 轴属 c 类,按 $\lambda_x \sqrt{\frac{f_y}{235}} = 71.5 \times \sqrt{\frac{345}{235}} = 86.6$ 查附表 5-2 并线性内插得 $\varphi_x = 0.644$;按 $\lambda_y \sqrt{\frac{f_y}{235}} = 51.7 \times \sqrt{\frac{345}{235}} = 62.6$ 查附表 5-3 并线性内插得 $\varphi_y = 0.691$。

$$\frac{N}{\varphi_{\min} A} = \frac{1200 \times 10^3}{0.644 \times 6400} \text{N/mm}^2 = 291.1 \text{N/mm}^2 < f = 310 \text{N/mm}^2, 满足要求。$$

局部稳定性验算:

翼缘:$\frac{b_1}{t} = \frac{127}{10} = 12.7 < (10 + 0.1\lambda)\sqrt{\frac{235}{f_y}} = (10 + 0.1 \times 71.5)\sqrt{\frac{235}{345}} = 14.2$,满足要求;

腹板:$\frac{h_0}{t_w} = \frac{200}{6} = 33.3 < (25 + 0.5\lambda)\sqrt{\frac{235}{f_y}} = (25 + 0.5 \times 71.5)\sqrt{\frac{235}{345}} = 50.1$,满足要求。

刚度验算:

$\lambda_{\max} = \max\{\lambda_x, \lambda_y\} = 71.5 < [\lambda] = 150$,满足要求。

4.4　格构式轴心受压构件的设计

4.4.1　格构式轴心受压构件的截面形式

格构式截面由于材料集中于分肢,离截面形心远,与实腹式构件相比,在用料相同的情况下可显著增大截面惯性矩从而提高构件的刚度和整体稳定性;此外,由于可调整分肢间距,容易使构件两主轴方向等稳定。当轴心压杆较长时,为了节约钢材,宜采用格构式。

如图 4-4(a)所示,轴心受压格构柱有双肢、三肢和四肢等截面形式。双肢格构柱一般采用两根槽钢或工字钢作为肢件,两肢件用缀条或缀板连成整体(见图4-4(b))。其中,通过分肢腹板的主轴(y-y 轴)叫作实轴,通过缀材的主轴(x-x 轴)叫作虚轴。三肢格构柱一般用圆管作为肢件,三面用缀条相连,其截面是几何不变的三角形,受力性能较好,截面的两个主轴 x-x 和 y-y 均为虚轴。四肢柱用四根角钢分肢组成,四面皆以缀条相连,此时两个主轴 x-x 和 y-y 也都为虚轴。

如图4-4(b)所示,缀条一般用单根角钢做成,其轴线与构件轴线成 $40°\sim70°$ 夹角,称为斜缀条;也可以同时增设与构件轴线垂直的横缀条。缀板通常用钢板做成,按等间距垂直于构件轴线放置。

4.4.2　格构式受压构件的稳定性计算

1.绕实轴的整体稳定性计算

格构式轴心受压构件的实轴穿过连续的肢件,相当于并列的实腹式构件,因而其整体稳定性的计算与实腹式轴心受压构件的方法相同,即以长细比 λ_y 查整体稳定系数 φ_y 后代入式(4-5)进行稳定性计算。

2.绕虚轴的整体稳定性计算

对于虚轴而言,由于肢件之间并不是连续的构件而只是每隔一定距离用缀条或缀板联系起来,因而剪切变形大,剪力造成的附加挠曲影响不能忽略。我国《钢结构设计规范》(GB 50017—2003)在计算格构式轴心受压构件的虚轴整体稳定性时,采用加大长细比的办法来考虑剪切变形的影响。加大后的长细比称为换算长细比,以 λ_{0x} 表示,其计算可根据截面形式和缀件的不同按下列公式进行:

(1)双肢缀条柱

$$\lambda_{0x}=\sqrt{\lambda_x^2+\frac{\pi^2}{\sin^2\theta\cos\theta}\frac{A}{A_1}}\qquad(4\text{-}27)$$

式中:θ 为斜缀条与柱轴线间的夹角。

一般斜缀条与柱轴线间的夹角在 $40°\sim70°$ 范围内,在此常用范围,$\dfrac{\pi^2}{\sin^2\theta\cos\theta}$ 的值变化不大,我国规范加以简化取为常数27,由此得双肢缀条柱的换算长细比为

$$\lambda_{0x}=\sqrt{\lambda_x^2+27\frac{A}{A_1}}\qquad(4\text{-}28)$$

但当斜缀条与柱轴线的夹角不在 $40°\sim70°$ 范围内时,换算长细比仍应按式(4-27)计算。

(2)双肢缀板柱

$$\lambda_{0x}=\sqrt{\lambda_x^2+\frac{\pi^2}{12}\left(1+2\frac{K_1}{K_b}\right)\lambda_1^2}\qquad(4\text{-}29)$$

式中:$\lambda_1=\dfrac{l_{01}}{i_1}$——分肢的长细比,$i_1$ 为分肢弱轴的回转半径,l_{01} 为缀板间的净距离(见图4-4(b));

$\quad K_1=\dfrac{I_1}{l_1}$——一个分肢的线刚度,$l_1$ 为缀板中心距,I_1 为分肢绕弱轴的惯性矩;

$\quad K_b=\dfrac{I_b}{a}$——两侧缀板线刚度之和,I_b 为两侧缀板的惯性矩,a 为分肢轴线间距离。

根据《钢结构设计规范》的规定,缀板线刚度之和 K_b 应大于 6 倍的分肢线刚度 K_1,即 $\dfrac{K_b}{K_1} \geqslant 6$。在此条件下,式(4-29)中的 $\dfrac{\pi^2}{12}\left(1+2\dfrac{K_1}{K_b}\right) \approx 1$。因此规范规定双肢缀板柱的换算长细比采用

$$\lambda_{0x} = \sqrt{\lambda_x^2 + \lambda_1^2} \tag{4-30}$$

若在某些特殊情况无法满足 $\dfrac{K_b}{K_1} > 6$ 的要求时,则换算长细比 λ_{0x} 应按式(4-29)计算。

(3)三肢柱和四肢柱换算长细比计算公式(见表 4-6)

表 4-6　三肢和四肢格构式轴心受压构件换算长细比

	缀板	$\lambda_{0x} = \sqrt{\lambda_x^2 + \lambda_1^2}$	λ_1 为单个分肢对 1-1 轴的长细比,计算长度取缀板间的净距离
		$\lambda_{0y} = \sqrt{\lambda_y^2 + \lambda_1^2}$	
	缀条	$\lambda_{0x} = \sqrt{\lambda_x^2 + 40\dfrac{A}{A_{1x}}}$	A 为柱各分肢总面积 $A_{1x}(A_{1y})$ 为构件横截面所截垂直于 x-$x(y$-$y)$ 轴的平面内各斜缀条毛截面面积之和
		$\lambda_{0y} = \sqrt{\lambda_y^2 + 40\dfrac{A}{A_{1y}}}$	
	缀条	$\lambda_{0x} = \sqrt{\lambda_x^2 + \dfrac{42A}{A_1(1.5-\cos^2\theta)}}$	
		$\lambda_{0x} = \sqrt{\lambda_x^2 + \dfrac{42A}{A_1\cos^2\theta}}$	

3. 分肢的稳定性

格构式轴心受压构件相邻两缀材之间的分肢是一个单独的实腹式轴心受压构件。和实腹式轴心受压构件中局部失稳不先于构件的整体失稳一样,分肢失稳应不先于构件整体失稳。《钢结构设计规范》(GB 50017—2003)规定:

(1)对缀条柱,分肢长细比 λ_1 不大于整个构件最大长细比 λ_{max}(λ_y 和 λ_{0x} 中的较大者)的 0.7 倍;

(2)对缀板柱,分肢长细比 λ_1 不大于 40,也不大于整个构件最大长细比 λ_{max}(λ_y 和 λ_{0x} 中的较大者)的 0.5 倍(当 $\lambda_{max} \leqslant 50$ 时取 $\lambda_{max} = 50$)。

4.4.3　格构式轴心受压构件的缀件设计

1. 剪力值的计算

轴心受压构件屈曲时,纵向力将在垂直于构件轴线方向有分力(即横向剪力)。此剪力由缀材承受,因此,需要首先计算出横向剪力的数值,然后才能进行缀材的设计。

《钢结构设计规范》(GB 50017—2003)规定最大剪力为

$$V_{max} = \dfrac{Af}{85}\sqrt{\dfrac{f_y}{235}} \tag{4-31}$$

2.缀材计算

(1)缀条的计算

以如图 4-16 所示双肢缀条柱为例,缀条平面受力可按平面桁架进行计算,由此缀条可视为以柱肢为弦杆的平行弦桁架的腹杆,其内力与桁架腹杆的计算方法相同。将剪力 V_{max} 平均分配到两个缀条平面内,则每个缀条平面所受剪力为 $V_1 = \dfrac{V_{max}}{2}$。根据截面法知斜缀条所受轴心拉(压)力为

$$N_1 = \frac{V_1}{n\cos\theta} \tag{4-32}$$

式中:V_1——分配到一个缀材面上的剪力。

n——承受剪力 V_1 的斜缀条数。当单缀条(见图 4-16(a))时,$n=1$;当双缀条(见图 4-16(b))时,$n=2$。

θ——缀条的倾角。

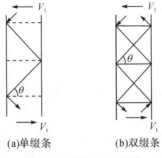

图 4-16　缀条内力计算

由于剪力的方向不定,斜缀条可能受拉也可能受压,在荷载大小相同的情况下,受压更为不利,所以应按轴心压杆计算,保证其强度、稳定性和刚度的安全。

缀条截面一般采用单角钢并与分肢单面连接,其实际受力时存在偏心,会产生扭转效应。为简化计算,《钢结构设计规范》(GB 50017—2003)对单面连接单角钢仍按轴心受力构件计算(不考虑扭转效应),并将钢材和连接材料的强度设计值乘以下列折减系数:

①按轴心受压构件计算强度和连接时,$\eta = 0.85$。

②按轴心受压构件计算稳定性时:

等边角钢,$\eta = 0.6 + 0.0015\lambda$,但不大于 1.0;

短边相连的不等边角钢,$\eta = 0.5 + 0.0025\lambda$,但不大于 1.0;

长边相连的不等边角钢,$\eta = 0.70$。

λ 为角钢对最小刚度轴的长细比,且当 $\lambda < 20$ 时,取 $\lambda = 20$。

(2)缀板的计算

缀板柱每个缀材面可视为一个以缀板为横梁、分肢为框架立柱的多层框架,并近似假定当其整体挠曲时反弯点在各层分肢中点和缀板中点,如图 4-17(a)所示。据此,在横向剪力作用下,由如图 4-17(b)所示的计算简图可得缀板内力为

剪力:

$$T = \frac{V_1 l_1}{a} \tag{4-33}$$

弯矩：

$$M = T \cdot \frac{a}{2} = \frac{V_1 l_1}{2} \tag{4-34}$$

式中：l_1——缀板中心线间的距离；

a——分肢轴线间的距离。

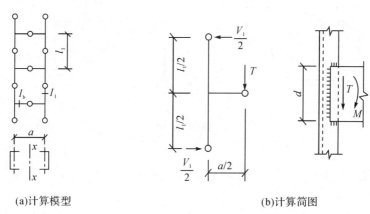

(a)计算模型　　　　　　　　(b)计算简图

图 4-17　缀板内力计算

缀板尺寸一般按：宽度 $d \geqslant \dfrac{2a}{3}$；厚度 $t \geqslant \dfrac{a}{40}$ 且不小于 6mm 确定。端缀板宜适当加宽，取 $d = a$。

缀板尺寸应满足受力要求，且缀板应有一定的刚度。规范规定，同一截面处两侧缀板线刚度之和不得小于一个分肢线刚度的 6 倍。

缀板与肢件间用角焊缝相连（见图 4-17(b)），角焊缝承受剪力和弯矩的共同作用。

4.4.4　格构式轴心受压构件的构造要求

1.缀条构造要求

缀条采用角钢，其最小尺寸应满足下列要求：

等肢角钢：不小于∟45×4；

不等肢角钢：不小于∟56×36×4。

缀条布置时应尽量满足其轴线与分肢轴线交于一点，且两者夹角在 40°~70°范围内。斜缀条可采用三面围焊与分肢相连，设有横缀条时，为有足够空间进行焊缝施焊，可加设节点板。

2.缀板构造要求

缀板不宜采用厚度小于 6mm 的钢板，其长度应满足与每侧分肢的搭接长度在 20~30mm。缀板与分肢可以采用三面围焊，也可以仅用缀板端部纵向焊缝连接。

3.横隔

格构柱的中部为空心的，没有实体材料填充，抗扭刚度较差。因而，为了提高柱的抗扭刚度，保证构件在运输和安装过程中截面不歪扭变形以及较好的传递内力，应设置横隔。横隔可用钢板（见图 4-18(a)）或交叉角钢（见图 4-18(b)）做成。

除了每个运输单元两端的端横隔外,横隔沿柱纵向的设置应满足下列要求:

(1)每隔不超过8m或柱截面较大宽度的9倍处设置一个横隔;

(2)每个运输单元不得少于2个横隔;

(3)柱身直接受较大集中力处设置横隔(以避免分肢局部受弯)。

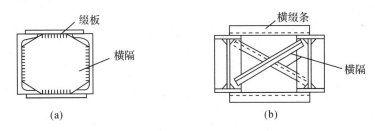

图 4-18　格构式构件的横隔

4.4.5　格构式轴心受压构件的截面设计

设计格构式轴心受压构件时要综合考虑各方面影响因素。一般来说,应首先根据使用要求、材料供应、荷载大小和构件在两主轴方向的计算长度等客观条件初步选定合适的截面形式(中小型柱常用双肢缀板式,大型柱多用双肢缀条式)和钢材牌号;再初步选择分肢的截面尺寸和两分肢的间距,然后进行强度、刚度、稳定性和分肢稳定等内容的验算;最后进行缀材设计并对缀材的安全性及其与分肢的连接进行计算。现以常见的双肢格构式轴心受压构件为例,说明其设计步骤。

1.确定所采用分肢的截面形式

通常,当轴心压力不太大时,分肢可采用槽钢(槽钢多以肢尖朝内的方向放置)或工字钢等热轧型钢;而当轴心压力很大且处于采用格构式构件的合理范围时,常用角钢和钢板组成的槽形截面或钢板组成的工字形截面作为分肢。

2.按实轴(设为 y-y 轴)整体稳定条件选择分肢截面

对格构式轴心受压构件实轴的整体稳定性计算与实腹式轴心受压构件相同,所以可以用与实腹式轴心受压构件相同的方法确定其分肢截面。然后马上进行实轴的整体稳定性和刚度验算,全部通过后进行下一步分肢间距的计算。这样可以减少后续由于分肢截面不合格而导致的返工,从而减少设计步骤,节约时间。

3.按虚轴(x-x 轴)与实轴(y-y 轴)等稳定性条件确定两分肢间距

为了使构件在实际使用过程中两主轴方向的承载力都得到充分的发挥,从而提高材料的利用,在设计过程中应注意满足虚轴与实轴等稳定性。据此可知,两主轴方向的长细比应相等,即 $\lambda_{0x} = \lambda_y$。由此条件并按 $A_1 \approx 0.1A$ 预选缀条的角钢型号;按 $\lambda_1 \leqslant 0.5\lambda_y$,且不大于40,确定分肢长细比后,即可求得虚轴方向所需的长细比 λ_{xreq}:

缀条柱:

$$\lambda_{xreq} = \sqrt{\lambda_y^2 - 27\frac{A}{A_1}}$$

缀板柱：

$$\lambda_{xreq} = \sqrt{\lambda_y^2 - \lambda_1^2}$$

然后，以 λ_{xreq} 求取虚轴所需的回转半径 i_{xreq}：

$$i_{xreq} = \frac{l_{0x}}{\lambda_{xreq}}$$

再根据回转半径与分肢间距的近似对应关系 $b \approx \dfrac{i_{xreq}}{\alpha_1}$，由附表 4-1 查得 α_1 后即可求得所需要的分肢间距，分肢间距数值一般取 10mm 的倍数，且保证肢尖净距不小于 100mm。

4. 截面验算

(1) 强度验算

按式 (4-2) 进行强度验算 (一般不起控制作用)。

(2) 整体稳定性验算

按式 (4-5) 进行绕虚轴的整体稳定性验算 (绕实轴的整体稳定性验算已在确定分肢截面时予以保证了)。

(3) 分肢稳定性验算

对缀条柱：分肢长细比 $\lambda_1 = \dfrac{l_{01}}{i_1}$ 不得超过柱两方向长细比 (对虚轴为换算长细比) 较大值 λ_{max} 的 0.7 倍；

对缀板柱：分肢长细比 $\lambda_1 = \dfrac{l_{01}}{i_1}$ 不应大于 40 并不应大于柱两方向长细比较大值 λ_{max} 的 0.5 倍 (当 $\lambda_{max} \leqslant 50$ 时，取 $\lambda_{max} = 50$)。

(4) 刚度验算

按式 (4-4) 进行刚度验算，注意虚轴应以换算长细比计。

如上述各项验算通过，说明所设计的截面是安全的。否则，应修改设计，直到各项验算通过为止。

5. 缀材及其与分肢连接节点计算

根据前述缀材计算内容及构造要求，选定缀材尺寸并进行缀材安全验算。连接节点可采用角焊缝连接，具体计算参看第 3 章。

【例 4-2】　如图 4-19 所示的支架，其支柱采用 Q235 钢，柱端铰接，承受轴心压力设计值 $N = 1100$kN，采用槽钢为分肢、肢尖朝内的双肢格构式截面，且截面无削弱。采用焊缝连接，焊条为 E43 型、手工焊。试设计该格构柱：(1) 缀条柱；(2) 缀板柱。

解：(1) 缀条柱

设强轴为 x 轴 (虚轴)，弱轴为 y 轴 (实轴)，由图中约束条件知，柱在两方向的计算长度分别为

$$l_{0x} = \mu l = 1.0 \times 600\text{cm} = 600\text{cm}$$

$$l_{0y} = \frac{1}{2}\mu l = \frac{1}{2} \times 1.0 \times 600\text{cm} = 300\text{cm}$$

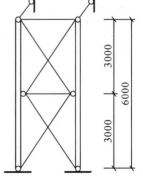

图 4-19　例题 4-2 图 (单位：mm)

①按实轴(设为 y 轴)确定分肢型号

查表 4-4 知此类截面对 x 轴和 y 轴均属 b 类。

假定 $\lambda_y=40$，则查附表 5-2 得 $\varphi=0.899$，所需截面面积和回转半径为

$$A_{req}=\frac{N}{\varphi f}=\frac{1100\times10^3}{0.899\times215\times10^2}cm^2=56.91cm^2$$

$$i_{yreq}=\frac{l_{0y}}{\lambda_y}=\frac{300}{40}cm=7.5cm$$

查附表 12-1 型钢表可初选 2[18b，实际面积 $A=2\times29.3cm^2=58.6cm^2$，$i_y=6.84cm$，$i_1=1.95cm$，$z_0=1.84cm$，$I_1=111cm^4$。

则可知实轴实际长细比 $\lambda_y=\frac{l_{0y}}{i_y}=\frac{300}{6.84}=43.86<[\lambda]=150$，满足刚度要求。

查附表 5-2 并线性内插得 $\varphi_y=0.883$，

实轴稳定性：$\frac{N}{\varphi_yA}=\frac{1100\times10^3}{0.883\times58.6\times10^2}N/mm^2=212.6N/mm^2<f=215N/mm^2$，满足要求。

②按等稳定性条件确定分肢间距

按 $0.1A=5.86cm^2$ 及缀条构造要求，斜缀条采用∟45×5 角钢，两个斜缀条面积为 $A_1=2\times4.29cm^2=8.58cm^2$。

按实轴和虚轴等稳定性得 $\lambda_{0x}=\lambda_y$，则虚轴所需长细比为

$$\lambda_{xreq}=\sqrt{\lambda_y^2-27\frac{A}{A_1}}=\sqrt{43.86^2-27\times\frac{58.6}{8.58}}=41.7$$

$$i_{xreq}=\frac{l_{0x}}{\lambda_{xreq}}=\frac{600}{41.7}cm=14.39cm$$

由回转半径与分肢间距的近似线性关系得分肢间距 $b_{req}\approx\frac{i_{xreq}}{\alpha}$，查附表 4-1 得 $\alpha=0.44$，可得 $b_{req}\approx\frac{14.39}{0.44}cm=32.7cm$。

取 $b=32cm$，肢尖净距为 $320mm-2\times70mm=180mm>100mm$，满足构造要求。

按实际取定的分肢间距验算虚轴刚度和稳定性：

惯性矩 $I_x=2\times\left[111+29.3\times\left(\frac{32-2\times1.84}{2}\right)^2\right]cm^4=11972cm^4$，

回转半径 $i_x=\sqrt{\frac{I_x}{A}}=\sqrt{\frac{11972}{58.6}}cm=14.29cm$，

长细比 $\lambda_x=\frac{l_{0x}}{i_x}=\frac{600}{14.29}=41.99$，

$$\lambda_{0x}=\sqrt{\lambda_x^2+27\frac{A}{A_1}}=\sqrt{41.99^2+27\times\frac{58.6}{8.58}}=44.13<[\lambda]=150$，满足刚度要求。$$

查附表 5-2 得 $\varphi_x=0.881$，

虚轴稳定性：$\frac{N}{\varphi_xA}=\frac{1100\times10^3}{0.881\times58.6\times10^2}N/mm^2=213.1N/mm^2<f=215N/mm^2$，满足要求。

③分肢稳定性验算

缀条按 45°布置，则可求得分肢长细比：

$$\lambda_1 = \frac{l_{01}}{i_1} = \frac{2 \times 28.32\tan45°}{1.95} = 29.05 < 0.7\lambda_{max} = 0.7 \times 44.13 = 30.89，满足要求。$$

④缀条验算

缀条采用 Q235 钢，∟45×5 角钢，单缀条体系 $\theta = 45°$ 布置（见图 4-20），则斜缀条长度为

$$l_t = \frac{a}{\sin45°} = \frac{2 \times 28.32}{\sqrt{2}}cm = 40.05cm$$

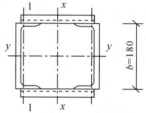

查型钢表知最小回转半径为 $i_{min} = 0.88cm$。

剪力 $V = \frac{Af}{85}\sqrt{\frac{f_y}{235}} = \frac{58.6 \times 10^2 \times 215}{85}\sqrt{\frac{235}{235}}N = 14822N$，

$$V_1 = \frac{V}{2} = 7411N，$$

斜缀条内力 $N_t = \frac{V_1}{\sin\theta} = 10481N$，

长细比 $\lambda_t = \frac{l_t}{i_{min}} = \frac{40.05}{0.88} = 45.5 < [\lambda] = 150$，刚度满足要求。

b 类截面，查附表 5-2 得 $\varphi = 0.876$，

强度折减系数 $\eta = 0.6 + 0.0015\lambda_t = 0.668$，

缀条稳定性：

$$\frac{N_t}{\varphi A_t} = \frac{10481}{0.876 \times 4.29 \times 10^2}N/mm^2 = 27.89N/mm^2 <$$

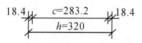

$\eta f = 0.668 \times 215N/mm^2 = 143.6N/mm^2$，满足要求。

图 4-20　缀条柱（单位：mm）

缀条采用角钢型钢，局部稳定性满足，可不验算。缀条采用两侧焊缝余分肢连接，所以截面无削弱，故不必验算强度。综上，缀条安全性满足要求。

缀条与分肢焊缝验算：

按构造要求取焊脚尺寸 $h_f = 4mm$，考虑单面连接单角钢焊缝强度折减系数 0.85，则

肢背焊缝所需长度 $l_{w1} = \frac{k_1 N_t}{h_e 0.85 f_f^w} + 2h_f = \frac{0.7 \times 10481}{0.7 \times 4 \times 0.85 \times 160}mm + 2 \times 4mm = 27.3mm$，

肢尖焊缝所需长度 $l_{w2} = \frac{k_2 N_t}{h_e 0.85 f_f^w} + 2h_f = \frac{0.3 \times 10481}{0.7 \times 4 \times 0.85 \times 160}mm + 2 \times 4mm = 16.3mm$，

为便于施工，取肢尖和肢背焊缝均为 30mm。

⑤横隔

柱截面的最大尺寸为 320mm，横隔间距应 $\leqslant \min\{8m, 0.32 \times 9m\} = 2.88m$。故在柱的三分点处设置横隔，实际间距为 2m，满足要求。

（2）缀板柱

①按实轴（设为 y 轴）确定分肢型号

同缀条柱，选 2[18b，$\lambda_y = 43.86$。

②按等稳定性条件确定分肢间距

取 $\lambda_1 = 20$，基本可满足分肢稳定性要求，按实轴和虚轴等稳定性得 $\lambda_{0x} = \lambda_y$，则虚轴所需长细比为

$$\lambda_{xreq} = \sqrt{\lambda_y^2 - \lambda_1^2} = \sqrt{43.86^2 - 20^2} = 39.03$$

$$i_{xreq} = \frac{l_{0x}}{\lambda_{xreq}} = \frac{600}{39.03}cm = 15.37cm$$

由回转半径与分肢间距的近似线性关系得分肢间距 $b_{req} \approx \frac{i_{xreq}}{\alpha}$，查附表 4-1 得 $\alpha = 0.44$，可得

$$b_{req} \approx \frac{15.37}{0.44}cm = 34.93cm$$

取 $b = 34cm$，肢尖净距为 $340mm - 2 \times 70mm = 200mm$，满足构造要求。

按实际取定的分肢间距验算虚轴刚度和稳定性：

所需缀板净距 $l_{01} = \lambda_1 i_1 = 20 \times 1.95cm = 39cm$，取 $l_{01} = 40cm$，

则实际分肢长细比 $\lambda_1 = \frac{l_{01}}{i_1} = \frac{40}{1.95} = 20.51$，

惯性矩 $I_x = 2 \times \left[111 + 29.3 \times \left(\frac{34 - 2 \times 1.84}{2}\right)^2\right]cm^4 = 13690cm^4$，

回转半径 $i_x = \sqrt{\frac{I_x}{A}} = \sqrt{\frac{13690}{58.6}}cm = 15.28cm$，

长细比 $\lambda_x = \frac{l_{0x}}{i_x} = \frac{600}{15.28} = 39.27$，

$\lambda_{0x} = \sqrt{\lambda_x^2 + \lambda_1^2} = \sqrt{39.27^2 + 20.51^2} = 44.30 < [\lambda] = 150$，满足刚度要求。

查附表 5-2 得 $\varphi_x = 0.881$，

虚轴稳定性：$\frac{N}{\varphi_x A} = \frac{1100 \times 10^3}{0.881 \times 58.6 \times 10^2}N/mm^2 = 213.1N/mm^2 < f = 215N/mm^2$，满足要求。

③分肢稳定性验算

$\lambda_{max} = 44.30 < 50$，所以取 $\lambda_{max} = 50$，

$\lambda_1 = 20.51$，满足小于 $0.5\lambda_{max} = 0.5 \times 50 = 25$ 和 40 的要求。

④缀板验算

按构造要求，初取缀板尺寸：

宽度 $d_b \geq \frac{2}{3}a = \frac{2}{3} \times 30.32cm = 20.21cm$，取 $d_b = 21cm$，

厚度 $t_b \geq \frac{a}{40} = \frac{30.32}{40}cm = 0.76cm$，取 $t_b = 0.8cm$，

相邻缀板中心距 $l_1 = l_{01} + d_b = 40cm + 21cm = 61cm$。

具体布置如图 4-21 所示。

缀板线刚度之和与分肢线刚度之比为

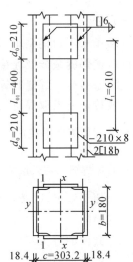

$$\frac{\sum \frac{I_b}{a}}{\frac{I_1}{l_1}} = \frac{\frac{2 \times \left(0.8 \times \frac{21^3}{12}\right)}{30.32}}{\frac{111}{61}} = 22.38 > 6$$，满足刚度要求。

图 4-21 缀板柱（单位：mm）

由前面计算可知，柱的剪力 $V = 14822N$，每个缀板面所受剪力 $V_1 = 7411N$，

缀板端面弯矩 $M_b = \frac{V_1 l_1}{2} = 7411 \times \frac{61}{2}N \cdot cm = 226036N \cdot cm$，

缀板端面剪力 $V_b = \dfrac{V_1 l_1}{a} = \dfrac{7411 \times 61}{30.32} \text{N} = 14910 \text{N}$，

缀板抗弯强度 $\sigma = \dfrac{M_b}{W_b} = \dfrac{6 \times 226036}{0.8 \times 21^2} \times 10^{-2} \text{N/mm}^2 = 38.44 \text{N/mm}^2 < f = 215 \text{N/mm}^2$，

缀板抗剪强度 $\tau = 1.5 \dfrac{V_b}{A_b} = \dfrac{1.5 \times 14910}{0.8 \times 21} \times 10^{-2} \text{N/mm}^2 = 13.31 \text{N/mm}^2 < f_v = 125 \text{N/mm}^2$。

综上，缀条安全性满足要求。

⑤缀板焊缝验算

缀板与分肢搭接长度取 20mm，采用三面围焊。偏安全仅考虑竖向焊缝受力，按构造要求取焊脚尺寸 $h_f = 6 \text{mm}$，计算长度为 $l_w = 210 \text{mm}$。则焊缝应力计算：

$$\sigma_f = \frac{M_b}{W_e} = \frac{6 \times 2260360}{0.7 \times 6 \times 210^2} \text{N/mm}^2 = 73.22 \text{N/mm}^2$$

$$\tau_f = \frac{V_b}{A_e} = \frac{14910}{0.7 \times 6 \times 210} \text{N/mm}^2 = 16.90 \text{N/mm}^2$$

$$\sqrt{\left(\frac{\sigma_f}{\beta_f}\right)^2 + \tau_f^2} = \sqrt{\left(\frac{73.22}{1.22}\right)^2 + 16.90^2} \text{N/mm}^2 = 62.35 \text{N/mm}^2 < f_f^w = 160 \text{N/mm}^2，安全。$$

⑥横隔

设置同缀条柱。

4.5　柱头和柱脚

用作柱子的轴心受压构件，其任务是将上部结构（最常见的是梁格系统和屋架）传来的荷载安全可靠地传递给基础。但是各个构件之间必须通过相互连接才能形成结构整体，即梁（或屋架）不能直接放在柱子上，柱也不能简单地直接放置于基础之上，必须采取适当的构造措施。梁（或屋架）和柱顶的连接构造称为柱头，柱底和基础的连接构造称为柱脚。

柱头和柱脚设计应满足传力明确、简捷，构造简单，易于安装，安全可靠又经济合理，同时还要有足够的刚度。

4.5.1　柱头

1. 支承于柱顶的柱头构造

图 4-22 是典型的梁支承于柱顶的铰接柱头构造。为了安放梁，先在柱顶设置一块钢板，称为顶板。顶板与柱用焊缝连接，梁与顶板用普通螺栓连接。顶板的尺寸大小以盖住柱子截面为准，宽度比柱子截面宽约 50mm，长度应根据螺栓（螺栓不受力而只起固定梁位置的作用）的布置面定，厚度一般为 16~20mm。

如图 4-22(a)所示，为了便于安装就位，将两相邻梁之间留一些空隙，最后用夹板和构造螺栓连接。在安装时应注意将支承加劲肋对准柱的翼缘，以保证梁端支座反力均匀地传给柱的翼缘。这种连接方式构造简单，对梁长度尺寸的制作要求不高，但当柱顶两侧梁的反力不等时将使柱偏心受压。

在如图 4-22(b)所示的构造方案中,在梁端设置突缘式加劲肋并将其刨平顶紧压在顶板中部,使压力沿柱身轴线下传,这样就能保证即使两相邻梁的反力不等,柱仍接近于轴心受压。两相邻梁之间可留一些空隙,安装时嵌入合适尺寸的填板并用普通螺栓连接。为防止梁传来的条形压力区使柱腹板外的悬空顶板产生弯曲变形,不能直接将梁支承于柱子截面上。通常的做法是在顶板上加焊一块条形垫板,并在顶板下垂直于腹板方向前后各设置一根加劲肋。垫板只需通过构造焊缝和顶板相连。

对于格构柱,如图 4-22(c)所示,为了保证传力均匀并托住顶板,应在两柱肢之间设置竖向隔板。

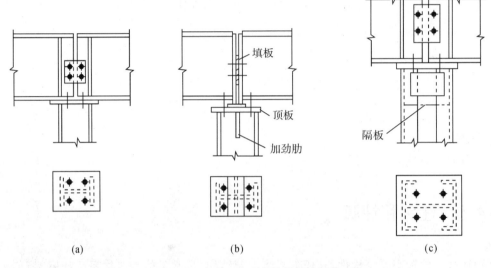

|(a)|(b)|(c)|

图 4-22 支承于柱顶的铰接柱头构造

2.支承于柱侧的柱头构造

在多层框架结构的中间层,横梁只能在柱侧相连。一般的做法是将梁搁置在支托上并用普通螺栓连接,梁与柱侧翼之间留有间隙,用填板(见图 4-23(a))或角钢(见图 4-23(b))及构造螺栓连接。支托可采用厚钢板(见图 4-23(a))也可采用 T 形(见图 4-23(b))。考虑到荷载偏心的不利影响,支托与柱的连接焊缝按梁支座反力的 1.25 倍计算。

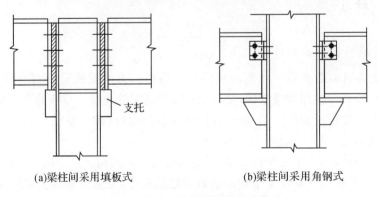

(a)梁柱间采用填板式　　　(b)梁柱间采用角钢式

图 4-23 支承于柱侧的铰接柱头构造

3.传力途径分析

(1)实腹式柱的柱头

以如图 4-22(b)所示的构造方案为例,由梁端反力 N 经梁端突缘和垫板间的端面承压传递给垫板;垫板再以局部承压将力 N 传递给顶板;顶板又将力 N 通过顶板与加劲肋的连接焊缝Ⅰ分别传递给前后两根加劲肋 $\left(\text{每根加劲肋各承受}\dfrac{N}{2}\right)$;每根加劲肋将所受力 $\dfrac{N}{2}$ 以悬臂梁的工作方式通过其与柱腹板的连接焊缝Ⅱ $\left(\text{焊缝受偏心力}\dfrac{N}{2}\right)$ 传递给柱腹板,进而传递给柱身。综上所述,实腹式轴心受压柱柱头的传力途径可表示如下:

$$N \xrightarrow{\text{端面承压}} \text{垫板} \xrightarrow{\text{端面承压}} \text{顶板} \xrightarrow{\text{焊缝Ⅰ}} \text{加劲肋} \xrightarrow{\text{焊缝Ⅱ}} \text{柱身}$$

(2)格构式柱的柱头

与实腹式柱的柱头类似,可知格构式柱的柱头传力途径可表示如下:

$$N \xrightarrow{\text{端面承压}} \text{垫板} \xrightarrow{\text{端面承压}} \text{顶板} \xrightarrow{\text{焊缝Ⅰ}} \text{加劲肋} \xrightarrow{\text{焊缝Ⅱ}} \text{柱端缀板} \xrightarrow{\text{焊缝Ⅲ}} \text{柱身}$$

4.5.2　柱脚

柱脚设计内容包括构造设计、传力途径分析和各个组成部件及连接的计算。

1.构造设计

柱脚的构造应使柱身传来的上部荷载及柱身自重可靠地传给基础并和基础有牢固的连接。图 4-24 给出了轴心受压柱几种常用的平板式铰接柱脚,一般由底板、靴梁、隔板等组成。

由于混凝土基础的抗压强度比钢柱的抗压强度低很多,因而必须扩大基础的受压面积,在柱脚处加一块较大的钢板(称为底板)。显然,底板四周都有悬伸部分,在基础向上均匀荷载作用下受弯并产生弯曲变形。对于小型柱,底板悬伸部分区域小,压力又较小,因而弯曲变形小,可仅由底板将轴力传递给基础,如图 4-24(a)所示;对于大、中型柱,底板弯曲变形大,需设置两块类似于柱头设计中的加劲肋的钢板(称为靴梁)来加强底板,有时还需再加设

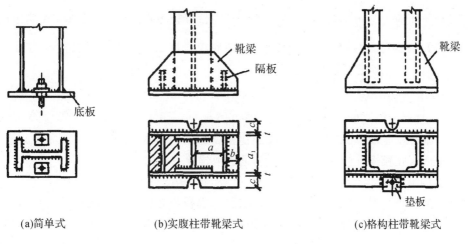

(a)简单式　　　　　(b)实腹柱带靴梁式　　　　　(c)格构柱带靴梁式

图 4-24　平板式柱脚构造

一些隔板,将底板分成更小的区域,保证基础反力较为均匀地作用于底板,如图 4-24(b)所示;格构柱的柱脚构造如图 4-24(c)所示。

布置柱脚中的连接焊缝时,应考虑施焊的方便与可能。例如图 4-24(b)中隔板的里侧和图 4-24(c)中靴梁中央部分的里侧,都不宜布置焊缝。

2. 传力途径分析

以如图 4-24(b)所示的一般情况为例,柱身内力 N 通过柱身与靴梁之间的竖向焊缝 I 传递给靴梁,靴梁又通过其与底板之间的焊缝 II 传递给底板,底板再通过其与基础的接触面承压传递给基础。传力途径可表示如下:

$$N \xrightarrow{\text{焊缝I}} \text{靴梁} \xrightarrow{\text{焊缝II}} \text{底板} \xrightarrow{\text{抗压}} \text{基础}$$

3. 设计计算

(1)底板的计算

① 底板的面积

基础对底板的压应力可近似认为是均匀分布的,根据混凝土基础抗压强度设计值要求,可求得所需要的底板面积 A 为

$$A = B \cdot L \geqslant \frac{N}{\beta_c f_c} + A_0 \tag{4-35}$$

式中:f_c——基础混凝土的抗压强度设计值;

$\quad\quad\beta_c$——基础混凝土局部承压时的强度提高系数,f_c 和 β_c 均按《混凝土结构设计规范》(GB 50010—2010)取值;

$\quad\quad A_0$——锚栓孔面积。

轴心受压构件柱脚锚栓并不受力,其作用仅在于固定柱子的位置,因而按构造要求设置,一般宜设置在顺主梁方向的底板中心。锚栓直径一般取 20~25mm,为便于安装和调整位置,底板预留锚栓孔直径一般取锚栓直径的 1.5~2.0 倍。当柱安装就位后,用垫板套住锚栓并与底板焊牢(见图 4-24(c))。

底板一般做成正方形或 $\frac{L}{B} < 2$ 的长方形,而不应做成狭长的长方形,因为狭长长方形底板易使底板下压应力分布不均匀,对受力不利且需设置较多隔板,构造复杂。在确定底板平面尺寸时,通常先根据构造要求确定宽度 B,则底板长度 $L = \frac{A}{B}$。底板长度与宽度应取整数,最好为 10mm 的倍数。由图 4-24(b)可知

$$B = a_1 + 2t + 2c \tag{4-36}$$

式中:a_1——柱截面的高度或宽度;

$\quad\quad t$——靴梁厚度,通常取 10~14mm 或比柱翼缘厚度略小;

$\quad\quad c$——底板在靴梁外的悬伸部分宽度,通常取锚栓直径的 3~4 倍。

② 底板的厚度

底板计算厚度由其抗弯强度决定。柱端靴梁、隔板和肋板等作为底板的支承,将底板划分为各种支承条件的区格板,在基础均布反力 q 作用下各种支承条件区格板单位宽度的最大弯矩分别为

四边支承区格:
$$M_4 = \alpha q a^2 \tag{4-37}$$

三边支承区格和两相邻边支承区格:
$$M_3 \text{ 或 } M_2 = \beta q a_1^2 \tag{4-38}$$

一边支承区格即悬臂板:
$$M_1 = \frac{1}{2} q c^2 \tag{4-39}$$

式中:q——作用于底板单位面积上的压力,$q = \dfrac{N}{A_n}$;

a——四边支承区格的短边长度;

α——系数,根据长边 b 与短边 a 之比 $\dfrac{b}{a}$ 的值按表 4-7 取用;

a_1——对三边支承区格为自由边长度,对两相邻边支承区格为对角线长度;

β——系数,根据 $\dfrac{b_1}{a_1}$ 值按表 4-8 取用,对三边支承区格 b_1 为垂直于自由边的宽度,对两相邻边支承区格 b_1 为内角顶点至对角线的垂直距离;

c——悬臂长度。

当三边支承区格的 $\dfrac{b_1}{a_1} < 0.3$ 时,可按悬臂长度为 b_1 的悬臂板计算。

表 4-7　四边支承板弯矩系数 α

b/a	1.0	1.1	1.2	1.3	1.4	1.5	1.6	1.7	1.8	1.9	2.0	3.0	$\geqslant 4.0$
α	0.048	0.055	0.063	0.069	0.075	0.081	0.086	0.091	0.095	0.099	0.101	0.119	0.125

表 4-8　三边支承板或两相邻边支承板弯矩系数 β

b_1/a_1	0.3	0.4	0.5	0.6	0.7	0.8	0.9	1.0	1.1	$\geqslant 1.2$
β	0.026	0.042	0.056	0.072	0.085	0.092	0.104	0.111	0.120	0.125

取各区格板中的最大弯矩 M_{max} 来确定板的厚度 t:

$$t \geqslant \sqrt{\frac{6M_{max}}{f}} \tag{4-40}$$

设计时要注意:靴梁和隔板的布置应尽可能使各区格板中的弯矩尽量接近,若相差太大,应调整底板尺寸或重新划分区格,以免所需的底板过厚。

为了保证底板有足够的刚度满足基础反力是均匀分布的假设,底板厚度不能过小,通常为 20～40mm,最薄一般不得小于 14mm。

(2)靴梁的计算

靴梁的厚度一般由构造条件确定,常取 10～14mm 或与柱翼缘厚度相等或略小。

靴梁的高度由其与柱身连接所需要的焊缝长度决定。可按承受柱身传来的压力 N 来计算所需的竖向焊缝长度,注意每条竖向焊缝的计算长度不应大于 $60h_f$。

确定完靴梁尺寸后,应按支承于柱边的双悬臂梁为计算模型,验算靴梁在所受荷载 q 产生的最大弯矩和最大剪力值作用下的抗弯强度和抗剪强度。

(3)隔板及肋板的计算

隔板尺寸由构造条件确定:一般取其高度比靴梁略小些并满足连接焊缝所需长度(隔板内侧的焊缝不易施焊,计算时不应考虑受力);其厚度比靴梁略薄些且不得小于其宽度的1/50。

隔板可视为支承于靴梁上的简支梁,所受荷载可偏安全地取图4-24(b)中阴影面积的底板反力,验算隔板的强度。

肋板可按承受均布荷载q的悬臂梁计算,验算其自身强度和连接焊缝的强度。

【例4-3】 某格构式轴心受压柱,分肢采用[22a,肢尖朝内放置,分肢间距为240mm,采用如图4-25所示的柱脚形式。轴心压力设计值为$N=1350kN$,柱脚钢材采用Q235B,焊条采用E43,手工焊。基础混凝C15,锚栓采用M20。设计该格构式轴心受压柱的柱脚。

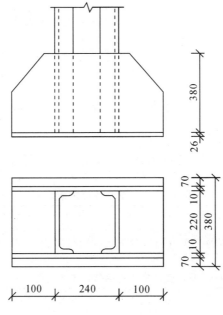

图4-25 例题4-3图(单位:mm)

解:(1)底板设计

查《混凝土设计规范》知:C15的混凝土$f_c=7.5N/mm^2$,$\beta_c=1.1$。采用两个锚栓,按1.5倍预留锚栓孔取$A_0=2\times\dfrac{\pi\times30^2}{4}mm^2=1413mm^2$,则

$$A=B\cdot L\geqslant\frac{N}{\beta_c f_c}+A_0=\frac{1350\times10^3}{1.1\times7.5}mm^2+1413mm^2=165049mm^2$$

取靴梁厚10mm,悬伸部分宽70mm,则底板宽为

$$B=a_1+2t+2c=220mm+2\times10mm+2\times70mm=380mm$$

底板长度$L=\dfrac{A}{B}=\dfrac{165049}{380}mm=434mm$,

取$L=440mm$,

基础底板平均应力$q=\dfrac{N}{A_n}=\dfrac{1350\times10^3}{440\times380-1413}N/mm^2=8.14N/mm^2<\beta_c f_c=8.25N/mm^2$

底板被划分为四边支承、三边支承和一边支承三种区格,各区格弯矩为:

四边支承区格：$\dfrac{b}{a} = \dfrac{240}{220} = 1.1$，查表 4-7 得 $\alpha = 0.055$，则

$$M_4 = \alpha q a^2 = 0.055 \times 8.14 \times 220^2 \text{N} \cdot \text{mm}^2 = 21669 \text{N} \cdot \text{mm}^2$$

三边支承区格和两相邻边支承区格：$\dfrac{b_1}{a_1} = \dfrac{100}{220} = 0.45$，

查表 4-8 并线性内插得 $\beta = 0.042 + \dfrac{0.056 - 0.042}{0.1} \times (0.45 - 0.4) = 0.049$，

$$M_3 = \beta q a_1^2 = 0.049 \times 8.1 \times 220^2 \text{N} \cdot \text{mm}^2 = 19210 \text{N} \cdot \text{mm}^2$$

一边支承区格即悬臂板：$M_1 = \dfrac{1}{2} q c^2 = \dfrac{1}{2} \times 8.14 \times 70^2 \text{N} \cdot \text{mm}^2 = 19943 \text{N} \cdot \text{mm}^2$，

三种区格弯矩值相差不大，说明区格划分合理，不必调整。

底板厚度 $t \geqslant \sqrt{\dfrac{6M_{\max}}{f}} = \sqrt{\dfrac{6 \times 21669}{215}}\text{mm} = 24.6\text{mm}$，取整得底板厚 $t = 26\text{mm}$。

（2）靴梁计算

$$h_{f\min} = 1.5\sqrt{10}\,\text{mm} = 4.7\text{mm}, \quad h_{f\max} = 1.2 \times 7\,\text{mm} = 8.4\text{mm}, \quad \text{取 } h_f = 8\text{mm}，$$

则靴梁高度即所需竖向焊缝长度为

$$l_w = \dfrac{N}{\sum h_e f_f^w} = \dfrac{1350 \times 10^3}{4 \times 0.7 \times 8 \times 160}\text{mm} = 376.7\text{mm} \leqslant 60h_f = 480\text{mm}$$

取靴梁高度为 380mm。

一块靴梁所受线荷载 $q_b = \dfrac{1}{2} \times 8.14 \times 380 \text{N/mm} = 1547 \text{N/mm}$，

承受的最大弯矩 $M = \dfrac{1}{2} q_b l_1^2 = \dfrac{1}{2} \times 1547 \times 100^2 \text{N} \cdot \text{mm} = 7735000 \text{N} \cdot \text{mm}$，

承受的最大剪力 $V = q_b l_1 = 1547 \times 100 \text{N} = 154700 \text{N}$，

抗弯强度 $\sigma = \dfrac{M}{W} = \dfrac{6 \times 7735000}{10 \times 380^2}\text{N/mm}^2 = 32.1\text{N/mm}^2 < f = 215\text{N/mm}^2$，

抗剪强度 $\tau = 1.5\dfrac{V}{A} = 1.5 \times \dfrac{154700}{10 \times 380}\text{N/mm}^2 = 61.1\text{N/mm}^2 < f_v = 125\text{N/mm}^2$。

（3）靴梁与底板的连接焊缝计算

靴梁与底板的连接焊缝要传递全部轴心压力，焊脚尺寸应符合

$$h_{f\min} = 1.5\sqrt{26}\,\text{mm} = 7.6\text{mm}$$

$$h_{f\max} = 1.2 \times 10\,\text{mm} = 12\text{mm}$$

取 $h_f = 10\text{mm}$，

则所需焊缝总计算长度为

$$\sum l_w = \dfrac{N}{\beta_f h_e f_f^w} = \dfrac{1350 \times 10^3}{1.22 \times 0.7 \times 10 \times 160}\text{mm} = 988\text{mm}$$

底板尺寸显然满足焊缝要求。

 习题

4.1　轴心受拉构件的刚度不影响其承载能力，为什么要验算刚度？

4.2　为什么轴心受力构件强度验算用净截面，整体稳定性验算却用毛截面？

4.3 提高钢号能否有效提高轴心受压柱的稳定承载力？为什么？

4.4 提高轴心受压构件稳定承载力的设计原则有哪些？

4.5 影响轴心受压构件稳定系数 φ 的因素有哪些？

4.6 什么叫轴心受压构件的局部失稳？实际应用中用什么方法验算构件局部稳定性？

4.7 在验算工字形截面、T 形截面轴心受压构件的宽厚比限制值时长细比 λ 应如何取值？

4.8 格构式轴心受压构件分肢稳定如何保证？

4.9 格构式轴心受压构件中，缀材验算包括哪些内容？

4.10 格构式轴心受压构件为什么要设置横隔？如何设置？

4.11 轴心受压柱柱头由哪几部分组成？传力途径如何？

4.12 轴心受压柱柱脚由哪几部分组成？设计计算应注意哪些问题？

4.13 某屋架上弦压杆，采用长肢相拼的双角钢十字形截面，钢材为 Q235B。承受压力设计值，计算长度 $l_{0x}=1500\text{mm}$，$l_{0y}=3000\text{mm}$。试设计该弦杆。

4.14 某工作平台柱，承受轴心压力设计值 $N=1200\text{kN}$（包括柱自重），柱高 5m，两端铰接，Q235 钢。截面采用焊接工字形组合截面，翼缘为剪切边，E43 焊条，手工焊。试设计该柱。

4.15 某工作平台柱，承受轴心压力设计值 $N=1650\text{kN}$（包括柱自重），柱高 6m，两端铰接，Q235 钢，E43 焊条，自动焊。采用槽钢为分肢的双肢格构柱，肢尖朝内。试设计该柱：(1)缀条式；(2)缀板式。

第5章 受弯构件

5.1 受弯构件的类型与应用

承受横向荷载的构件称为受弯构件,也叫作梁。钢结构中梁的应用非常广泛,例如工业和民用建筑中的楼盖梁、屋盖梁、檩条、墙架梁和工作平台梁,以及桥梁、水工闸门、起重机、海上采油平台的梁等。

钢梁按支承情况可分为简支梁、连续梁、悬挑梁等。与连续梁相比,简支梁虽然其弯矩常常较大,但它不受支座沉陷及温度变化的影响,并且制造、安装、维修、拆换方便,因此得到广泛应用。

钢梁按制作方法的不同分为型钢梁和焊接组合梁。型钢梁又分为热轧型钢梁和冷弯薄壁型钢梁两种。目前常用的热轧型钢有普通工字钢、槽钢和热轧 H 型钢等(见图 5-1(a)～图 5-1(c))。冷弯薄壁型钢梁截面种类较多,但在我国目前常用的有 C 型钢(见图 5-1(d))和 Z 型钢(见图 5-1(e))。冷弯薄壁型钢是通过冷轧加工成形的,板壁都很薄,截面尺寸较小。在梁跨较小、承受荷载不大的情况下采用比较经济,例如屋面檩条和墙梁。

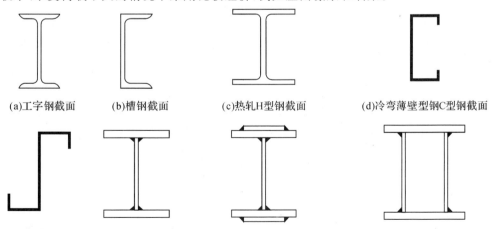

(a)工字钢截面 (b)槽钢截面 (c)热轧H型钢截面 (d)冷弯薄壁型钢C型钢截面

(e)冷弯薄壁型钢Z型钢截面 (f)焊接工字形截面 (g)加焊一层翼缘板的焊接工字形截面 (h)箱形截面

图 5-1　梁的截面形式

如图 5-1(f)和图 5-1(g)所示,由钢板焊成的组合梁在工程中应用较多,当抗弯承载力不足时可在翼缘加焊一层翼缘板。如果梁所受荷载较大而梁高受限或者截面抗扭刚度要求较高时可采用箱形截面(见图 5-1(h))。但其制造费工,施焊不易,且较费钢。

总体而言,型钢价格比钢板低,且加工简单,故型钢梁的造价相对较低,因此宜优先选用。当荷载或跨度较大时,采用组合梁。

5.2 梁的强度

梁在荷载作用下将产生弯曲应力和切应力,在集中荷载作用处还有局部承压应力,故梁的强度应包括抗弯强度、抗剪强度和局部承压强度,在弯应力、切应力及局部压应力共同作用处还应验算折算应力。

5.2.1 抗弯强度

梁截面的应力分布如图 5-2 所示。

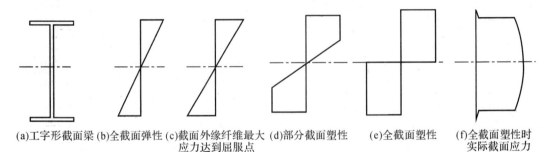

(a)工字形截面梁 (b)全截面弹性 (c)截面外缘纤维最大 (d)部分截面塑性 (e)全截面塑性 (f)全截面塑性时
应力达到屈服点 实际截面应力

图 5-2 梁截面的应力分布

梁在弯矩作用下,当弯矩逐渐增加时,截面弯曲应力的发展可分为三个工作阶段。

(1)弹性工作阶段

在截面边缘纤维应力 $\sigma < f_y$ 之前,梁截面弯曲应力为三角形分布(见图 5-2(b)),梁处于弹性工作阶段。当 $\sigma = f_y$ 时为梁的弹性工作阶段的极限状态分布(见图 5-2(c)),其弹性极限弯矩为

$$M_e = f_y W_n \tag{5-1}$$

式中:W_n 为梁的净截面模量(弹性)。

(2)弹塑性工作阶段

当弯矩继续增加,截面边缘部分深度进入塑性,但中间部分仍处于弹性工作状态(见图 5-2(d))。

(3)塑性工作阶段

当弯矩再继续增加,弹性核心部分则逐渐减小,直到完全消失,截面的塑性区发展至全截面,形成塑性铰,梁产生相对转动,变形大量增加,此时为梁的塑性工作阶段的极限状态(见图 5-2(e)),其塑性极限弯矩为

$$M_p = f_y (S_{1n} + S_{2n}) = f_y W_{pn} \tag{5-2}$$

式中：S_{1n}、S_{2n}——中和轴以上和中和轴以下净截面对中和轴的面积矩；

　　　W_{pn}——梁的净截面塑性模量。

由式(5-1)和式(5-2)可见，梁的塑性极限弯矩 M_p 与弹性极限弯矩 M_e 的比值只和 W_{pn} 与 W_n 的比值 γ_f 有关。γ_f 称为截面形状系数，它只取决于截面的几何形状，而与材料的强度无关，即

$$\gamma_f = \frac{W_{pn}}{W_n} \tag{5-3}$$

实际上它是截面塑性极限弯矩与截面弹性极限弯矩之比。对于通常尺寸的工字形截面，$\gamma_f = 1.1 \sim 1.2$(绕强轴弯曲)，$\gamma_f = 1.5$(绕弱轴弯曲)；对于箱形截面，$\gamma_f = 1.1 \sim 1.2$。

根据《钢结构设计规范》，梁的抗弯强度按下列规定计算：

单向弯曲时，

$$\frac{M_x}{\gamma_x W_{nx}} \leqslant f \tag{5-4}$$

双向弯曲时，

$$\frac{M_x}{\gamma_x W_{nx}} + \frac{M_y}{\gamma_y W_{ny}} \leqslant f \tag{5-5}$$

式中：M_x、M_y——同一截面处绕 x 轴和 y 轴的弯矩(对工字形截面：x 轴为强轴，y 轴为弱轴)；

　　　W_{nx}、W_{ny}——对 x 轴和 y 轴的净截面模量；

　　　γ_x、γ_y——截面塑性发展系数：对工字形截面，$\gamma_x = 1.05$，$\gamma_y = 1.2$；对箱形截面 $\gamma_x = \gamma_y = 1.05$；对其他截面，可按表 5-1 采用；

　　　f——钢材的抗弯强度设计值，按附表 1-1 选用。

表 5-1　不同形式截面的塑性发展系数

截面形式	绕强轴的截面塑性发展系数 γ_x	绕弱轴的截面塑性发展系数 γ_y
工字形截面	1.12	1.50
槽形截面(热轧钢)	1.20	1.20~1.40
箱形截面	1.12	1.12
圆管截面	1.27	1.27
十字截面	1.50	1.50
矩形截面	1.50	1.50

5.2.2　抗剪强度

梁的抗剪强度按弹性设计，以截面的最大剪应力达到钢材的抗剪屈服点作为抗剪承载能力的极限状态，据此，梁的抗剪强度的计算公式为

$$\tau = \frac{VS}{I t_w} \leqslant f_v \tag{5-6}$$

式中：V——计算截面沿腹板平面作用的剪力；

　　　I——毛截面惯性矩；

S——计算剪应力处以上或以下毛截面对中和轴的面积矩；

t_w——腹板厚度；

f_v——钢材的抗剪强度设计值。

当梁的抗剪强度不足时，最有效的办法是增大腹板的面积，但腹板高度 h_w 一般由梁的刚度条件和构造要求确定，故设计时采用加大腹板厚度 t_w 的办法来增大梁的抗剪强度。

5.2.3 局部承压强度

当工字形、箱形等截面梁上有集中荷载(包括支座反力)作用时，集中荷载由翼缘传至腹板。腹板边缘集中荷载作用处，会有很高的局部横向压应力。为保证这部分腹板不致受压破坏，必须对集中荷载引起的局部横向压应力进行计算。如图 5-3 所示为两翼缘局部范围 a 段内有集中荷载作用的局部受压情形。这时翼缘像一个支承在腹板上的弹性地基梁，腹板计算高度的边缘处，局部横向压应力 σ_c 最大，沿梁高向下逐渐减小至零。沿跨度方向荷载作用点处 σ_c 最大，然后向两边逐渐减小，至远端甚至出现拉应力(见图 5-3(a))。

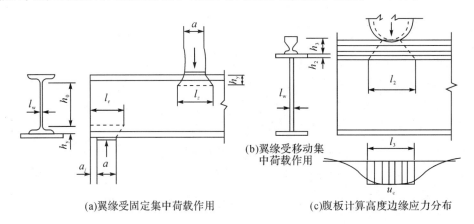

(a)翼缘受固定集中荷载作用   (b)翼缘受移动集中荷载作用   (c)腹板计算高度边缘应力分布

图 5-3　梁的局部承压

集中荷载的传递可假定在梁顶部至腹板计算高度边缘范围按 1：2.5 扩散，而在轨道高度范围按 1：1 扩散，因此，腹板计算高度上边缘的局部承压强度的公式为

$$\sigma_c = \frac{\psi F}{t_w l_z} \leqslant f \tag{5-7}$$

式中：F——集中荷载，对动荷载应考虑动力系数；

ψ——集中荷载增大系数(考虑吊车轮压分配不均匀)，对于重级工作制吊车的轮压荷载取 1.35，其他情况取 1.0；

l_z——集中荷载依据 45°角扩散到腹板计算高度上边缘的假定分布长度，其计算公式为

$$l_z = a + 5h_y + 2h_R \tag{5-8}$$

a——集中荷载作用处沿跨度方向的分布长度，对吊车轮压可取为 50mm；

h_y——自梁顶面至腹板计算高度上边缘的距离；

h_R——轨道的高度，对梁顶无轨道的梁 $h_R = 0$。

腹板的计算高度 h_0：对轧制型钢梁为腹板与上、下翼缘相接处两内弧起点间的距离；对

焊接组合梁为腹板高度。

在梁的支座处,当不设置支承加劲肋时,也应按式(5-7)计算腹板计算高度下边缘的局部承压强度,但 ψ 取 1.0。支座集中反力的假定分布长度,应根据支座具体尺寸参照式(5-8)计算,如图 5-3(a)的 $l_z=a+2.5h_y+a_1$,a_1 为支座外缘至梁端的距离,但不大于 $2.5h_y$。

当局部承压强度不满足式(5-7)的要求时,在固定集中荷载处(包括支座处),应设置支承加劲肋;对移动集中荷载,则应增加腹板厚度。

5.2.4 折算应力

在组合梁的腹板计算高度边缘处若同时受较大的正应力 σ_1、剪应力 τ_1 和局部压应力 σ_c,或同时受较大的正应力 σ_1、剪应力 τ_1(如连续梁中部支座处或梁的翼缘截面改变处等)时(见图 5-4),应按复杂应力状态用式(5-9)计算其折算应力:

$$\sqrt{\sigma_1^2+\sigma_c^2-\sigma_1\sigma_c+3\tau_1^2}\leqslant\beta_1 f \tag{5-9}$$

式中:σ_1、τ_1、σ_c——腹板计算高度边缘同一点上同时产生的正应力、剪应力和局部压应力。

τ_1 和 σ_c 按式(5-6)和式(5-7)计算,σ_1 按式(5-10)计算:

$$\sigma_1=\frac{My_1}{I_n} \tag{5-10}$$

式中:σ_1 和 σ_c 以拉应力为正值,压应力为负值。

I_n——梁净截面惯性矩。

y_1——所计算点至梁中和轴的距离。

β_1——计算折算应力的强度设计值增大系数。当 σ_1 与 σ_c 异号时,β_1 取 1.2;当 σ_1 与 σ_c 同号或 $\sigma_c=0$ 时,β_1 取 1.1。

β_1 考虑最大折算应力的部位只是腹板边缘的局部区域,且几种应力同时以较大值出现在同一点的概率很小,故用其增大强度设计值。再者,σ_1 与 σ_c 异号时比同号时钢材易于塑性变形,故 β_1 取值较大。

图 5-4 折算应力的验算截面

5.3 梁的刚度

梁的刚度按正常使用极限状态下,荷载标准值引起的最大挠度来计算。梁的刚度不足将影响正常使用或外观。所谓正常使用是指设备的正常运行、装饰物与非结构构件不受损坏以及人的舒适感等。一般梁在动力影响下发生的振动亦可通过限制梁的变形来控制。因此,应按式(5-11)验算梁的刚度:

$$v \leqslant [v] \tag{5-11}$$

式中：v——由荷载标准值产生的最大挠度。

　　　　$[v]$——梁的挠度容许值。对某些常用的受弯构件,根据实践经验规定的挠度容许值 $[v]$ 如附表 2-1 所示。

　　梁的挠度可按材料力学和结构力学的方法计算,也可由结构静力计算手册取用。受多个集中荷载的梁(如吊车梁、楼盖主梁等),其挠度的精确计算较为复杂,但与最大弯矩相同的均布荷载作用下的挠度接近。于是,可采用式(5-12)和式(5-13)验算梁的挠度：

　　对等截面简支梁：

$$\frac{v}{l} = \frac{5}{384} \frac{q_k l^3}{EI_x} = \frac{5}{48} \cdot \frac{q_k l^2 \cdot l}{8EI_x} \approx \frac{M_k l}{10EI_x} \leqslant \frac{[v]}{l} \tag{5-12}$$

　　对变截面简支梁：

$$\frac{v}{l} = \frac{M_k l}{10EI_x} \left(1 + \frac{3}{25} \frac{I_x - I_{x1}}{I_x}\right) \leqslant \frac{[v]}{l} \tag{5-13}$$

式中：q_k——均布线荷载标准值；

　　　　M_k——荷载标准值产生的最大弯矩；

　　　　I_x——跨中毛截面惯性矩；

　　　　I_{x1}——支座附近毛截面惯性矩；

　　　　l——梁的长度；

　　　　E——梁截面弹性模量。

5.4　梁的整体稳定性

5.4.1　梁的整体稳定性的概念

　　工程中,一般把钢梁截面做成高而窄的形式。受荷方向刚度大,侧向刚度小,如果梁的侧向支承较弱(如仅在支座处有侧向支承),梁的弯曲会随荷载大小的不同而呈现两种截然不同的平衡状态。

　　以受纯弯矩作用的双轴对称工字形截面构件为例进行分析。构件两端部为简支约束,这里的简支约束是指沿截面两主轴方向的位移和绕构件纵轴的扭转变形在端部都受到约束,同时弯矩和扭矩为零。

　　荷载作用在其最大刚度平面内,梁在弯矩作用下上翼缘受压,下翼缘受拉,使梁犹如受压构件和受拉构件的组合体。对于受压的上翼缘可沿刚度较小的翼缘板平面向外方向屈曲,但腹板和稳定的受拉下翼缘对其提供了此方向连续的抗弯和抗剪约束,使它不可能在这个方向上发生屈曲。当荷载较小时,梁的弯曲平衡状态是稳定的,当外荷载消失后,梁能恢复原来的弯曲平衡状态。此时受弯构件只在弯矩作用平面(弱轴与构件纵轴构成的平面)内发生挠曲变形。但当外荷载较大时,外荷载产生的翼缘压力使翼缘板只能绕自身的强轴发生平面内的屈曲,对整个梁来说上翼缘发生了侧向位移,产生侧移位移 u,同时带动相连的腹板和下翼缘发生侧向位移并伴有整个截面的扭转,产生扭转角 ψ,这时称梁发生了整体的弯扭失稳或侧向失稳。梁维持其稳定平衡状态所承担的最大荷载或最大弯矩称为临界荷载或临界弯矩,对应的最大弯曲应力称为临界应力。

5.4.2　梁的整体稳定性的计算方法

根据临界应力 σ_{cr},可得到保证梁整体稳定的计算公式,即按梁的最大弯曲压应力 σ 不超过 σ_{cr}。

(1)在最大刚度平面内受弯的梁

其整体稳定性的计算公式为

$$\sigma = \frac{M_x}{W_x} \leqslant \varphi_b f \tag{5-14}$$

或

$$\frac{M_x}{\varphi_b W_x} \leqslant f \tag{5-15}$$

式中:M_x——绕强轴作用的最大弯矩;

$\quad W_x$——按受压纤维确定的对 x 轴梁毛截面系数;

$\quad \varphi_b = \dfrac{\sigma_{cr}}{f_y}$——梁的整体稳定系数。

(2)在两个主平面内受弯的 H 型钢截面或工字形截面梁

$$\frac{M_x}{\varphi_b W_x} + \frac{M_y}{\gamma_y W_y} \leqslant f \tag{5-16}$$

式中:M_y——绕弱轴作用的弯矩;

$\quad W_y$——按受压纤维确定的对 y 轴梁毛截面系数;

现以受纯弯的双轴对称工字形截面简支梁为例,导出 φ_b 的计算公式。此时,梁的侧扭屈曲系数 $\beta = \pi \sqrt{1 + \left(\dfrac{\pi h}{2l_1}\right)^2 \dfrac{EI_y}{GI_t}}$,查表得到受纯弯的双轴对称工字形截面简支梁的 β 值,代入

$$\sigma_{cr} = \frac{M_{cr}}{W_x} = \beta \frac{\sqrt{EI_y GI_t}}{l_1 W_x} \tag{5-17}$$

得到 σ_{cr},从而

$$\varphi_b = \frac{\sigma_{cr}}{f_y} = \pi \sqrt{1 + \left(\frac{\pi h}{2l_1}\right)^2 \frac{EI_y}{GI_t}} \cdot \frac{\sqrt{EI_y GI_t}}{W_x l_1 f_y} = \frac{\pi^2 EI_y h}{2l_1^2 W_x f_y} \sqrt{1 + \left(\frac{2l_1}{\pi h}\right)^2 \frac{GI_t}{EI_y}} \tag{5-18}$$

式(5-18)中,代入数值 $E = 206 \times 10^3 \, \text{N/mm}^2$,$\dfrac{E}{G} = 2.6$,令 $I_y = Ai_y^2$,$\dfrac{l}{i_y} = \lambda_y$,并假定扭转惯性矩近似值为 $I_t \approx \dfrac{1}{3} A t_1^2$,可得

$$\varphi_b = \frac{4320 Ah}{\lambda_y^2 W_x} \left(\sqrt{1 + \left(\frac{\lambda_y t_1}{4.4h}\right)^2}\right) \frac{235}{f_y} \tag{5-19}$$

这就是受纯弯曲的双轴对称焊接工字形截面简支梁的整体稳定系数计算公式。式中 A 为梁毛截面面积;t_1 为受压翼缘厚度;f_y 为钢材屈服强度。式(5-19)只适用于纯弯情况,对

于其他荷载种类需求得整体稳定性系数$\overline{\varphi_b}$，定义等效临界弯矩系数$\beta_b=\dfrac{\overline{\varphi_b}}{\varphi_b}$，这样在式(5-19)中乘以$\beta_b$就可以考虑其他荷载情况了，即

$$\varphi_b = \beta_b \cdot \frac{4320Ah}{\lambda_y^2 W_x}\left(\sqrt{1+\left(\frac{\lambda_y t_1}{4.4h}\right)^2}\right)\frac{235}{f_y} \tag{5-20}$$

上述稳定系数是按弹性理论得到的，研究证明，当求得的φ_b大于0.6时，梁已进入非弹性工作阶段，整体稳定临界应力有明显的降低，必须对φ_b进行修正。规范规定，当按上述公式或表格确定的$\varphi_b > 0.6$时，用式(5-21)求得的$\varphi_b{}'$代替φ_b进行梁的整体稳定性计算：

$$\varphi_b{}' = 1.07 - \frac{0.282}{\varphi_b} \leqslant 1.0 \tag{5-21}$$

当梁的整体稳定承载力不足时，可采用加大梁的界面尺寸或增加侧向支承的办法予以解决，前一种办法中增大受压翼缘的宽度最有效。

必须指出的是：不论梁是否需要计算整体稳定性，梁的支承处均应采取构造措施以阻止其端界面的扭转。

5.4.3 保证梁整体稳定性的措施

为保证梁的整体稳定性或增强梁抵抗整体失稳的能力，当梁上有密铺的刚性铺板（楼盖梁的楼面板或公路桥、人行天桥的面板等）时，应使之与梁的受压翼缘连接牢固；若无刚性铺板或铺板与梁受压翼缘连接不可靠，则应设置平面支撑。楼盖或工作平台梁格的平面支撑有横向平面支撑和纵向平面支撑两种，横向支撑使主梁受压翼缘的自由长度由其跨长减小为次梁间距；纵向支撑是为了保证整个露面的横向刚度。不论有无连接牢固的刚性铺板，支承工作平台梁格的支柱间均应设置柱间支撑，除非柱列设计为上端铰接、下端嵌固于基础的排架。

规范规定，当符合下列情况之一时，梁的整体稳定性可以得到保证，不必计算：

(1)有刚性铺板密铺在梁的受压翼缘上并与其连接牢固，能阻止梁受压翼缘的侧向位移时，例如图5-5(a)中的次梁即属于此种情况；

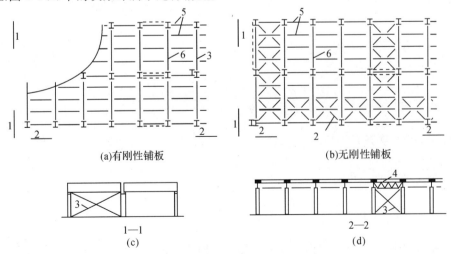

(a)有刚性铺板　　　　　　　　(b)无刚性铺板

(c)　　　　　　　　　　　(d)

图5-5　楼盖或工作平台梁格

1—横向平面支撑；2—纵向平面支撑；3—柱间垂直支撑；4—主梁间垂直支撑；5—次梁；6—主梁

（2）工字形截面简支梁受压翼缘的自由长度 l_1（图 5-5（b）中的次梁 l_1 等于其跨度 l；对主梁，则 l_1 等于次梁间距）与其宽度 b_1 之比不超过表 5-2 所规定的数值时；

（3）箱形截面简支梁，其截面尺寸（见图 5-6）满足 $\dfrac{h}{b_0}\leqslant 6$，且 $\dfrac{l_1}{b_0}\leqslant 95\left(\dfrac{235}{f_y}\right)$ 时（箱形截面的此条件很容易满足）。

表 5-2　工字形截面简支梁不需计算整体稳定性的最大 $\dfrac{l_1}{b_1}$ 值

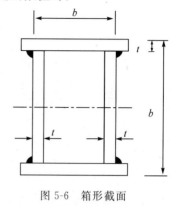

图 5-6　箱形截面

跨中无侧向支承，荷载作用在		跨中有侧向支承，不论荷载作用于何处
上翼缘	下翼缘	
$13\sqrt{\dfrac{235}{f_y}}$	$20\sqrt{\dfrac{235}{f_y}}$	$16\sqrt{\dfrac{235}{f_y}}$

5.5　梁的局部稳定性和腹板加劲肋设计

在梁的强度和整体稳定承载力都能得到保证的前提下，腹板或翼缘部分作为板件首先发生屈曲失去稳定性，称为丧失局部稳定性。

5.5.1　梁受压翼缘的局部稳定性

梁的上翼缘受到均匀分布的最大弯曲压应力，当宽厚比超过某一限值，上翼缘就会产生凸凹变形丧失稳定性，为保证其局部稳定性，《钢结构设计规范》（GB 50017—2003）规定：梁受压翼缘自由外伸宽度 b 与其厚度 t 之比，应符合

$$\frac{b}{t}\leqslant 13\sqrt{\frac{235}{f_y}}\tag{5-22a}$$

当计算梁抗弯强度取 $\gamma_x=1.0$ 时，

$$\frac{b}{t}\leqslant 15\sqrt{\frac{235}{f_y}}\tag{5-22b}$$

箱形截面梁受压翼缘板在两腹板之间的无支承宽度 b_0 与其厚度 t 之比应符合

$$\frac{b_0}{t}\leqslant 40\sqrt{\frac{235}{f_y}}\tag{5-22c}$$

当箱形截面梁受压翼缘板设有纵向加劲肋时，则式（5-22c）中的 b_0 取为腹板与纵向加劲肋之间的翼缘板无支承宽度。

5.5.2　梁腹板的局部稳定性

1.腹板在纯弯曲作用下失稳（见图 5-7）

腹板纯弯失稳时沿梁高方向为一个半波，沿梁长方向一般为每区格 1～3 个半波（半波

宽≈0.7×腹板高）。

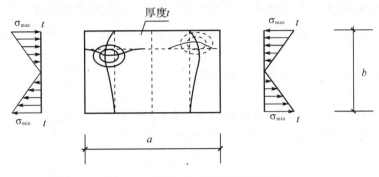

图 5-7　腹板在纯弯曲作用下失稳

2.腹板在局部压应力作用下失稳（见图 5-8）

腹板在一个翼缘处承受局部压应力,失稳时在纵横方向均为一个半波。

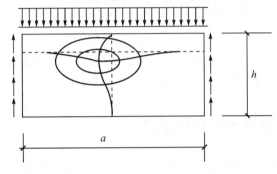

图 5-8　腹板在局部压应力作用下失稳

3.腹板在纯剪作用下失稳（见图 5-9）

图 5-9 是均匀受剪的腹板,板四周的剪应力导致板斜向受压,因此也有局部稳定问题,图中表示出失稳时板的凹凸变形情况,这时凹凸变形的波峰和波谷之间的节线是倾斜的。实际受纯剪作用的板是不存在的,工程实践中遇到的都是剪应力和正应力联合作用的情况。

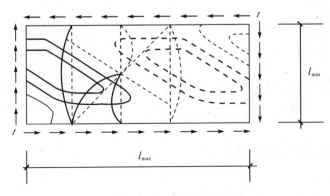

图 5-9　腹板在纯剪作用下失稳

5.5.3　梁腹板加劲肋的设计

1. 梁腹板加劲肋的布置方式

加劲肋分为横向加劲肋、纵向加劲肋和短加劲肋。横向加劲肋能提高腹板临界应力并作为纵向加劲肋的支承;纵向加劲肋对提高腹板的弯曲临界应力特别有效;短加劲肋常用于局部压应力较大的情况。

《钢结构设计规范》(GB 50017—2003)规定:

(1)当 $\dfrac{h_0}{t_w} \leqslant 80\sqrt{\dfrac{235}{f_y}}$ 时,对有局部压应力($\sigma_c \neq 0$)的梁,应按构造配置横向加劲肋;但对无局部压应力($\sigma_c = 0$)的梁,可不配置加劲肋。

(2)当 $170\sqrt{\dfrac{235}{f_y}} \geqslant \dfrac{h_0}{t_w} > 80\sqrt{\dfrac{235}{f_y}}$ 时,应配置横向加劲肋,并计算腹板的局部稳定性。

(3)当 $\dfrac{h_0}{t_w} > 170\sqrt{\dfrac{235}{f_y}}$(受压翼缘扭转受到约束,如连有刚性铺板、制动板或焊有钢轨时)或 $\dfrac{h_0}{t_w} > 150\sqrt{\dfrac{235}{f_y}}$(受压翼缘扭转未受到约束时),或按计算需要时,在弯曲应力较大区格的受压区不但要配置横向加劲肋,还要配置纵向加劲肋。局部压应力很大的梁,必要时尚宜在受压区配置短加劲肋。

(4)梁的支座处和上翼缘受有较大固定集中荷载处,宜设置支承加劲肋。

在任何情况下,$\dfrac{h_0}{t_w}$ 均不应超过 $250\sqrt{\dfrac{235}{f_y}}$。

此处 h_0 为腹板的计算高度(对单轴对称梁,当确定是否要配置纵向加劲肋时,h_0 应取腹板受压区高度 h_c 的 2 倍),t_w 为腹板的厚度。

以下介绍各种加劲肋配置时的腹板稳定性计算方法:

(1)仅用横向加劲肋

从板的失稳形式可以看出,横向加劲肋(见图 5-10)有助于防止剪力作用下的失稳。

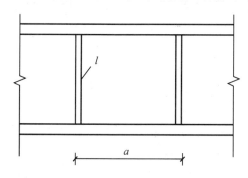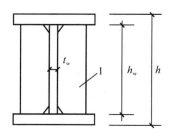

图 5-10　横向加劲肋

腹板在每两个横向加劲肋之间的区格受到弯曲正应力 σ、剪应力 τ、一个边缘压应力 σ_c 的共同作用,稳定条件的计算公式为

$$\left(\frac{\sigma}{\sigma_{cr}}\right)^2 + \frac{\sigma_c}{\sigma_{c,cr}} + \left(\frac{\tau}{\tau_{cr}}\right)^2 \leqslant 1 \qquad (5-23)$$

式中：σ——所计算的腹板区格内，出区格平均弯矩产生的在腹板计算高度边缘的弯曲压应力；

$\quad\quad\tau$——所计算的腹板区格内，由区格平均剪力产生的腹板平均切应力，$\tau = \dfrac{V}{h_w t_w}$；

$\quad\quad\sigma_c$——所计算的腹板区格内，出区格平均弯矩产生的在腹板计算高度边缘的弯曲压应力；

σ_{cr}、$\sigma_{c,cr}$、τ_{cr} 分别为在 σ、σ_c、τ 单独作用下板的临界应力。

1)σ_{cr} 按下列公式计算，采用国际上通行的方法，以通用高厚比 $\lambda_b = \sqrt{\dfrac{f_y}{\sigma_{cr}}}$ 作为参数，即临界应力 $\sigma_{cr} = \dfrac{f_y}{\lambda_b^2}$，在弹性范围可取 $\sigma_{cr} = 1.1\dfrac{f}{\lambda_b^2}$。

对没有缺陷的板，当 $\lambda_b = 1$ 时，$\sigma_{cr} = f_y$。考虑残余应力和几何缺陷的影响，令 $\lambda_b = 0.85$ 为弹塑性修正的上起始点，实际应用时取 $\lambda_b = 0.85$ 时，$\sigma_{cr} = f_y$（见图 5-11）。

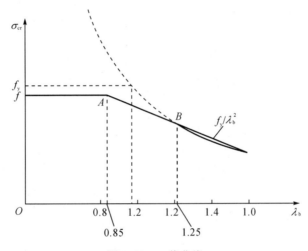

图 5-11 σ_{cr} 值曲线

弹塑性的下起始点为弹性与弹塑性的交点，参照梁整体稳定性，弹性界限取为 $0.6f_y$，相应的 $\lambda_b = \sqrt{\dfrac{f_y}{0.6f_y}} = 1.29$。考虑到腹板局部屈曲受残余应力的影响不如整体屈曲大，取 $\lambda_b = 1.25$。

由此，σ_{cr} 的取值如下：

当 $\lambda_b \leqslant 0.85$ 时，

$$\sigma_{cr} = f_y \qquad (5-24a)$$

当 $0.85 < \lambda_b \leqslant 1.25$ 时，

$$\sigma_{cr} = [1 - 0.75(\lambda_b - 0.85)]f \qquad (5-24b)$$

当 $\lambda_b > 1.25$ 时，

$$\sigma_{cr} = 1.1\frac{f}{\lambda_b^2} \qquad (5-24c)$$

当梁受压翼缘扭转受到约束时，

$$\lambda_b = \frac{\dfrac{2h_c}{t_w}}{177}\sqrt{\frac{f_y}{235}} \tag{5-24d}$$

当梁受压翼缘扭转未受到约束时，

$$\lambda_b = \frac{\dfrac{2h_c}{t_w}}{53}\sqrt{\frac{f_y}{235}} \tag{5-24e}$$

式中：h_c 为梁腹板弯曲受压区高度，对双轴对称截面 $2h_c = h_0$。

2）τ_{cr} 按下列公式计算，并以 $\lambda_s = \sqrt{\dfrac{f_{vy}}{\tau_{cr}}}$ 作为参数。

当 $\dfrac{a}{h_0} \leqslant 0$ 时，$\tau_{cr} = 233 \times 10^3 \left[4 + 5.34\left(\dfrac{h_0}{a}\right)^2\right]\left(\dfrac{t_w}{h_0}\right)^2$，则

$$\lambda_s = \frac{\dfrac{h_0}{t_w}}{41\sqrt{4 + 5.34(h_0/a)^2}} \cdot \sqrt{\frac{f_y}{235}} \tag{5-25a}$$

当 $a/h_0 > 1$ 时，$\tau_{cr} = 233 \times 10^3 [5.34 + 4(h_0/a)^2](t_w/h_0)^2$，则

$$\lambda_s = \frac{\dfrac{h_0}{t_w}}{41\sqrt{5.34 + 4\left(\dfrac{h_0}{a}\right)^2}} \cdot \sqrt{\frac{f_y}{235}} \tag{5-25b}$$

取 $\lambda_s = 0.8$ 为 $\tau_{cr} = f_{vy}$ 的上起始点，$\lambda_s = 1.2$ 为弹塑性与弹性相交的下起始点，过渡段仍用直线，则 τ_{cr} 的取值如下：

当 $\lambda_s \leqslant 0.8$ 时，

$$\tau_{cr} = f_v \tag{5-25c}$$

当 $0.8 < \lambda_s \leqslant 1.2$ 时，

$$\tau_{cr} = [1 - 0.59(\lambda_s - 0.8)]f_v \tag{5-25d}$$

当 $\lambda_s > 1.2$ 时，

$$\tau_{cr} = \frac{f_{vy}}{\lambda_s^2} = \frac{1.1f_v}{\lambda_s^2} \tag{5-25e}$$

3）$\sigma_{c,cr}$ 的取值，引入通用高厚比 $\lambda_c = \sqrt{\dfrac{f_y}{\sigma_{c,cr}}}$ 为参数。由 $\sigma_{c,cr} = 186 \times 10^3 \beta\chi\left(\dfrac{t_w}{h_0}\right)^2$，则 $\lambda_c =$

$\dfrac{\dfrac{h_0}{t_w}}{28\sqrt{\beta\chi}} \cdot \sqrt{\dfrac{f_y}{235}}$。

当 $0.5 \leqslant \dfrac{a}{h_0} \leqslant 1.5$ 时，

$$\beta\chi \approx 10.9 + 13.4\left(1.83 - \frac{a}{h_0}\right)^3$$

当 $1.5 < \dfrac{a}{h_0} \leqslant 2$ 时，

$$\beta\chi \approx 18.9 - \frac{5a}{h_0}$$

因此，λ_c 的计算如下：

当 $0.5 \leqslant \dfrac{a}{h_0} \leqslant 1.5$ 时,

$$\lambda_c = \frac{\dfrac{h_0}{t_w}}{28\sqrt{10.9 + 13.4\left(1.83 - \dfrac{a}{h_0}\right)^3}} \cdot \sqrt{\frac{f_y}{235}} \qquad (5\text{-}26a)$$

当 $1.5 < \dfrac{a}{h_0} \leqslant 2$ 时,

$$\lambda_c = \frac{\dfrac{h_0}{t_w}}{28\sqrt{18.9 - \dfrac{5a}{h_0}}} \cdot \sqrt{\frac{f_y}{235}} \qquad (5\text{-}26b)$$

取 $\lambda_c = 0.9$ 为 $\sigma_{c,cr} = f_y$ 的全塑性上起始点；$\lambda_c = 1.2$ 为弹塑性与弹性相交的下起始点,过渡段仍用直线,则 $\sigma_{c,cr}$ 的取值如下:

当 $\lambda_c \leqslant 0.9$ 时,

$$\sigma_{c,cr} = f_y \qquad (5\text{-}26c)$$

当 $0.9 < \lambda_c \leqslant 1.2$ 时,

$$\sigma_{c,cr} = [1 - 0.79(\lambda_c - 0.9)]f \qquad (5\text{-}26d)$$

当 $\lambda_c > 1.2$ 时,

$$\sigma_{c,cr} = \frac{1.1f}{\lambda_c^2} \qquad (5\text{-}26e)$$

(2)同时使用横向加劲肋和纵向加劲肋

同时使用横向加劲肋和纵向加劲肋(见图 5-12),有助于防止不均匀压力和单边压力作用下的失稳。纵向加劲肋将腹板分成区格 I 和 II,应分别计算这两个区格的局部稳定性。

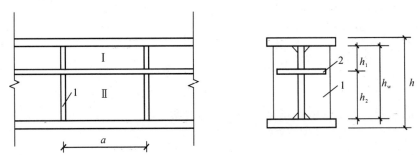

图 5-12　横向加劲肋和纵向加劲肋

1)受压翼缘与纵向加劲肋之间的区格。

$$\frac{\sigma}{\sigma_{cr1}} + \left(\frac{\sigma_c}{\sigma_{c,cr1}}\right)^2 + \left(\frac{\tau}{\tau_{cr1}}\right)^2 \leqslant 1$$

式中:σ_{cr1}、τ_{cr1}、$\sigma_{c,cr1}$ 分别按下列方法计算。

①σ_{cr1} 按 σ_{cr} 的计算式(5-24)计算,但应将 λ_b 由 λ_{b1} 代替。

当梁受压翼缘扭转受到约束时,

$$\lambda_{b1} = \frac{\dfrac{h_1}{t_w}}{75}\sqrt{\frac{f_y}{235}} \qquad (5\text{-}27a)$$

当梁受压翼缘扭转未受到约束时，

$$\lambda_{b1} = \frac{\dfrac{h_1}{t_w}}{64}\sqrt{\frac{f_y}{235}} \tag{5-27b}$$

②τ_{cr1}按τ_{cr}的计算式(5-25)计算，但应将h_0由h_1代替。

③$\sigma_{c,cr1}$按σ_{cr}的计算式(5-26)计算，但应将λ_b由λ_{c1}代替。

当梁受压翼缘扭转受到约束时，

$$\lambda_{c1} = \frac{\dfrac{h_1}{t_w}}{56}\sqrt{\frac{f_y}{235}} \tag{5-28a}$$

当梁受压翼缘扭转未受到约束时，

$$\lambda_{c1} = \frac{\dfrac{h_1}{t_w}}{40}\sqrt{\frac{f_y}{235}} \tag{5-28b}$$

2)受拉翼缘与纵向加劲肋之间的区格。

$$\frac{\sigma_2}{\sigma_{cr2}} + \left(\frac{\sigma_{c2}}{\sigma_{c,cr2}}\right)^2 + \left(\frac{\tau}{\tau_{cr2}}\right)^2 \leqslant 1$$

式中：σ_2——计算区格，平均弯矩作用下，腹板纵向加劲肋处的弯曲压应力；

σ_{c2}——腹板在纵向加劲肋处的局部压应力，取$\sigma_{c2}=0.3\sigma_c$；

τ——计算同前。

σ_{cr2}、τ_{cr2}、$\sigma_{c,cr2}$的实用计算表达式如下：

①σ_{cr2}按σ_{cr}的计算式(5-24)计算，但应将λ_b由λ_{b2}代替。

$$\lambda_{b2} = \frac{\dfrac{h_2}{t_w}}{194}\sqrt{\frac{f_y}{235}} \tag{5-29}$$

式中：h_2为纵向加劲肋至腹板计算高度受拉边缘的距离。

②τ_{cr2}按τ_{cr}的计算式(5-25)计算，但应将h_0由h_2代替。

③$\sigma_{c,cr2}$按$\sigma_{c,cr}$的计算式(5-26)计算，但应将h_0由h_2代替。当$\dfrac{a}{h_2}>2$时，取$\dfrac{a}{h_2}=2$。

(3)同时使用横向加劲肋和在受压区的纵向加劲肋及短加劲肋

同时使用横向加劲肋和在受压区的纵向加劲肋及短加劲肋(见图5-13)，有助于防止不均匀压力和单边压力作用下的失稳。

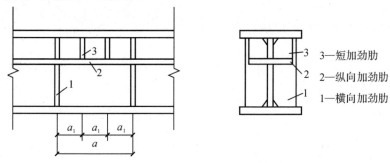

图 5-13　横向加劲肋、纵向加劲肋及短加劲肋

$$\frac{\sigma}{\sigma_{\text{crl}}}+\left(\frac{\sigma_{\text{c}}}{\sigma_{\text{c,crl}}}\right)^2+\left(\frac{\tau}{\tau_{\text{crl}}}\right)^2\leqslant1$$

σ_{crl}、τ_{crl}、$\sigma_{\text{c,crl}}$ 的实用计算表达式如下：

①σ_{crl} 按 σ_{cr} 的计算式(5-24)计算。

②τ_{crl} 按 τ_{cr} 的计算式(5-25)计算，但应将 h_0、a 由 h_1、a_1 代替。

③$\sigma_{\text{c,crl}}$ 按 σ_{cr} 的计算式(5-26)计算，但应将 λ_{b} 由 λ_{cl} 代替。

当 $\dfrac{a_1}{h_1}\leqslant1.2$ 时：

当梁受压翼缘扭转受到约束时，

$$\lambda_{\text{cl}}=\frac{\dfrac{a_1}{t_{\text{w}}}}{87}\sqrt{\frac{f_{\text{y}}}{235}}\tag{5-30a}$$

当梁受压翼缘扭转未受到约束时，

$$\lambda_{\text{cl}}=\frac{\dfrac{a_1}{t_{\text{w}}}}{73}\sqrt{\frac{f_{\text{y}}}{235}}\tag{5-30b}$$

当 $\dfrac{a_1}{h_1}>1.2$ 时，式(5-30b)右侧乘以 $\dfrac{1}{\sqrt{0.4+\dfrac{0.5a_1}{h_1}}}$。

2.加劲肋的构造和截面尺寸

加劲肋的构造要求：在腹板两侧成对配置的钢板横向加劲肋，其界面尺寸应符合：

外伸宽度

$$b_{\text{s}}\geqslant\frac{h_0}{30}+40\text{mm}\tag{5-31}$$

厚度

$$t_{\text{s}}\geqslant\frac{b_{\text{s}}}{15}\tag{5-32}$$

在腹板一侧配置的钢板横向加劲肋，其外伸宽度应大于按式(5-31)计算的 1.2 倍，厚度不应小于其外伸宽度的 1/15。

在同时用横向加劲肋和纵向加劲肋加强的腹板中，横向加劲肋的截面尺寸除应符合上述规定外，其截面二次矩 I_z 尚应符合

$$I_z\geqslant3h_0t_{\text{w}}^3\tag{5-33}$$

纵向加劲肋的截面二次矩 I_y 应符合

当 $\dfrac{a}{h_0}\leqslant0.85$ 时，

$$I_y\geqslant1.5h_0t_{\text{w}}^3\tag{5-34}$$

当 $\dfrac{a}{h_0}>0.85$ 时，

$$I_y\geqslant\left(2.5-0.45\frac{a}{h_0}\right)\left(\frac{a}{h_0}\right)^2h_0t_{\text{w}}^3\tag{5-35}$$

短加劲肋的最小间距为 $0.75h_1$。短加劲肋外伸宽度应取横向加劲肋外伸宽度的 0.7～

1.0 倍,厚度不应小于短加劲肋外伸宽度的 1/15。

应注意的是:

(1)用型钢(H 型钢、工字钢、槽钢、肢尖焊于腹板的角钢)做成的加劲肋,其截面二次矩不得小于相应钢板加劲肋的截面二次矩。

(2)在腹板两侧成对配置的加劲肋,其截面二次矩应按梁腹板中心线为轴线进行计算。

(3)在腹板一侧配置的加劲肋,其截面二次矩应按与加劲肋相连的腹板边缘为轴线进行计算。

5.6　型钢梁设计

型钢梁设计应满足强度、刚度和整体稳定性的要求。下面分别讲述单向弯曲及双向弯曲型钢梁的设计。

5.6.1　单向弯曲型钢梁

单向受弯型钢梁用得最多的是热轧普通型钢和 H 型钢,设计步骤如下:

(1)确定设计条件

根据梁的荷载、跨度及支承条件,计算梁的最大弯矩设计值 M_{max},并按选定钢材确定其抗弯强度设计值 f。

(2)计算 W_{nx},初选截面

根据梁的抗弯强度要求 $\sigma_{max} = \dfrac{M_x}{\gamma_x W_{nx}} \leqslant f$,计算型钢所需的对 x 轴的净截面系数 $W_{nx} = \dfrac{M_x}{\gamma_x f}$,$\gamma_x$ 可取 1.05。当梁最大弯矩处截面上有孔洞时,可将算得的 W_{nx} 增大 $10\% \sim 15\%$,然后由 W_{nx} 查附表 11-1,选定型钢号。

(3)验算截面

计算钢梁的自重荷载及其弯矩,然后分别验算梁的抗弯强度、刚度及整体稳定性。注意强度及稳定性按荷载设计值计算,刚度按荷载标准值计算。

为了节省钢材,应尽量采用牢固连接于受压翼缘的密铺面板或足够的侧向支承以达到不需计算整体稳定性的要求。由于型钢梁腹板较厚,一般截面无削弱情况,可不验算剪应力及折算应力。对于翼缘上只承受均布荷载的梁,局部承压强度亦可不验算。

【例题 5-1】　假设一简支梁,跨度为 6m,承受均布荷载,恒载标准值 9kN/m(不含梁的自重),活载标准值 13.5kN/m,钢材为 Q235 钢。试设计此型钢梁。(1)假定梁上铺有平台板,可保证梁的整体稳定性。(2)不能保证梁的整体稳定性。

解:内力:

跨中最大弯矩 $M_{xmax} = \dfrac{1}{8} q l^2 = \dfrac{1}{8}(1.2 \times 9 + 1.4 \times 13.5) \times 6^2 \text{kN} \cdot \text{m} = 133.65 \text{kN} \cdot \text{m}$,

支座处最大剪力 $V_{max} = 89.1 \text{kN}$。

（1）梁的整体稳定性有保证，截面由梁的抗弯强度控制

1）所需净截面模量

$$W_{nx} \geqslant \frac{M_x}{\gamma_x f} = \frac{133.65 \times 10^6}{1.05 \times 215} \text{mm}^3 = 5.92 \times 10^5 \text{mm}^3 = 592 \text{cm}^3$$

查附表 11-1，选用热轧普通工字钢工32a，单位长度的质量为 52.7kg/m，梁的自重为 52.7×9.8N/m = 517N/m，$I_x = 11080\text{cm}^4$，$W_x = 692\text{cm}^3$，$\frac{I_x}{S_x} = 27.5\text{cm}$，$t_w = 9.5\text{mm}$。

2）截面验算

梁自重产生的弯矩 $M_g = 1.2 \times \frac{1}{8} \times 0.517 \times 6^2 \text{kN} \cdot \text{m} = 2.79 \text{kN} \cdot \text{m}$，

跨中总弯矩 $M_{max} = 133.65 \text{kN} \cdot \text{m} + 2.79 \text{kN} \cdot \text{m} = 136.44 \text{kN} \cdot \text{m}$，

支座处总剪力 $V_{max} = 89.1 \text{kN} + 1.2 \times 0.517 \times \frac{6}{2} \text{kN} = 90.96 \text{kN}$。

①强度验算

弯曲正应力 $\sigma = \frac{M_{max}}{\gamma_x W_{nx}} = \frac{136.44 \times 10^6}{1.05 \times 692 \times 10^3} \text{N/mm}^2 = 187.8 \text{N/mm}^2 < f = 215 \text{N/mm}^2$，满足要求；

剪应力 $\tau = \frac{V_{max} S}{I_x t_w} = \frac{90.96 \times 10^3}{27.5 \times 10 \times 9.5} \text{N/mm}^2 = 34.8 \text{N/mm}^2 < f_v = 125 \text{N/mm}^2$，满足要求。

可见，型钢梁由于其腹板较厚，剪应力一般不起控制作用。因此，只有在截面有较大削弱时，才必须验算剪应力。

②刚度验算

$$q_k = 9 \text{kN} + 13.5 \text{kN} + 0.517 \text{kN} = 23.02 \text{kN}$$

$$v = \frac{5 q_k l^4}{384 E I_x} = \frac{5 \times 23.02 \times 6000^4}{384 \times 2.06 \times 10^5 \times 11080 \times 10^4} \text{mm} = 17.02 \text{mm} < [v_T] = \frac{l}{250} = 24 \text{mm}$$

满足要求。

（2）不能保证梁的整体稳定性，由整体稳定性控制

1）所需净截面模量

根据规范，对于热轧普通工字钢简支梁，其整体稳定系数可直接由《钢结构设计规范》（GB 50017—2003）附 B.2 查得。现假定工字钢型号在 22~40，均布荷载作用在上翼缘，梁的自由长度 $l_1 = 6\text{m}$，查得 $\varphi_b = 0.6$，所需毛截面模量：

$$W_x \geqslant \frac{M_{xmax}}{\varphi_b f} = \frac{133.65 \times 10^6}{0.6 \times 215} \text{mm}^3 = 1.036 \times 10^6 \text{mm}^3 = 1036 \text{cm}^3$$

选用工40a，单位长度（1m）钢材的质量为 67.6kg，梁的自重为 67.6×9.8N/m = 663N/m，$I_x = 21720\text{cm}^4$，$W_x = 1090\text{cm}^3$，$\frac{I_x}{S_x} = 34.1\text{cm}$，$t_w = 10.5\text{mm}$。

2）截面验算

①整体稳定性验算

$$M_{max} = 133.65 \text{kN} \cdot \text{m} + 1.2 \times \frac{1}{8} \times 0.663 \times 6^2 \text{kN} \cdot \text{m} = 137.23 \text{kN} \cdot \text{m}$$

$$\frac{M_{max}}{\varphi_b W_x} = \frac{137.23 \times 10^6}{0.6 \times 1090 \times 10^3} \text{N/mm}^2 = 209.8 \text{N/mm}^2 < f = 215 \text{N/mm}^2$$，满足要求。

②强度和刚度验算(略)

计算结果表明:稳定控制时所需截面工40a 比强度控制时所需截面工32a 明显增大,自重增加为 $\frac{67.6-52.7}{52.7} \times 100\% = 28.3\%$。

5.6.2　双向弯曲型钢梁和檩条

双向弯曲型钢梁承受两个主平面性方向的弯矩和剪力,设计要求与单向弯曲梁相同,也应考虑强度、刚度、整体稳定性和局部稳定性满足要求。其中剪应力和局部稳定性一般不必验算,局部压应力和折算应力只在有较大集中荷载或支座反力的情况下,必要时验算。

双向受弯型钢梁大多用于檩条和墙梁,其截面设计步骤与单向弯曲情况基本相同,不同点如下:

(1)选定型钢截面。可先单独按 M_x(或 M_y)计算所需净截面系数 W_{nx}(或 W_{ny}),然后考虑 M_y(或 M_x)作用,适当加大 M_{nx}(或 M_{ny})选定型钢截面。

(2)验算强度和整体稳定性。

(3)按式 $\sqrt{v_x^2 + v_y^2} \leqslant [v]$ 验算刚度,v_x、v_y 分别为沿截面主轴 x 和 y 方向的分挠度,它们分别由各自方向的标准荷载产生。

双向弯曲型钢梁最常用于檩条,沿屋面倾斜放置,竖向荷载 q 可对截面两个主轴分解成 $q_y = q\cos\varphi, q_x = q\sin\varphi$ 两个分力,从而引起双向弯曲。檩条支承在屋架处,用焊于屋架的短角钢檩托托住,并用 C 级螺栓或焊缝连接,以保证支座处的侧向稳定性和传力。

型钢檩条截面常用热轧槽钢;屋架间距较大时有时采用宽翼缘工字钢;轻型屋面常采用冷弯薄壁卷边槽钢或 Z 型钢,跨度小时也可用热轧角钢。槽钢檩条通常把槽口向上放置,在一般屋面坡度下可使竖向荷载偏离截面剪切中心较小,计算时不考虑扭转。角钢檩条是角钢尖向下和向屋脊放置,使角钢尖受拉,有利于整体稳定,减小弱轴方向受力,也便于放置屋面板。卷边 Z 型钢檩条是把上翼缘槽口向上放置,除减小扭转偏心距外,还使竖向荷载下受力更接近于强轴单向受弯。

屋面板应尽量与檩条连接牢固,以保证檩条的整体稳定性;否则在设计时应计算檩条受双向弯曲的整体稳定性。屋盖中檩条用钢量所占比例较大,因此合理选择檩条形式、截面和间距,以减少檩条用钢量,对减轻屋盖重力、节约钢材有重要意义。

【例题 5-2】　设计一支承压型钢板屋面的檩条,屋面坡度为 1/10,雪荷载为 0.25kN/m^2,无积灰荷载。檩条跨度 12m,水平间距为 5m(坡向间距为 5.025m)。采用 H 型钢,材料 Q235A。压型钢板屋面自重约为 0.15kN/m^2(坡向)。假设檩条自重为 0.5kN/m。屋面均布活荷载取 0.5kN/m^2。

解:(1)荷载与内力

屋面均布活荷载大于雪荷载,故不考虑雪荷载。

檩条线荷载标准值 $q_k = 0.15 \times 5.025\text{kN/m} + 0.5\text{kN/m} + 0.5 \times 5\text{kN/m} = 3.754\text{kN/m}$,

设计值 $q = 1.2 \times (0.15 \times 5.025 + 0.5)\text{kN/m} + 1.4 \times 0.5 \times 5\text{kN/m} = 5.005\text{kN/m}$,

分解得

$$q_x = q\cos\varphi = 5.005 \times \frac{10}{\sqrt{101}}\text{kN/m} = 4.98\text{kN/m}$$

$$q_y = q\sin\varphi = 5.005 \times \frac{1}{\sqrt{101}} kN/m = 0.498 kN/m$$

弯矩设计值：

$$M_x = \frac{1}{8} \times 4.98 \times 12^2 kN/m = 89.64 kN/m$$

$$M_y = \frac{1}{8} \times 0.498 \times 12^2 kN/m = 8.964 kN/m$$

（2）选取截面

采用紧固件使压型钢板与檩条受压翼缘连牢，可不计算檩条的整体稳定性。近似取 $\alpha = 6$，由抗弯强度要求的截面模量为

$$W_{nx} = \frac{M_x + \alpha M_y}{\gamma_x f} = \frac{(89.64 + 6 \times 8.964) \times 10^6}{1.05 \times 215} mm^3 = 6.35 \times 10^5 mm^3$$

选用 HN346×174×6×9，其 $I_x = 11200 cm^4$，$W_x = 649 cm^3$，$W_y = 91 cm^3$，$i_x = 14.5 cm$，$i_y = 3.86 cm$。自重为 0.41kN/m，加上连接压型钢板零件重量，假设自重与 0.5kN/m 接近。

（3）截面验算

①强度验算（跨中无孔眼削弱，$W_{nx} = W_x$，$W_{ny} = W_y$）。

$$\frac{M_x}{\gamma_x W_{nx}} + \frac{M_y}{\gamma_y W_{ny}} = \frac{89.64 \times 10^6}{1.05 \times 6.49 \times 10^5} N/mm^2 + \frac{8.964 \times 10^6}{1.2 \times 9.1 \times 10^4} N/mm^2 = 213.6 N/mm^2 < f = $$

215N/mm²，满足要求。

②刚度验算。只验算垂直于屋面方向的挠度。

荷载标准值 $q_{kx} = q_k \cos\varphi = 3.754 \times \frac{10}{\sqrt{101}} N/m = 3.74 N/m$，

$$\frac{v}{l} = \frac{5}{384} \frac{q_{kx} l^3}{EI_x} = \frac{5 \times 3.74 \times 12000^3}{384 \times 2.06 \times 10^5 \times 1.12 \times 10^8} = \frac{1}{275} < \frac{[v]}{l} = \frac{1}{200}，满足要求。$$

5.7 组合梁设计

5.7.1 截面设计

本节以焊接双轴对称工字钢板梁（见图 5-14）为例来说明组合梁截面设计步骤。所需确定的截面尺寸为截面高度 h（腹板高度 h_0）、腹板厚度 t_w、翼缘宽度 b 及厚度 t。钢板组合梁截面设计的任务是：合理地确定 h_0、t_w、b、t，以满足梁的强度、刚度、整体稳定性及局部稳定性等要求，并能节省钢材，经济合理。钢板组合梁设计步骤为：估算梁的高度 h_0，确定腹板的厚度 t_w 和翼缘尺寸 b、t，然后验算梁的强度和稳定性。

1. 截面高度 h（腹板高度 h_0）

梁的截面高度应根据建筑高度、刚度要求及经济要求确定。

建筑高度是指按使用要求所允许的梁的最大高度。例如，当建筑楼层层高确定后，为保证室内净高不低于规定值，就要求楼层梁高不得超过某

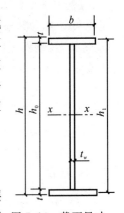

图 5-14 截面尺寸

一数值。又如跨越河流的桥梁,当桥面标高确定以后,为保证桥下有一定通航净空,也要限制梁的高度不得过大。根据下层使用所要求的最小净空高度,可算出建筑容许的最大梁高 h_{max}。

刚度要求是指在保证正常使用的条件下,梁的挠度不超过规定容许挠度。对于受均布荷载的简支梁,由

$$v = \frac{5}{384} \frac{q_k l^4}{EI} \leqslant [v] \tag{5-36}$$

可算出刚度要求的最小梁高 h_{min}。h_{min} 推导如下:

式(5-36)中 q_k 为均布荷载标准值。若取荷载分项系数为平均值 1.3,则设计弯矩为 $M = \frac{1}{8} \times 1.3 q_k l^2$,设计应力 $\sigma = \frac{M}{W} = \frac{Mh}{2I}$,代入式(5-36)得

$$v = \frac{5}{1.3 \times 48} \frac{Ml^2}{EI} = \frac{5}{1.3 \times 24} \frac{\sigma l^2}{Eh} \leqslant [v]$$

若材料强度得到充分利用,σ 可达 f,将 E 代入得

$$\frac{h}{l} \geqslant \frac{5}{1.3 \times 24} \times \frac{1.05 fl}{206000[v]} \approx \frac{fl}{1.25 \times 10^6} \times \frac{1}{[v]} = \frac{h_{min}}{l} \tag{5-37}$$

$\frac{h_{min}}{l}$ 的意义为:当所选梁截面高跨比 $\frac{h}{l} > \frac{h_{min}}{l}$ 时,只要梁的抗弯强度满足,则梁的刚度条件也同时满足。

令 $\frac{v}{l} = \frac{1}{n}$,则刚度要求的最小梁高为

$$\frac{h_{min}}{l} = \frac{f}{1.25 \times 10^6 \left[\frac{v}{l}\right]} = \frac{fn}{1.25 \times 10^6} \tag{5-38}$$

经济要求是指在满足抗弯和稳定性条件下,使腹板和翼缘的总用钢量最小。

为了取得既满足各项要求,用钢量又经济的截面,对梁的截面进行组成分析,发现在同样的截面系数的情况下,梁的高度愈大,腹板用钢量 G_w 愈多,但可减小翼缘尺寸,使翼缘用钢量 G_f 减少,反之亦然。最经济的梁高 63mm 应该使梁的总用钢量最小,如图 5-15 所示。实际的用钢量不仅与腹板、翼缘尺寸有关,还与加劲肋布置等因素有关,经分析梁的经济高度 h_e 的计算公式为

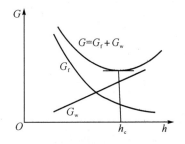

图 5-15　工字形截面梁的 G-h 关系

$$h_e = 7 \sqrt[3]{W_T} - 300 \text{mm}, \quad W_T = \frac{M_x}{\alpha f} \tag{5-39}$$

对一般单向弯曲梁:当最大弯矩处无孔眼时,$\alpha = 1.05$;有孔眼时,$\alpha = 0.85 \sim 0.9$。对起重机梁,考虑横向水平荷载的作用,可取 $\alpha = 0.7 \sim 0.9$。

根据上述三个条件,实际所取梁高 h 主要满足经济高度,即 $h \approx h_e$;也应满足:$h_{min} \leqslant h \leqslant h_{max}$,$h_0$ 可按 h 取稍小数值,同时应考虑钢板规格尺寸,并宜取 h 为 50mm 的倍数。

2. 腹板厚度 t_w

腹板主要承担剪力,其厚度 t_w 要满足抗剪强度要求。计算时近似假定最大剪应力为腹板平均剪应力的 1.2 倍,即

$$\tau_{max} = \frac{VS}{I_x t_w} \approx 1.2 \frac{V}{h_0 t_w} \leqslant f_v \qquad (5\text{-}40)$$

按抗剪要求腹板厚度

$$t_{wmin} \approx \frac{1.2 V_{max}}{h_0 f_v} \qquad (5\text{-}41)$$

考虑腹板局部稳定性及构造要求,腹板不宜太薄,可用经验公式(5-42)估算:

$$t_w = \frac{\sqrt{h_0}}{3.5} \qquad (5\text{-}42)$$

选用腹板厚度时还应符合钢板现有规格,一般不宜小于 8mm,跨度较小时不宜小于 6mm,轻钢结构可适当减小。

3. 翼缘宽度 b 及厚度 t

腹板尺寸确定之后,可按强度条件(即所选截面系数 W_T)确定翼缘面积 $A_1 = bt$。对于工字形截面:

$$W = \frac{2I}{h} = \frac{2}{h}\left[\frac{1}{12}t_w h_0^3 + 2A_f\left(\frac{h_0+t}{2}\right)^2\right] \geqslant W_T$$

初选截面时取 $h_0 \approx h_0 + t \approx h$,经整理后可写为

$$A_f \geqslant \frac{W_T}{h_0} - \frac{h_0 t_w}{6} \qquad (5\text{-}43)$$

由式(5-43)算出 A_f 之后再选定 b、t 中一个数值,即可确定另一个数值。选定 b、t 时应注意下列要求:

(1)一般采用 $b = (1/6 \sim 1/2.5)h$。翼缘宽度 b 不宜过大,否则翼缘上应力分布不均匀。b 值过小,不利于整体稳定性,与其他构件连接也不方便。

(2)满足制造和构造考虑的翼缘最小宽度 $b \geqslant 180$mm(对于起重机梁要求 $b \geqslant 300$mm)。

(3)考虑局部稳定性,要求 $\frac{b}{t} \leqslant 26\sqrt{\frac{f_y}{235}}$（不考虑塑性发展即 $\gamma_x = 1$ 时,可取 $\frac{b}{t} \leqslant 30\sqrt{\frac{f_y}{235}}$）。翼缘厚度 $t = \frac{A_f}{b}$,t 不应小于 8mm,同时应符合钢板规格。

5.7.2 截面验算

截面尺寸确定后,按实际选定尺寸计算各项截面几何特性,然后验算抗弯强度、抗剪强度、局部压应力、折算应力、整体稳定性。刚度在确定梁高时已满足,翼缘局部稳定性在确定翼缘尺寸时也已满足。腹板局部稳定性一般由设置加劲肋来保证。如果梁截面尺寸沿跨长有变化,应在截面改变设计之后进行抗剪强度、刚度、折算应力验算。

5.7.3 梁截面沿长度的改变

对于均布荷载作用下的简支梁,一般按跨中最大弯矩选定截面尺寸。但是考虑到弯矩沿跨度按抛物线分布,当梁跨度较大时,如在跨间随弯矩减小将截面改小,做成变截面梁,则可节约钢材减轻自重。当跨度较小时,改变截面节省钢材不多,制造工作量却增加较多,因

此跨度小的梁多做成等截面梁。

焊接工字形梁的截面改变一般是改变翼缘宽度。通常的做法是在半跨内改变一次截面（见图 5-16）。改变截面时可以先确定截面改变点，即截面改变处距支座距离，一般 $x=l/6$（最优变截面点用极值方法求得，这时钢材节约 $10\%\sim12\%$），然后根据 x 计算变窄翼缘的宽度 b'。也可以先确定变窄翼缘宽度 b'，然后由 b' 计算 x。

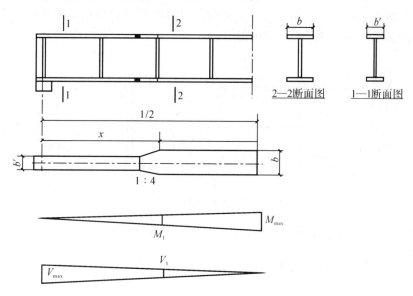

图 5-16 梁翼缘宽度的改变

如果按上述方法选定 b' 太小，或不满足构造要求时，也可事先选定 b' 值，然后按变窄的截面（即尺寸为 h_0、t_w、b'、t 的截面）算出截面二次矩 I_1 及截面系数 W_1 以及变窄截面所能承担的弯矩 $M_1=\gamma_x f W_1$，然后根据梁的荷载弯矩图算出梁上弯矩等于 M_1 处距支座的距离 x，这就是截面改变点的位置。

确定 b' 及 x 后，为了减小应力集中，应将梁跨中央宽翼缘板从 x 处，以小于或等于 1∶4 的斜度向弯矩较小的一方延伸至窄翼缘板等宽处才切断，并用对接直焊缝与窄翼缘板相连。但是当焊缝为三级焊缝时，受拉翼缘处应采用斜对接焊缝。

梁截面改变处的强度验算，尚包括腹板高度边缘处折算应力验算。验算时取 x 处的弯矩及剪力按窄翼缘截面验算。

变截面梁的挠度计算比较复杂，对于翼缘改变的简支梁，受均布荷载或多个集中荷载作用时，刚度验算的近似计算公式为

$$v=\frac{M_k l^2}{10EI}\left(1+\frac{3}{25}\frac{I-I_1}{I}\right)\leqslant [v] \qquad (5\text{-}44)$$

式中：M_k——最大弯矩标准值；

I——跨中毛截面二次矩；

I_1——端部毛截面二次矩。

梁截面改变的另一种方法是改变端部梁高，将梁的下翼缘做成折线形外形而翼缘截面保持不变（见图 5-17）。

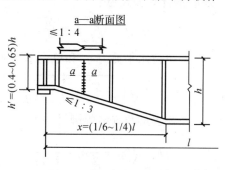

图 5-17 梁高度的改变

5.7.4 翼缘焊缝的计算

如图 5-18 所示,两个由两块翼缘及一块腹板组成的工字形梁,用角焊缝连牢,称为翼缘焊缝。梁受荷弯曲时,由于翼缘焊缝作用,翼缘腹板将以工字形截面的形心轴为中和轴整体弯曲,翼缘与腹板之间不产生相对滑移。梁弯曲时翼缘焊缝的作用是阻止腹板和翼缘之间产生滑移,因而承受与焊缝平行方向的剪力。

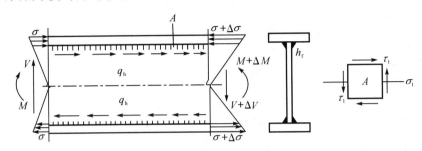

图 5-18　翼缘焊缝的水平剪力

若在工字形梁腹板边缘处取出单元体 A,单元体的垂直及水平面上将有成对互等的剪应力 $\tau_1 = \dfrac{VS_1}{I_x t_w}$,沿梁单位长度的水平剪力为

$$q_h = \tau_1 t_w = \frac{VS_1}{I_x t_w} t_w = \frac{VS_1}{I_x} \tag{5-45}$$

则翼缘焊缝应满足强度条件 $\tau_f = \dfrac{q_h}{2 \times 0.7 h_f \times 1} \leqslant f_f^w$,得

$$h_f \geqslant \frac{q_h}{1.4 f_f^w} = \frac{VS_1}{1.4 f_f^w I_x} \tag{5-46}$$

式中:V——计算截面处的剪力;

　　　S_1——一个翼缘对中和轴的面积矩;

　　　I_x——计算截面的二次矩。

按式(5-46)所选 h_f 同时应满足构造要求,即 $h_f \geqslant 1.5\sqrt{t}$($t$ 为翼缘厚度)。当梁的翼缘上承受有固定集中荷载并且未设置加劲肋时,或者当梁翼缘上有移动集中荷载时,翼缘焊缝不仅承受水平剪力 q_h 的作用,还要承受由集中力 F 产生的垂直剪力作用,单位长度的垂直剪力 q_v 的计算公式为

$$q_v = \sigma_c t_w = \frac{\psi F}{l_z t_w} t_w = \frac{\psi F}{l_z} \tag{5-47}$$

在单位水平剪力 q_h 和单位垂直剪力 q_v 的共同作用下,翼缘焊缝强度应满足

$$\tau_f = \sqrt{\left(\frac{q_h}{2 \times 0.7 h_f}\right)^2 + \left(\frac{q_v}{\beta_f \times 2 \times 0.7 h_f}\right)^2} \leqslant f_f^w$$

故需要的角焊缝焊脚尺寸为

$$h_f = \sqrt{q_h^2 + \frac{1}{\beta_f^2} q_v^2} = \frac{1}{1.4 f_f^w} \sqrt{\left(\frac{VS_1}{I_x}\right)^2 + \frac{1}{\beta_f^2}\left(\frac{\psi F}{l_z}\right)^2} \tag{5-48}$$

式中:一般 $\beta_f = 1.22$(静力或间接动力荷载)或 1.0(直接动力荷载)。

设计时一般先按构造要求假定 h_f 值,然后验算。

5.7.5　组合梁腹板考虑屈曲后强度的计算

承受静力荷载和间接承受动力荷载的组合梁,其腹板宜考虑屈曲后的强度。这时可仅在支座处和固定集中荷载处设置支承加劲肋,或尚有中间横向加劲肋,其高厚比可以达到 $250\sqrt{\dfrac{235}{f_y}}$ 也不必设置纵向加劲肋。该方法不适于直接承受动力荷载的起重机梁。

腹板仅配置支承加劲肋(或尚有中间横向加劲肋)而考虑屈曲后强度的工字形截面焊接组合梁,验算抗弯和抗剪承载能力的计算公式为

$$\left(\frac{V}{0.5V_u}-1\right)^2+\frac{M-M_f}{M_{eu}-M_f}\leqslant 1 \tag{5-49}$$

$$M_f=\left(A_{f1}\frac{h_1^2}{h_2}+A_{f2}h_2\right)f \tag{5-50}$$

式中:M、V——梁的同一截面上同时产生的弯矩和剪力设计值,计算时,当 $V<0.5V_u$ 时取 $V=0.5V_u$,当 $M<M_f$ 时取 $M=M_f$;

　　M_f——梁两翼缘所承担的弯矩设计值;

　　A_{f1}、h_1——较大翼缘的截面积及其形心至梁中和轴的距离;

　　A_{f2}、h_2——较小翼缘的截面积及其形心至梁中和轴的距离;

　　M_{eu}、V_u——梁抗弯和抗剪承载力设计值。

(1)M_{eu} 的计算公式

$$M_{eu}=\gamma_x\alpha_e W_x f \tag{5-51}$$

$$\alpha_e=1-\frac{(1-\rho)h_c^3 t_w}{2I_x} \tag{5-52}$$

式中:α_e——梁截面系数考虑腹板有效高度的折减系数;

　　I_x——按梁截面全部有效算得的绕 x 轴的截面二次矩;

　　h_c——按梁截面全部有效算得的腹板受压区高度;

　　γ_x——梁截面塑性发展系数;

　　ρ——腹板受压区有效高度系数,根据腹板受弯计算时的通用高厚比 λ_b 的不同,ρ 的计算公式为

当 $\lambda_b\leqslant 0.85$ 时,

$$\rho=1 \tag{5-53a}$$

当 $0.85<\lambda_b\leqslant 1.25$ 时,

$$\rho=1-0.82(\lambda_b-0.85) \tag{5-53b}$$

当 $\lambda_b>1.25$ 时,

$$\rho=\frac{1}{\lambda_b}\left(1-\frac{0.2}{\lambda_b}\right) \tag{5-53c}$$

(2)根据腹板受剪计算时的通用高厚比 λ_s 的不同,V_u 的计算公式

当 $\lambda_s\leqslant 0.8$ 时,

$$V_u=h_w t_w f_v \tag{5-54a}$$

当 $0.8<\lambda_s\leqslant1.2$ 时,

$$V_u=h_w t_w f_v[1-0.5(\lambda_s-0.8)]\tag{5-54b}$$

当 $\lambda_s>1.2$ 时,

$$V_u=\frac{h_w t_w f_v}{\lambda_s^{1.2}}\tag{5-54c}$$

当组合梁仅配置支承加劲肋时,取 $\dfrac{h_0}{a}=0$。

当仅配置支承加劲肋不能满足式(5-49)的要求时,应在两侧对配置中间横向加劲肋。中间横向加劲肋和上端受有集中压力的中间支承加劲肋,其截面尺寸除应满足式(5-31)和式(5-32)的要求外,尚应按轴心受压构件计算其在腹板平面外的稳定性,轴心压力的计算公式为

$$N_s=V_u-\tau_{cr}h_w t_w+F\tag{5-55}$$

式中:V_u——按式(5-54)计算;

$\quad\quad h_w$——腹板高度;

$\quad\quad \tau_{cr}$——按式(5-25)计算;

$\quad\quad F$——作用于中间支承加劲肋上端的集中压力。

当腹板在支座旁的区格利用屈曲后强度,亦即 $\lambda_s>0.8$ 时,支座加劲肋除承受梁的支座反力外尚应承受拉力场的水平分力 H,按压弯构件计算强度和在腹板平面外的稳定性。

$$H=(V_u-\tau_{cr}h_w t_w)\sqrt{1+\left(\frac{a}{h_0}\right)^2}\tag{5-56}$$

对设中间横向加劲肋的梁,a 取支座端区格的加劲肋间距。对不设中间加劲肋的腹板,a 取梁支座至跨内剪力为零点的距离。

H 的作用点在距腹板计算高度上边缘 $h_0/4$ 处。此压弯构件的截面和计算长度同一般支座加劲肋。当支座加劲肋采用如图 5-19 所示的构造形式时,可按下述简化方法进行计算:加劲肋 1 作为承受支座反力 R 的轴心压杆计算,封头肋板 2 的截面积不应小于按式(5-57)计算的数值。

$$A_c=\frac{3h_0 H}{16ef}\tag{5-57}$$

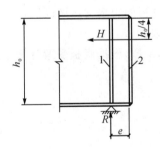

图 5-19　设置封头肋板的梁端构造

组合梁腹板考虑屈曲后强度计算时应注意:

①腹板高厚比不应大于 $250\sqrt{\dfrac{235}{f_y}}$。

②考虑腹板屈曲后强度的梁,可按构造需要设置中间横向加劲肋。

③中间横向加劲肋间距较大$(a>2.5h_0)$和不设中间横向加劲肋的腹板,可取 $H=0$。

5.8　梁的拼接、连接和支座

5.8.1　梁的拼接

梁的拼接分工厂拼接和工地拼接两种。由于钢材尺寸限制,梁的翼缘或腹板一般需要接长或加宽,这类拼接常在制造厂进行,故称为工厂拼接,由于运输或安装条件限制,梁有时须分段制造,然后在工地拼接,这称为工地拼接。

型钢梁常在同一截面采用对接焊缝或加盖板用角焊缝拼接,其位置宜放在弯矩较小处。

组合梁工厂拼接的位置常由钢材尺寸决定。翼缘与腹板的拼接位置宜错开,并避免与加劲肋或次梁连接处重合,以防止焊缝密集与交叉。腹板的拼接焊缝与横向加劲肋之间至少应相距 $10t_w$(见图 5-20)。

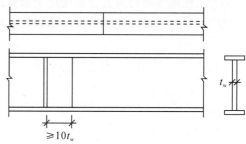

图 5-20　焊接梁的工厂拼接

腹板与翼缘的拼接宜用一级或二级对接直焊缝,并在施焊时设置引弧板和引出板。对于三级焊缝,因焊缝的抗拉强度低于钢材强度,故应将受拉翼缘和腹板的拼接位置布置在弯矩较小的区域,或采用斜焊缝。

工地拼接的位置由运输及安装条件决定,但宜布置在弯矩较小处。梁的翼缘与腹板一般宜在同一截面处断开,以减少运输碰损。当采用对接焊缝时,上、下翼缘宜加工成朝上的 V 形坡口,以便于工地平焊。为了减少焊接应力,应将翼缘和腹板的工厂焊缝在端部留约 500mm 长度不焊,以使工地焊接时有较多的收缩余地。另外,还宜按规定的施焊顺序,以减少焊接应力。即对拼接处的对接焊缝,要先焊腹板,再焊受拉翼缘,然后焊受压翼缘,预留的角焊缝最后补焊。如图 5-21 所示,翼缘与腹板的拼接位置略为错开,以改善受力情况,但在运输时需要对端头突出部位加以保护,以免碰伤。

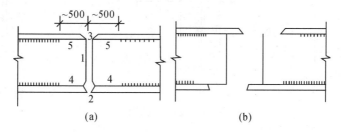

图 5-21　焊接梁的工地拼接(单位:mm)

工地施焊条件较差,焊缝质量难以保证,故对较重要的或受动力何在的大型组合梁,宜用高强度螺栓摩擦型连接(见图 5-22)。

翼缘拼接板及其每侧的高强度螺栓通常由等强度条件确定,即拼接板的净截面面积应不小于翼缘的净截面面积,高强度螺栓则应能承受按翼缘净截面面积计算的轴向力。腹板拼接板及其每侧的高强度螺栓,主要承受拼接截面的全部剪力及按刚度分配到腹板上的弯矩。

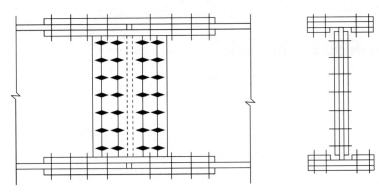

图 5-22　梁采用高强度螺栓的工地拼接

为了使拼接处的应力分布接近于梁截面中的应力分布,防止拼接处的翼缘受超额应力,应使腹板拼接板的高度尽量接近腹板的高度。

5.8.2　次梁与主梁的连接

次梁和主梁的连接分铰接和刚接两种。铰接应用较多,刚接只在次梁设计成连续梁时采用。

1.铰接连接

铰接连接按构造可分为叠接和平接两种。叠接是将次梁直接搁在主梁上,并用焊缝或螺栓连接(见图 5-23)。叠接需要较大的结构高度,故应用常受到限制,但其构造简单,便于施工。平接是将次梁连接于主梁侧面,次梁顶面可略高于或低于主梁顶面,或两者等高,因此结构高度较小。但为了将次梁连接于主梁的加劲肋或连接角钢上,须将次梁端部的上翼缘切割一小段(见图 5-23)和下翼缘切去一肢(见图 5-23),故制造较费工。

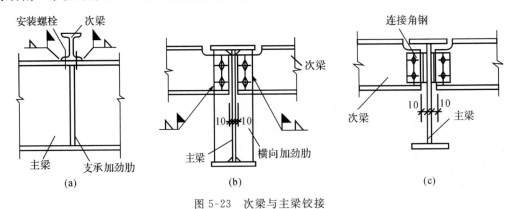

图 5-23　次梁与主梁铰接

铰接连接需要的焊缝或螺栓数量应按次梁的反力计算,考虑到连接并非理想铰接,会有一定的弯矩作用,故计算时宜将次梁反力增加 20%~30%。

2.刚性连接

刚性连接也可做成叠接或平接。叠接可使次梁在主梁上连续贯通,施工较简便,缺点也是结构高度较大。平接的构造如图 5-24 所示,次梁的支座反力 R 由承托传至主梁,端部的负弯矩则由上、下翼缘承受,设置在上翼缘的连接盖板和承托的顶板,分别传递弯矩 M 分解

的水平拉力和压力 $F=\dfrac{M}{h}$(h 为次梁高度)。连接盖板的截面及其与次梁上翼缘的连接焊缝、次梁下翼缘与承托顶板的连接焊缝，以及承托顶板与主梁腹板的连接焊缝，均按承受此水平力 F 进行计算。盖板与主梁上翼缘的连接焊缝采用构造焊缝。为了避免仰焊，连接盖板的宽度应比次梁上翼缘稍窄，承托顶板的宽度则应比下翼缘稍宽。

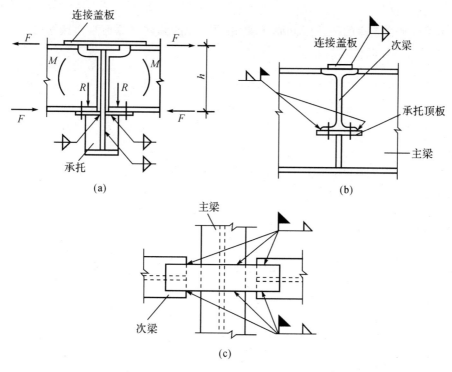

图 5-24　次梁与主梁刚接

5.8.3　梁的支座

平台梁可以支承在柱上，也可以支承在墙上，支承在墙上需要有一个支座，以分散传给墙的支座压力。

梁的支座形式有平板支座、弧形支座、滚轴支座、铰轴式支座、球形支座和桩台支座。

平板支座在支承板下产生较大的摩擦力，梁端不能自由转动，支承板下的压力分布不太均匀，底板厚度应根据支座反力对底板产生的弯矩进行计算。

弧形支座的构造与平板支座相同，只是与梁接触面为弧形，当梁产生挠度时可以自由转动，不会引起支承板下的不均匀受力。这种支座用在跨度较大($l=20\sim40\text{m}$)的梁中。梁与支承板之间仍用螺栓固定。

(1)弧形支座弧面与平板自由接触的承压应力的计算公式为

$$\sigma=\frac{25R}{2rl}\leqslant f \tag{5-58}$$

式中：r——支座板弧形表面的半径；

　　　l——弧形表面与平板的接触长度；

R——支座反力。

(2)滚轴支座的滚轴与平板自由接触的承压应力的计算公式为

$$\sigma=\frac{25R}{ndl}\leqslant f \tag{5-59}$$

式中:d——滚轴直径;

n——滚轴数目。

(3)对于铰轴式支座的圆柱形枢轴,当两相同半径的圆柱形弧面自由接触的中心角 $\theta\geqslant$ 90°时,承压应力的计算公式为

$$\sigma=\frac{2R}{dl}\leqslant f \tag{5-60}$$

式中:d——枢轴直径;

l——枢轴纵向接触面长度。

对于大跨度结构,为适应支座处不同方向的角位移,宜采用球形支座。柱台梁支座一般用在更大跨度的梁中,如果支座反力非常大,简单的支座板就会很大很厚,用柱台替换支座垫板,可方便连接和节约钢材。

 习题

5.1 某简支梁,跨度为 6m,截面为普通热轧工字钢I50a。求下列情况下此梁的整体稳定系数各为多大:(1)上翼缘承受满跨均布荷载,跨度中间无侧向支承点,Q235 钢;(2)情况同(1),但钢材改为 Q345 钢;(3)集中荷载作用于跨度中点的下翼缘,跨度中点有一侧向支承点,Q345 钢;(4)集中荷载作用于跨度中点的下翼缘,跨中无侧向支承点,Q345 钢。

5.2 某普通钢屋架的单跨简支檩条,跨度为 6m,跨中设拉条一道,檩条坡向间距为 0.798m。垂直于屋面水平投影面的屋面材料自重标准值和屋面可变荷载标准值均为 0.50kN/m²,无积灰荷载。屋面坡度 $i=1/2.5$。材料 Q235AF。设采用热轧普通槽钢檩条,要求选择该檩条截面。

5.3 一平台的梁格布置如图 5-25 所示,铺板为预制钢筋混凝土板,焊于次梁上。设平台恒荷载的标准值(不包括梁自重)为 2.0kN/m²。试选择次梁截面,钢材为 Q345 钢。

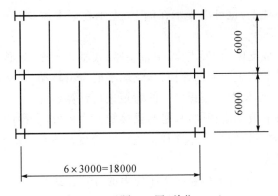

图 5-25 习题 5.3 图(单位:mm)

5.4 设计习题 5.3 的中间主梁(焊接组合梁),包括选择截面、计算翼缘焊缝、确定腹板加劲肋的间距。钢材为 Q345 钢,E50 型焊条(手工焊)。

第 6 章 拉弯和压弯构件

6.1 概述

同时承受轴向拉力(压力)和弯矩作用的构件称为拉弯(压弯)构件,如图 6-1 所示。弯矩形成的原因有三种情况:一是由轴向力的偏心作用而引起;二是由构件端部作用弯矩而引起;三是由横向荷载作用而引起。当弯矩沿构件截面的一个主轴平面内作用时,称为单向拉弯或压弯构件;当弯矩沿构件截面的两个主轴平面内作用时,称为双向拉弯或压弯构件。

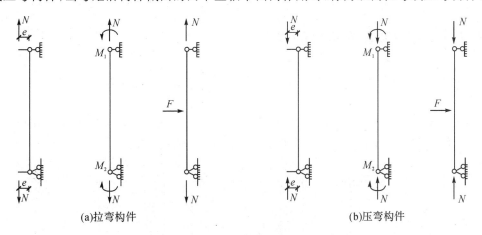

图 6-1 拉弯和压弯构件

拉弯和压弯构件在各类钢结构中应用广泛,如单层或多层框架中的框架柱,有节间荷载作用的桁架上、下弦杆,承受风荷载作用的抗风柱和墙架柱等。

拉弯和压弯构件常用的截面形式有实腹式截面和格构式截面两种(见图 6-2)。实腹式截面有热轧型钢截面、冷弯薄壁型钢截面和组合截面。当构件计算长度较大且受力较大时,为了提高截面的抗弯刚度,还常常采用格构式截面。

同轴心受力构件和受弯构件一样,设计拉弯和压弯构件时,也应同时满足承载能力极限状态和正常使用极限状态的要求。前者内容主要包括强度和稳定性计算,后者内容主要包括刚度计算。在一般情况下,拉弯构件通常只需考虑其强度计算和刚度计算,而压弯构件则需要考虑其强度计算、刚度计算和稳定性计算。

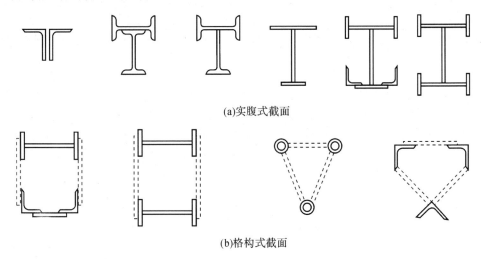

(a)实腹式截面

(b)格构式截面

图 6-2　拉弯和压弯构件的截面形式

6.2　拉弯和压弯构件的强度和刚度

6.2.1　拉弯和压弯构件的强度

拉弯和压弯构件的强度承载能力是以其受力最不利截面出现塑性铰为极限的。

在轴心力和弯矩的共同作用下,拉弯或压弯构件截面上的应力变化经历了如图 6-3 所示的三个工作阶段:第一个为弹性工作阶段(见图 6-3(a));第二个为弹塑性工作阶段(见图 6-3(b)和图 6-3(c));第三个为塑性工作阶段(见图 6-3(d))。

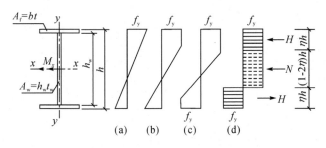

图 6-3　压弯构件截面应力的发展过程

由全塑性应力图形(见图 6-3(d)),根据内外力的平衡条件,即由一对水平力 H 所组成的力偶应与外力矩 M_x 平衡,合力 N 应与外轴力平衡,可以获得轴心力 N 和弯矩 M_x 的关系式。为了简化计算,取 $h \approx h_w$。令 $A_f = \alpha A_w$,则全截面面积 $A = (2\alpha + 1)A_w$。

内力计算分为两种情况:

(1)当中和轴在腹板范围内($N \leqslant A_w f_y$)时

$$N = (1-2\eta)h t_w f_y = (1-2\eta)A_w f_y \tag{6-1}$$

$$M_x = A_f h f_y + \eta A_w f_y (1-\eta)h = A_w h f_y(\alpha + \eta - \eta^2) \tag{6-2}$$

消去式(6-1)和式(6-2)中的 η,并令

$$N_p = A f_y = (2\alpha + 1)A_w f_y$$

$$M_{px} = W_{px} f_y = (\alpha A_w h + 0.25 A_w h)f_y = (\alpha + 0.25)A_w h f_y$$

则得 N 和 M_x 的相关公式:

$$\frac{(2\alpha+1)}{4\alpha+1} \cdot \frac{N^2}{N_p^2} + \frac{M_x}{M_{px}} = 1 \tag{6-3}$$

(2)当中和轴在翼缘范围内(即 $N > A_w f_y$)时

按上述相同方法可得

$$\frac{N}{N_p} + \frac{4\alpha+1}{2(2\alpha+1)} \cdot \frac{M_x}{M_{px}} = 1 \tag{6-4}$$

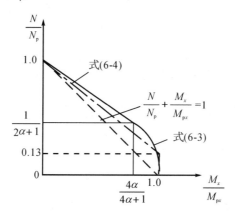

图 6-4　压弯和拉弯构件强度相关曲线

式(6-3)和式(6-4)均为曲线,图 6-4 中实线即为工字形截面构件当弯矩绕强轴作用时的相关曲线。此曲线是外凸的,但腹板面积较小时,外凸不多。为了方便计算,同时考虑到分析中没有考虑附加挠度的不利影响,规范采用了直线式相关公式,即用斜直线代替曲线:

$$\frac{N}{N_p} + \frac{M_x}{M_{px}} = 1$$

令 $N_p = A_n f_y$,并令 $M_{px} = \gamma_x W_{nx} f_y$,再引入抗力分项系数,得《钢结构设计规范》(GB 50017—2003)规定的拉弯和压弯构件强度计算公式分别为

单向拉弯和压弯构件:

$$\frac{N}{A_n} + \frac{M_x}{\gamma_x W_{nx}} \leqslant f \tag{6-5}$$

双向拉弯和压弯构件:

$$\frac{N}{A_n} + \frac{M_x}{\gamma_x W_{nx}} + \frac{M_x}{\gamma_y W_{ny}} \leqslant f \tag{6-6}$$

式中:A_n、W_{nx}、W_{ny}——构件净截面面积和净截面抵抗矩;

γ_x、γ_y——与截面模量相应的截面塑性发展系数,同受弯构件;

N、M_x、M_y——构件承受的轴心力和弯矩。

当压弯构件受压翼缘的自由外伸宽度与其厚度之比大于 $13\sqrt{\frac{235}{f_y}}$ 而不超过 $15\sqrt{\frac{235}{f_y}}$ 时，应取 $\gamma_x=1.0$。对需要计算疲劳的拉弯和压弯构件，宜取 $\gamma_x=\gamma_y=1.0$。

6.2.2 拉弯和压弯构件的刚度

拉弯和压弯构件的刚度计算同轴心受力构件一样，是通过限制其长细比的方式来保证的。拉弯构件的容许长细比与轴心拉杆相同（见表 4-2），压弯构件的容许长细比与轴心压杆相同（见表 4-3）。

【例 6-1】 某两端铰链拉弯构件采用热轧 H 型钢 HN450×200×9×14，截面无削弱，钢材为 Q235B，承受轴心拉力设计值 $N=1100\text{kN}$，弯矩设计值 $M=130\text{kN}\cdot\text{m}$。试验算其强度。

解：查型钢表知：$A=99.29\text{cm}^2$，$W_x=1598\text{cm}^3$，$f=215\text{N/mm}^2$，截面塑性发展系数 $\gamma_x=1.05$。
验算强度：

$$\frac{N}{A_n}+\frac{M_x}{\gamma_x W_{nx}}=\frac{1100\times10^3}{99.29\times10^2}\text{N/mm}^2+\frac{130\times10^6}{1.05\times1598\times10^3}\text{N/mm}^2$$
$$=110.8\text{N/mm}^2+77.5\text{N/mm}^2=188.3\text{N/mm}^2<f=215\text{N/mm}^2$$

6.3 实腹式压弯构件的整体稳定性

压弯构件的承载能力极限通常由稳定承载力确定。压弯构件的弯矩 M 一般作用在弱轴平面内，使构件截面绕强轴受弯。这样，压弯构件可能在弯矩作用平面内发生弯曲失稳，也有可能在弯矩作用平面外发生弯扭失稳。所以，压弯构件应分别计算弯矩作用平面内和弯矩作用平面外的整体稳定性。

6.3.1 实腹式压弯构件在弯矩作用平面内的整体稳定性计算

1.压弯构件在弯矩作用平面内的稳定承载能力的确定

（1）边缘纤维屈服准则

某一压弯构件的受力状态如图 6-5 所示。

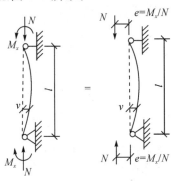

图 6-5 压弯构件的受力状态

由图 6-5 可知，构件任一截面上的弯矩为 $M_x = N(e+v)$，其中 v 是构件在弯矩作用平面内的侧向位移。建立平衡微分方程：

$$EI_x v'' + Nv = -Ne \tag{6-7}$$

解方程(6-7)，可得杆件轴线的挠曲线方程为

$$v = e\left[\cos(kx) + \frac{1-\cos(kl)}{\sin(kl)}\sin(kl) - 1\right] \tag{6-8}$$

杆件中点的挠度为

$$v_{\max} = e\left[\sec\left(\frac{\pi}{2}\sqrt{\frac{N}{N_E}}\right) - 1\right]$$

式中：$k = \sqrt{\dfrac{N}{EI_x}}$，$N_E = \dfrac{\pi^2 EI_x}{l^2}$。

由于 $\sec\left(\dfrac{\pi}{2}\sqrt{\dfrac{N}{N_E}}\right) \approx \dfrac{1}{1-\dfrac{N}{N_E}}$，所以杆中央截面的最大弯矩为

$$M_{x,\max} = M_x + Nv_{\max} = \frac{M_x}{1-\dfrac{N}{N_E}} \tag{6-9}$$

杆件受力最不利截面边缘纤维屈服时，边缘纤维的应力可表达成

$$\frac{N}{A} + \frac{M_x + Nv_0}{W_{1x}\left(1-\dfrac{N}{N_E}\right)} = f_y \tag{6-10}$$

式中：v_0 为杆件中点最大等效初始弯曲挠度。

对式(6-10)，当 $M_x = 0$ 时，轴心压杆的临界荷载为 N_{cr}，则有

$$\frac{N_{cr}}{A} + \frac{N_{cr}v_0}{W_{1x}\left(1-\dfrac{N_{cr}}{N_{Ex}}\right)} = f_y \tag{6-11}$$

将 $N_{cr} = \varphi_x A f_y$ 代入式(6-11)，可解得

$$v_0 = \left(\frac{1}{\varphi_x} - 1\right)\left(1 - \varphi_x \frac{Af_y}{N_{Ex}}\right)\frac{W_{1x}}{A} \tag{6-12}$$

将式(6-12)代入式(6-10)，经整理后可得

$$\frac{N}{\varphi_x A} + \frac{M_x}{W_{1x}\left(1-\dfrac{\varphi_x N}{N_{Ex}}\right)} = f_y \tag{6-13}$$

式(6-13)即按边缘纤维屈服准则确定的压弯构件在弯矩作用平面内的整体稳定性计算公式。

(2)极限承载能力准则

边缘纤维屈服准则认为，当构件受力最不利截面边缘纤维一旦进入屈服，构件即达到了承载能力极限。该准则对格构式构件适用性较强，而对实腹式构件来说，当受力最不利截面边缘纤维开始屈服时，尚有较大的强度储备，可以考虑截面有一定程度的塑性发展，因此宜采用极限承载能力准则来考虑构件的实际受力情况。

压弯构件在弯矩作用平面内的极限承载能力的确定方法主要有两种：一种是根据力学模型，采用近似方法求解；另一种是试验统计法，即根据大量的试验数据用数理统计的方法确定。

2.压弯构件在弯矩作用平面内稳定承载能力的实用相关公式

《钢结构设计规范》(GB 50017—2003)在确定压弯构件在弯矩作用平面内的稳定承载力时,采用数值计算方法,考虑构件具有 $l/1000$ 的初弯曲(l 为构件长度)和实测的残余应力分布,算出了包括各种截面形式在内的近 200 条压弯构件极限承载力相关曲线。通过分析发现,算出的近 200 条相关曲线用一个统一的公式来表达几乎是做不到的。因此,只能根据理论研究的结论,经过数值分析,得出比较符合实际又能满足工程精度要求的实用相关公式。

《钢结构设计规范》(GB 50017—2003)借用了边缘纤维屈服准则给出的表达式,同时在计算时考虑了截面的塑性发展和二阶弯矩,并将初始缺陷(如初弯曲和残余应力等)的影响综合考虑在等效初始偏心距 v_0 内,给出了近似相关公式:

$$\frac{N}{\varphi_x A}+\frac{M_x}{W_{px}\left(1-\varphi_x\dfrac{N}{N_{Ex}}\right)}=f_y \tag{6-14}$$

经验算,式(6-14)的计算结果与理论值的误差很小。

式(6-14)仅适用于弯矩沿构件长度均匀分布的两端铰接压弯构件。为了适应所有受荷情况的压弯构件,《钢结构设计规范》(GB 50017—2003)做了三项修正:一是用等效弯矩 $\beta_{mx}M_x$ 代替 M_x;二是用 $\gamma_x W_{1x}$ 代替 W_{px};三是引入抗力分项系数 γ_R。由此可得到《钢结构设计规范》(GB 50017—2003)给出的实腹式压弯构件在弯矩作用平面内的整体稳定性验算公式:

$$\frac{N}{\varphi_x A}+\frac{\beta_{mx}M_x}{\gamma_x W_{1x}\left(1-\dfrac{0.8N}{N_{Ex}{}'}\right)}\leqslant f \tag{6-15}$$

式中:N——轴向压力。

M_x——所计算构件段范围内的最大弯矩。

φ_x——轴心受压构件的整体稳定系数。

W_{1x}——最大受压纤维的毛截面模量。

$N_{Ex}{}'$——参数,$N_{Ex}{}'=\dfrac{\pi^2 EA}{1.1\lambda_x^2}$。

β_{mx}——等效弯矩系数,应按下列规定采用:

(1)框架柱和两端支撑构件。

①无横向荷载作用时:

$$\beta_{mx}=0.65+0.35\frac{M_2}{M_1}$$

式中:M_1、M_2 为端弯矩。使构件产生同向曲率(无反弯点)时取同号;使构件产生反向曲率(有反弯点)时取异号,且 $|M_1|\geqslant|M_2|$。

②有端弯矩和横向荷载同时作用时:

使构件产生同向曲率时,

$$\beta_{mx}=1.0$$

使构件产生反曲率时,

$$\beta_{mx}=0.85$$

③无端弯矩但又有横向荷载作用时:

$$\beta_{\text{m}x}=1.0$$

（2）悬臂构件和分析内力未考虑二阶效应的无支撑纯框架和弱支撑框架柱，取 $\beta_{\text{m}x}=1.0$。

式（6-15）适用于双轴对称截面的压弯构件。对于单轴对称截面（如部分 T 型钢、双角钢 T 型等）的压弯构件，当弯矩作用在对称轴平面内且使较大翼缘受压时，构件达到极限承载力时可能存三种应力分布：一是压力较大侧出现塑性；二是压力较大侧和压力较小侧（或受拉侧）同时出现塑性；三是压力较小侧（或受拉侧）出现塑性。对于前面两种情况，压弯构件弯矩作用平面内的整体稳定性仍按式（6-15）进行验算。对于第三种情况，压力较小侧（或受拉侧）出现塑性亦可能导致构件失稳，此时应按式（6-16）进行整体稳定性验算：

$$\left| \frac{N}{A} - \frac{\beta_{\text{m}x}M_x}{\gamma_x W_{2x}\left(1-\frac{1.25N}{N_{\text{E}x}'}\right)} \right| \leqslant f \tag{6-16}$$

式中：W_{2x}——构件压力较小侧（或受拉侧）边缘纤维毛截面抵抗矩；

　　　γ_x——与 W_{2x} 相对应的截面塑性发展系数。

6.3.2　实腹式压弯构件在弯矩作用平面外的整体稳定性计算

压弯构件抗扭能力较差，或在弯矩作用平面外的抗弯刚度较小，且没有设置足够多的侧向支撑来阻止受压翼缘产生侧向位移时，压弯构件就可能出现侧向位移和扭转而达到极限承载力，从而发生弯矩作用平面外的失稳破坏。

根据弹性稳定理论，构件发生弯扭失稳时，其临界条件为

$$(N_y-N)(N_\omega-N)-\left(\frac{a}{i_0}\right)^2 N^2=0 \tag{6-17}$$

式中：N_y——构件对 y 轴的弯曲屈曲临界力，$N_y=\dfrac{\pi^2 EA}{\lambda_y^2}$；

　　　N_ω——构件扭转屈曲临界力，$N_\omega=\dfrac{1}{i_0^2}\left(GI_{\text{t}}+\dfrac{\pi^2 EI_\omega}{l_\omega^2}\right)$；

　　　N——构件弯扭屈曲临界力；

　　　a——截面形心至剪切中心的距离；

　　　i_0——截面对剪切中心的极回转半径，$i_0=a^2+i_x^2+i_y^2$。

令 $M_x=Na$，则式（6-17）可以写为

$$\left(1-\frac{N}{N_y}\right)\left(1-\frac{N}{N_\omega}\right)-\frac{M_x^2}{M_{\text{cr}x}^2}=0 \tag{6-18}$$

根据式（6-18）画出的 $\dfrac{N}{N_y}$ 与 $\dfrac{M_x}{M_{\text{cr}x}}$ 之间的相关曲线如图 6-6 所示。对于钢结构中常用的构件截面形式，绝大部分情况下 $\dfrac{N_\omega}{N_y}$ 总是大于 1.0，如果偏于安全地取 $\dfrac{N_\omega}{N_y}=1.0$，则式（6-18）变为

$$\left(1-\frac{N}{N_y}\right)^2=\left(\frac{M_x}{M_{\text{cr}x}}\right)^2$$

即

$$\frac{N}{N_y}+\frac{M_x}{M_{\text{cr}x}}=1 \tag{6-19}$$

式(6-19)是根据弹性工作状态下的双轴对称截面导出的理论表达经简化而得出的。理论分析和试验研究表明,式(6-19)同样适用于压弯构件弹塑性工作阶段。而对于单轴对称截面的压弯构件,只需用单轴对称截面轴心压杆的弯扭屈曲临界力 N_{cr} 代替式(6-19)中的 N_y,相关公式仍适用。

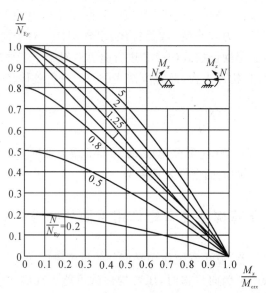

图 6-6 压弯构件的 $\dfrac{N}{N_{Ey}}$ 与 $\dfrac{M_x}{M_{crx}}$ 之间的相关曲线

在式(6-19)中引入 $N_y=\varphi_y A f_y$,$M_{crx}=\varphi_b W_{1x} f_y$,并引入考虑非均匀弯矩作用时的等效弯矩系数 β_{tx}、闭口截面的影响系数 η 和抗力分项系数 γ_R,则《钢结构设计规范》(GB 50017—2003)给出的压弯构件在弯矩作用平面外的整体稳定性验算公式为

$$\frac{N}{\varphi_y A}+\eta\frac{\beta_{tx}M_x}{\varphi_b W_{1x}}\leqslant f \tag{6-20}$$

式中:N——所计算构件段范围内的轴心压力。

M_x——所计算构件段范围内的最大弯矩。

φ_y——弯矩作用平面外的轴心受压构件稳定系数。

φ_b——均匀弯曲的受弯构件整体稳定系数。

η——截面影响系数,闭口截面 $\eta=0.7$,其他截面 $\eta=1.0$。

β_{tx}——等效弯矩系数,应按下列规定采用:

(1)在弯矩作用平面外有支撑的构件

应根据两相邻支撑点间构件段内的荷载和内力情况确定。

①所考虑构件段无横向荷载作用时

$$\beta_{tx}=0.65+0.35\frac{M_2}{M_1}$$

式中:M_1、M_2 为在弯矩作用平面内的端弯矩。使构件段产生同向曲率时取同号;使构件产生反向曲率时取异号,且 $|M_1|\geqslant|M_2|$。

②所考虑构件段内有端弯矩和横向荷载同时作用时

使构件产生同向曲率时，

$$\beta_{tx}=1.0$$

使构件产生反曲率时，

$$\beta_{tx}=0.85$$

③所考虑构件段内无端弯矩但有横向荷载作用时

$$\beta_{tx}=1.0$$

(2)弯矩作用平面外为悬臂的构件

$$\beta_{tx}=1.0$$

为了设计上的方便，规范对压弯构件的整体稳定系数 φ_b 采用了近似计算公式，这些公式已考虑了构件的弹塑性失稳问题，因此当 φ_b 大于 0.6 时不必再换算。

(1)工字形截面(含 H 型钢)

双轴对称截面：

$$\varphi_b=1.07-\frac{\lambda_y^2}{44000}\cdot\frac{f_y}{235} \tag{6-21a}$$

单轴对称截面：

$$\varphi_b=1.07-\frac{W_{1x}}{(2\alpha_b+0.1)Ah}\cdot\frac{\lambda_y^2}{14000}\cdot\frac{f_y}{235}(不大于1.0) \tag{6-21b}$$

(2)T 形截面

①弯矩使翼缘受压时

双角钢 T 形截面：

$$\varphi_b=1-0.0017\lambda_y\sqrt{\frac{f_y}{235}}$$

两板组合 T 形截面(含 T 型钢)：

$$\varphi_b=1-0.0022\lambda_y\sqrt{\frac{f_y}{235}}$$

②弯矩使受压翼缘受拉且腹板宽厚比不大于 $18\sqrt{\dfrac{235}{f_y}}$ 时

双角钢 T 形截面：

$$\varphi_b=1.0-0.0005\lambda_y\sqrt{\frac{f_y}{235}}$$

两板组合 T 形截面(含 T 型钢)：

$$\varphi_b=1.0$$

(3)箱形截面

【例 6-2】　如图 6-7 所示工36a 热轧普通工字钢截面压弯构件，截面无削弱。承受的荷载设计值为：轴心压力 $N=350\text{kN}$，杆件 A 端弯矩 $M=100\text{kN}\cdot\text{m}$，$C$ 端弯矩为 0。构件长度 $l=6\text{m}$，两端铰接，两端及跨中点各设有一侧向支承点。材料为 Q235B 钢。试验算构件的整体稳定性。

解：(1)构件截面几何特征

截面几何特性由表可查 $A=76.48\text{cm}^2$，$W_x=875\text{cm}^3$，$i_x=14.4\text{cm}$，$i_y=2.69\text{cm}$。

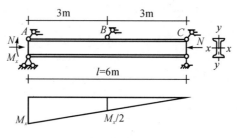

图 6-7 例题 6-2 图

（2）弯矩作用平面内稳定性验算

构件无横向荷载作用，$M_2=0$，$M_1=100\text{kN}\cdot\text{m}$，

侧弯矩用平面内的等效系数 $\beta_{\text{m}x}=0.65+0.35\dfrac{M_2}{M_1}=0.65$，

长细比 $\lambda_x=\dfrac{l_{0x}}{i_x}=\dfrac{600}{14.4}=41.7$，

查轴心受压构件 a 类截面整体稳定系数表，得 $\varphi_x=0.938$。

$$N_{\text{E}x}'=\frac{\pi^2 EA}{1.1\lambda_x^2}=\frac{\pi^2\times206\times10^3\times76.48\times10^2}{1.1\times41.7^2}\times10^{-3}\text{kN}=8129\text{kN}$$

塑性发展系数 $\gamma_x=1.05$，则实腹式压弯构件在弯矩作用平面内的整体稳定性计算如下：

$$\frac{N}{\varphi_x A}+\frac{\beta_{\text{m}x}M_x}{\gamma_x W_{1x}\left(1-\dfrac{0.8N}{N_{\text{E}x}'}\right)}=\frac{350\times10^3}{0.938\times76.48\times10^2}\text{N/mm}^2+$$

$$\frac{0.65\times100\times10^6}{1.05\times875\times10^3\times\left(1-0.8\times\dfrac{350}{8129}\right)}\text{N/mm}^2$$

$$=122.1\text{N/mm}^2<f=215\text{N/mm}^2$$

构件在弯矩作用平面内的整体稳定性满足要求。

（3）弯矩作用平面外的稳定性

长细比 $\lambda_y=\dfrac{l_{0y}}{i_y}=\dfrac{300}{2.69}=111.5$，

查轴心受压构件 b 类截面整体稳定系数表，得 $\varphi_y=0.484$。

在侧向支撑点范围内，取 AB 段计算，其中 $M_1=100\text{kN}\cdot\text{m}$，$M_2=50\text{kN}\cdot\text{m}$，

侧弯矩用平面内的等效系数 $\beta_{\text{t}x}=0.65+0.35\dfrac{M_2}{M_1}=0.65+0.35\times0.5=0.825$，

截面影响系数 $\eta=1.0$，

工字形双轴对称均匀弯曲的受弯构件整体稳定系数为

$$\varphi_\text{b}=1.07-\frac{\lambda_y^2}{44000}=1.07-\frac{111.5^2}{44000}=0.787$$

则构件在弯矩作用平面外的整体稳定性验算如下：

$$\frac{N}{\varphi_y A}+\eta\frac{\beta_{\text{t}x}M_x}{\varphi_\text{b}W_{1x}}=\frac{350\times10^3}{0.484\times76.48\times10^2}\text{N/mm}^2+1.0\times\frac{0.825\times100\times10^6}{0.787\times875\times10^3}\text{N/mm}^2$$

$$=214\text{N/mm}^2<f=215\text{N/mm}^2$$

构件在弯矩作用平面外的整体稳定性满足要求。

6.4　实腹式压弯构件的局部稳定性

对由板件组成的压弯构件,其受压的翼缘和腹板在压应力及剪应力的作用下,也将发生局部失稳。为保证压弯构件的承载力,也要保证压弯构件中板件的局部稳定性。对压弯构件局部稳定性的保证,《钢结构设计规范》(GB 50017—2003)采用的方法同轴心受压构件一样,即采用限制板件宽厚比的方法。

6.4.1　翼缘板的局部稳定性

工字形截面压弯构件的受压翼缘板,其受力状态与受弯构件受压翼缘板基本相同。因此,压弯构件受压翼缘板的自由外伸宽度与其厚度之比限制条件同受弯构件的受压翼缘板,即

$$\frac{b_1}{t} \leqslant 13\sqrt{\frac{235}{f_y}} \tag{6-22}$$

式中:b_1——压弯构件受压翼缘板的自由外伸宽度;

t——压弯构件受压翼缘板厚度。

对式(6-22),当强度和稳定性计算中取 $\gamma_x = 1.0$ 时,$\dfrac{b_1}{t}$ 可放宽至 $15\sqrt{\dfrac{235}{f_y}}$,在箱形截面的压弯构件中,受压翼缘板的宽厚比应满足

$$\frac{b_0}{t} \leqslant 40\sqrt{\frac{235}{f_y}} \tag{6-23}$$

式中:b_0——箱形截面压弯构件受压翼缘板在两腹板之间的无支撑宽度;

t——箱形截面压弯构件受压翼缘板的厚度。

6.4.2　腹板的宽厚比

1. 工字形及 H 形截面的腹板

对于压弯构件,其腹板的局部失稳,是在不均匀压应力和剪应力的共同作用下发生的。通常可以用 $\alpha_0 = \dfrac{\sigma_{max} - \sigma_{min}}{\sigma_{max}}$ 来考虑不均匀压应力的影响,用 $\beta_0 = \dfrac{\tau}{\sigma_{max}}$ 来考虑剪应力的影响。这里 α_0 为正应力变化的分布梯度;σ_{max} 为腹板计算高度边缘的最大压应力;σ_{min} 为腹板计算高度另一边缘的应力,以压应力为正,拉应力为负;τ 为腹板剪应力。当 $\alpha_0 = 0$ 时,腹板承受均匀压应力,为轴心受压情况;当 $\alpha_0 = 2.0$ 时,为受弯情况;当 $0 < \alpha_0 < 2.0$ 时,为压弯情况。

《钢结构设计规范》(GB 50017—2003)采用的压弯构件腹板局部稳定性的验算公式为

当 $0 \leqslant \alpha_0 \leqslant 1.6$ 时,

$$\frac{h_0}{t_w} \leqslant (16\alpha_0 + 0.5\lambda + 25)\sqrt{\frac{235}{f_y}} \tag{6-24a}$$

当 $1.6 < a_0 \leqslant 2.0$ 时，

$$\frac{h_0}{t_w} \leqslant (48a_0 + 0.5\lambda - 26.2)\sqrt{\frac{235}{f_y}} \tag{6-24b}$$

式中：λ 为压弯构件在弯矩作用平面内的长细比。当 $\lambda < 30$ 时，取 $\lambda = 30$；当 $\lambda > 100$ 时，取 $\lambda = 100$。

2. 箱形截面的腹板

箱形截面腹板的受力状态同工字形截面腹板，《钢结构设计规范》(GB 50017—2003)规定其 $\frac{h_0}{t_w}$ 值不应超过式(6-24a)或(6-24b)右侧乘以 0.8 后算得的值。当此值小于 $40\sqrt{\frac{235}{f_y}}$ 时，应采用 $40\sqrt{\frac{235}{f_y}}$。这里 0.8 主要是考虑到两块腹板受力可能不一致而采用的折算系数。

3. T 形截面的腹板

①弯矩使腹板自由边受拉时

热轧部分 T 型钢：

$$\frac{h_0}{t_w} \leqslant (15 + 0.2\lambda)\sqrt{\frac{235}{f_y}} \tag{6-25a}$$

焊接 T 型钢：

$$\frac{h_0}{t_w} \leqslant (13 + 0.17\lambda)\sqrt{\frac{235}{f_y}} \tag{6-25b}$$

②弯矩使腹板自由边受压时

当 $a_0 \leqslant 1.0$ 时，

$$\frac{h_0}{t_w} \leqslant 15\sqrt{\frac{235}{f_y}} \tag{6-26a}$$

当 $a_0 > 1.0$ 时，

$$\frac{h_0}{t_w} \leqslant 18\sqrt{\frac{235}{f_y}} \tag{6-26b}$$

4. 圆管截面

《钢结构设计规范》(GB 50017—2003)规定，圆管截面其外径与壁厚之比不应超过 $100\left(\frac{235}{f_y}\right)$。同时规定，对 H 形、工字形和箱形截面压弯构件的腹板，当其 $\frac{h_0}{t_w}$ 不符合上述要求时，可用纵向加劲肋予以加强，亦可在计算构件强度和稳定性时将腹板的截面仅考虑计算高度边缘范围内两侧宽度各为 $20t_w\sqrt{\frac{235}{f_y}}$ 的部分(但在计算构件稳定系数时，仍按全截面面积计算)。

【例 6-3】 某偏心受压柱截面尺寸如图 6-8 所示(Q235 钢)，轴向偏心位于工字钢柱的腹板平面内，轴向荷载 $N = 500\mathrm{kN}$，偏心距 $e = 400\mathrm{mm}$，并已知绕强轴长细比 $\lambda_x = 80$，绕弱轴长细比 $\lambda_y = 100$。请验算该柱的翼缘和腹板的局部稳定性是否能够满足要求。

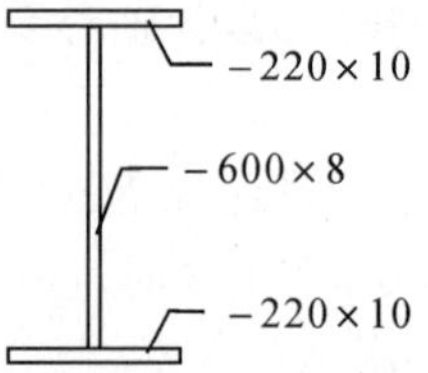

图 6-8　例题 6-3 图(长度单位:mm)

解:构件截面几何特征:

$$A = 220 \times 10 \times 2\,\text{mm}^2 + 600 \times 8\,\text{mm}^2 = 9200\,\text{mm}^2$$

$$I_x = \frac{220 \times 620^3 - 212 \times 600^3}{12}\,\text{mm}^4 = 5.533 \times 10^8\,\text{mm}^4$$

翼缘 $\dfrac{b_1}{t} = \dfrac{110}{10} = 11 < 13\sqrt{\dfrac{235}{f_y}} = 13$,满足局部稳定性要求。

腹板的局部稳定性:

$$\sigma_{\max} = \frac{N}{A} + \frac{M_x y_1}{I_x} = \frac{500 \times 10^3}{9200}\,\text{N/mm}^2 + \frac{500 \times 0.4 \times 10^6 \times 300}{5.533 \times 10^8}\,\text{N/mm}^2$$

$$= 54.3\,\text{N/mm}^2 + 108.4\,\text{N/mm}^2$$

$$= 162.7\,\text{N/mm}^2$$

$$\sigma_{\min} = \frac{N}{A} - \frac{M_x y_1}{I_x} = \frac{500 \times 10^3}{9200}\,\text{N/mm}^2 - \frac{500 \times 0.4 \times 10^6 \times 300}{5.533 \times 10^8}\,\text{N/mm}^2$$

$$= 54.3\,\text{N/mm}^2 - 108.4\,\text{N/mm}^2$$

$$= -54.1\,\text{N/mm}^2$$

$$a_0 = \frac{\sigma_{\max} - \sigma_{\min}}{\sigma_{\max}} = \frac{162.7 - (-54.1)}{162.7} = 1.33\,(\text{压弯情况})$$

则压弯构件腹板局部稳定性验算如下:

$$\frac{h_0}{t_w} = \frac{600}{8} = 75 < (16a_0 + 0.5\lambda + 25)\sqrt{\frac{235}{f_y}}$$

$$= 16 \times 1.33 + 0.5 \times 80 + 25 = 86.3$$

构件的局部稳定性满足要求。

6.5　实腹式压弯构件的设计

6.5.1　框架柱的计算长度

1.单层和多层框架中的等截面柱

单层和多层框架中的等截面柱在框架平面内的计算长度与支撑情况有关,计算长度等于该层柱的高度 H 乘以计算长度 μ,即

$$H_0 = \mu H \tag{6-27}$$

无支撑的纯框架采用一阶弹性分析方法计算内力时,柱的计算长度按有侧移框架计算。计算长度系数 μ 和上下端所连横梁的刚度有关:K_1 是柱上端相连的各横梁的线刚度之和与柱线刚度之比,K_2 是柱下端相连的各横梁的线刚度之和与柱线刚度之比。当与横梁铰接时,取横梁的线刚度为零,与基础铰接时 $K_2 = 0$,刚接时 $K_2 = 10$,可根据 K_1 与 K_2 值,由《钢结构设计规范》(GB 50017—2003)(见附表 6-1)查得柱子计算长度系数 μ。

框架柱中设置支撑时,柱子的计算长度系数 μ 值决定于支撑的抗侧移刚度,分强支撑框架和弱支撑框架两种。

当支撑结构的侧移刚度产生单位侧倾角的水平力 S_b 满足式(6-28)的要求时,为强支撑框架。

$$S_b \geqslant 3\left(1.2\sum N_{bi} - \sum N_{0i}\right) \tag{6-28}$$

式中:$\sum N_{bi}$、$\sum N_{0i}$ 分别为第 i 层层间所有框架柱用无侧移框架和有侧移框架计算长度系数算得的轴压杆稳定承载力之和。

这时,框架柱的计算长度系数 μ 按无侧移框架柱的计算长度系数确定(见附表 6-1)。

当支撑结构的侧移刚度 S_b 不满足式(6-28)的要求时,为弱支撑框架,框架柱的轴压杆稳定系数 φ 按式(6-29)确定。

$$\varphi = \varphi_0 + (\varphi_1 - \varphi_0)\frac{S_b}{3(1.2\sum N_{bi} - \sum N_{0i})} \tag{6-29}$$

式中:φ_1、φ_0 分别为框架柱用附表 6-1 无侧移框架柱计算长度系数和附表 6-2 有侧移框架柱计算长度系数算得的轴心压杆稳定系数。

2. 柱在框架平面外的计算长度

柱在框架平面外的计算长度取决于支撑构件的布置。支撑体系给柱在框架平面外提供了支承点。当框架柱在平面外失稳时,支承点可以看作变形曲线的反弯点,因此柱在框架平面外的计算长度等于相邻侧向支承点之间的距离。

6.5.2　实腹式压弯构件的截面设计

1. 截面选择

设计时需要首先选定截面的形式,再根据构件所承受的轴力 N,弯矩 M 和构件的计算长度 l_{ox}、l_{oy} 初步确定截面的尺寸,然后进行强度、整体稳定性、局部稳定性和刚度的验算。由于压弯构件的验算方式中所涉及的未知量较多,根据估计所初选出来的截面尺寸不一定合适,因而初选的截面尺寸往往需要进行多次调整。

2. 对初选截面的验算

(1)强度验算

承受单向弯矩的压弯构件的强度验算采用式(6-5),即

$$\frac{N}{A_n} + \frac{M_x}{\gamma_x W_{nx}} \leqslant f$$

当截面无削弱且 N、M_x 的取值与整体稳定性验算的取值相同而等效弯矩系数为 1.0 时,不必进行强度验算。

(2)整体稳定性验算

实腹式压弯构件弯矩作用内的稳定性计算采用式(6-15),即

$$\frac{N}{\varphi_x A} + \frac{\beta_{mx} M_x}{\gamma_x W_{1x}\left(1 - \dfrac{0.8N}{N_{Ex}'}\right)} \leqslant f_y$$

对 T 形截面(包括双角钢 T 形截面),还应按式(6-16)进行计算,即

$$\left|\frac{N}{A} - \frac{\beta_{mx} M_x}{\gamma_x W_{2x}\left(1 - \dfrac{1.25N}{N_{Ex}'}\right)}\right| \leqslant f$$

弯矩作用平面外用式(6-20),即

$$\frac{N}{\varphi_y A} + \eta \frac{\beta_{tx} M_x}{\varphi_b W_{1x}} \leqslant f$$

(3)局部稳定性验算

组合截面压弯构件翼缘和腹板的宽度比应满足式(6-22)～式(6-26)的要求。

(4)刚度验算

压弯构件的长细比应不超过表4-3中规定的容许长细比限值。

3.构造要求

压弯构件的翼缘宽厚比必须满足局部稳定性的要求,否则翼缘屈曲必然导致构件整体失稳。但当腹板屈曲时,由于存在屈曲后强度,构件不会立即失稳,只会使其承载力有所降低。当工字形截面和箱形截面由于高度较大,为了保证腹板的局部稳定性而采用较厚的板时,显得不经济。因此,设计中有时采用较薄的腹板,当腹板的高厚比不满足式(6-22)～式(6-26)的要求时,可考虑腹板中间部分由于失稳而退出工作,计算时腹板截面面积仅考虑两侧宽度各为 $20t_w \sqrt{\dfrac{235}{f_y}}$ 的部分(计算构件的稳定系数时仍用全截面)。也可以在腹板中部设置纵向加劲肋,此时腹板的受压较大翼缘与纵向加劲肋之间的高厚比应满足式(6-22)～式(6-26)的要求。当腹板的 $\dfrac{h_0}{t_w} > 80$ 时,为防止腹板在施工和运输中发生形变,应设置间距不大于 $3h_0$ 的横向加劲肋。另外,设有纵向加劲肋的同时也应设置横向加劲肋。加劲肋的截面选择与第5章梁中加劲肋截面的设计相同。

【例 6-4】　如图 6-9 所示材料为 Q235 钢焰切边工字形截面柱,两端铰支,中间 1/3 长度处有侧向支承,截面无削弱,承受轴心压力的设计值为 900kN,跨中集中力设计值为 100kN,试验算此构件的承载力。

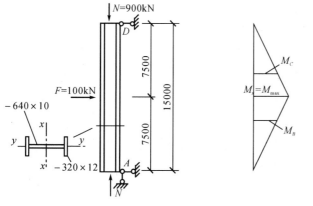
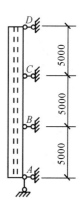

图 6-9　例题 6-4 图(长度单位:mm)

解:(1)截面的几何特性

$$A = 2 \times 32 \times 1.2 \text{cm}^2 + 64 \times 1.0 \text{cm}^2 = 140.8 \text{cm}^2$$

$$I_x = \frac{1}{12} \times (32 \times 66.4^3 - 31 \times 64^3) \text{cm}^4 = 103475 \text{cm}^4$$

$$I_y = 2 \times \frac{1}{12} \times 1.2 \times 32^3 \text{cm}^4 = 6554 \text{cm}^4$$

$$W_{1x} = \frac{103475}{33.2} cm^3 = 3117 cm^3$$

$$i_x = \sqrt{\frac{I_x}{A}} = \sqrt{\frac{103475}{140.8}} cm = 27.11 cm$$

$$i_y = \sqrt{\frac{I_y}{A}} = \sqrt{\frac{6554}{140.8}} cm = 6.82 cm$$

（2）验算强度

$$M_x = \frac{1}{4} \times 100 \times 15 kN \cdot m = 375 kN \cdot m$$

$$\frac{N}{A_n} + \frac{M_x}{\gamma_x W_{nx}} = \frac{900 \times 10^3}{140.8 \times 10^2} N/mm^2 + \frac{375 \times 10^6}{1.05 \times 3117 \times 10^3} N/mm^2 = 178.5 N/mm^2$$

（3）验算弯矩作用平面内的稳定性

$$\lambda_x = \frac{1500}{27.11} = 55.3 < [\lambda] = 150$$

查附表 5-2（b 类截面），$\varphi_x = 0.831$，

$$N_{Ex}' = \frac{\pi^2 EA}{1.1\lambda_x^2} = \frac{\pi^2 \times 206000 \times 140.8 \times 10^2}{1.1 \times 55.3^2} N = 8510 kN$$

$$\beta_{mx} = 1.0$$

$$\frac{N}{\varphi_x A} + \frac{\beta_{mx} M_x}{\gamma_x W_{1x}\left(1 - \frac{0 \cdot 8N}{N_{Ex}'}\right)} = \frac{900 \times 10^3}{0.831 \times 140.8 \times 10^2} N/mm^2 +$$

$$\frac{1.0 \times 375 \times 10^6}{1.05 \times 3117 \times 10^3 \times \left(1 - 0.8 \times \frac{900}{8510}\right)} N/mm^2$$

$$= 202 N/mm^2 < 215 N/mm^2$$

（4）验算弯矩作用平面外的稳定性

$$\lambda_y = \frac{500}{6.82} = 73.3 < [\lambda] = 150$$

查附表 5-2（b 类截面），$\varphi_y = 0.730$

$$\varphi_b = 1.07 - \frac{\lambda_y^2}{44000} \cdot \frac{f_y}{235} = 1.07 - \frac{73.3^2}{44000} \times \frac{235}{235} = 0.948 < 1.0$$

所计算构件段为 BC 段，有端弯矩和横向荷载作用，但使构件段产生同向曲率，故取 $\beta_{tx} = 1.0$，另 $\eta = 1.0$，则

$$\frac{N}{\varphi_y A} + \eta \frac{\beta_{tx} M_x}{\varphi_b W_{1x}} = \frac{900 \times 10^3}{0.730 \times 140.8 \times 10^2} N/mm^2 + \frac{1.0 \times 1.0 \times 375 \times 10^6}{0.948 \times 3117 \times 10^3} N/mm^2$$

$$= 214.5 N/mm^2 < 215 N/mm^2$$

由以上计算知，此压弯构件是由弯矩作用平面外的稳定性控制设计的。

（5）局部稳定性验算

$$\sigma_{max} = \frac{N}{A} + \frac{M_x}{I_x} \cdot \frac{h_0}{2} = \frac{900 \times 10^3}{140.8 \times 10^2} N/mm^2 + \frac{375 \times 10^6}{103475 \times 10^4} \times 320 N/mm^2 = 180 N/mm^2$$

$$\sigma_{min} = \frac{N}{A} - \frac{M_x}{I_x} \cdot \frac{h_0}{2} = \frac{900 \times 10^3}{140.8 \times 10^2} N/mm^2 - \frac{375 \times 10^6}{103475 \times 10^4} \times 320 N/mm^2 = -52 N/mm^2$$

$$\alpha_0 = \frac{\sigma_{max} - \sigma_{min}}{\sigma_{max}} = \frac{180 + 52}{180} = 1.29 < 1.6$$

腹板：

$$\frac{h_0}{t_w} = \frac{640}{10} = 64 < (16\alpha_0 + 0.5\lambda_x + 25)\sqrt{\frac{235}{f_y}}$$

$$= 16 \times 1.29 + 0.5 \times 55.3 + 25 = 73.29$$

翼缘：

$$\frac{b}{t} = \frac{160 - 5}{12} = 12.9 < 13\sqrt{\frac{235}{f_y}} = 13$$

 习题

6.1　有一两端铰接长度为 4m 的偏心受压柱,用 Q235 HN400×200×8×13 做成,压力的设计值为 490kN,两端偏心距相同,皆为 20cm。试验算其承载力。

6.2　用轧制工字钢 工36a(材料为钢)做成的 10m 长两端铰接柱,轴心压力的设计值为 650kN,在腹板平面承受均布荷载设计值。试验算此压弯柱在弯矩作用平面内的稳定性有无保证? 为保证弯矩作用平面外的稳定性需设置几个侧向中间支承点?

6.3　一压弯构件长 15m,两端在截面两主轴方向均为铰接,承受轴心压力,中央截面有集中力 $N = 1000\text{kN}$,$F = 150\text{kN}$。构件三分点处有两个平面外支承点(见图 6-10)。钢材强度设计值为 310N/mm^2。按所给荷载,试设计截面尺寸(按工字形截面考虑)。

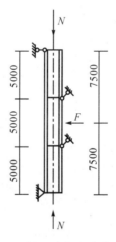

图 6-10　习题 6.3 图(长度单位:mm)

6.4　验算如图 6-11 所示双轴对称工字形截面压弯杆件在弯矩作用平面内和平面外的稳定性。已知:$E = 2.06 \times 10^5 \text{N/mm}^2$,Q235B,$f = 215\text{N/mm}^2$,荷载设计值 $N = 800\text{kN}$,$Q = 160\text{kN}$。

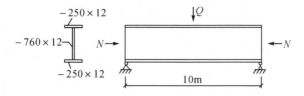

图 6-11　习题 6.4 图(未标注的长度单位:mm)

6.5 某压弯构件(Q345 钢)承受轴力设计值 $N=500\mathrm{kN}$ 和弯矩设计值 $M_x=300\mathrm{kN \cdot m}$ 的内力作用,弯矩 M_x 使较大翼缘受压,截面尺寸如图 6-12 所示。试验算翼缘和腹板能否满足局部稳定性要求。已知 $\lambda_x=80,\lambda_y=90$。

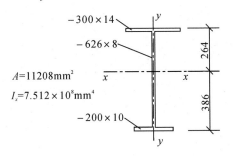

图 6-12 习题 6.5 图(长度单位:mm)

第 7 章　屋盖结构

7.1　屋盖结构的组成

屋盖结构由屋面、屋架和支撑三部分组成。根据屋面材料和屋面结构布置情况不同,可分为有檩体系屋盖和无檩体系屋盖两类。屋盖结构组成与柱网布置如图7-1所示。

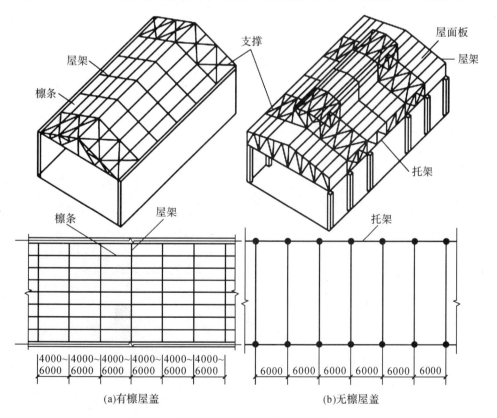

图 7-1　屋盖结构组成与柱网布置(单位:mm)

1.有檩屋盖

有檩屋盖常用于轻型屋面材料的情况,如压型钢板、压型铝合金板、石棉瓦、瓦楞铁等。屋面荷载要通过檩条传给屋架,减轻了屋面负荷,但屋面刚度较差,多用在坡度较陡的三角形屋架上。对于石棉瓦和瓦楞铁屋面,屋架间距通常为 6m,当柱距大于或等于 12m 时,则用托架支承中间屋架。对于压型钢板和压型铝合金板屋面,屋架间距常大于或等于 12m;当屋架间距为 12~18m 时,宜将檩条直接支承于钢屋架上;当屋架间距大于 18m 时,以纵横方向的次桁架来支承檩条较为合适。

2.无檩屋盖

无檩屋盖一般用于预应力混凝土大型屋面板等重型屋面,将屋面板直接放在屋架或天窗架上,屋面刚度大,多用于有桥式起重机的厂房屋盖中,所用屋架多为坡度平缓的梯形屋架。

7.2 屋盖支撑

屋架在其自身平面内为几何形状不可变体系并具有较大的刚度,能承受屋架平面内的各种荷载。但是,平面屋架本身在垂直于屋架平面的侧向(称为屋架平面外)刚度和稳定性则很差,不能承受水平荷载。因此,为使屋架结构有足够的空间刚度和稳定性,必须在屋架间设置支撑系统,如图 7-2 所示。

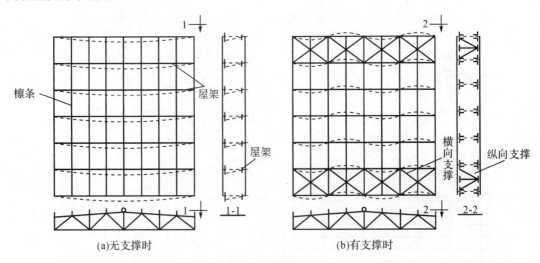

图 7-2　屋盖支撑作用

7.2.1 屋盖支撑的作用

1.保证结构的空间整体作用

如图 7-2(a)所示,仅由平面桁架和檩条及屋面材料组成的屋盖结构,是一个不稳定的体系,简支在柱顶上的所有屋架有可能向一侧倾倒。如果将某些屋架在适当部位用支撑连接起来,成为稳定的空间体系(见图 7-2(b)),其余屋架再由檩条或其他构件连接在这个空间稳定体系上,就保证了整个屋盖结构的稳定。

2.为弦杆提供适当的侧向支承点

支撑可作为屋架弦杆的侧向支承点(见图 7-2(b)),减少弦杆在屋架平面外的计算长度,保证受压弦杆的侧向稳定性,并使受拉下弦保持足够的侧向刚度。

3.承担并传递水平荷载

如风荷载、悬挂起重机水平荷载和地震荷载等。

4.保证结构安装时的稳定与方便

屋盖的安装工作一般是从房屋温度区段的一端开始的,首先用支撑将两相邻屋架连接起来组成一个基本空间稳定体,在此基础上即可按顺序进行其他构件的安装。

7.2.2　屋盖支撑的布置

屋盖支撑系统可分为横向水平支撑、纵向水平支撑、垂直支撑和系杆。支撑的布置及类型如图 7-3 所示。

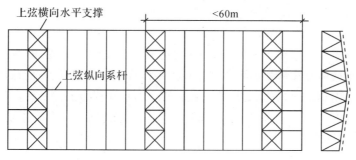

(a)上弦横向水平支撑和上弦纵向系杆平面布置

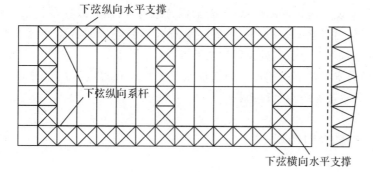

(b)下弦横向水平支撑和下弦纵向水平支撑平面布置

(c)屋架竖向支撑剖面图

图 7-3　屋盖支撑的布置及类型

(1)上弦横向水平支撑。上弦横向水平支撑一般设置在房屋两端或横向温度伸缩缝区段两端的第一或第二个柱间,一般设在第一个柱间,有时为考虑与天窗架支撑配合,可以设在第二个柱间内,横向支撑的间距不宜大于 60m,所以,当温度区段较长时,在区段中间尚应增设支撑。大型屋面板本应起横向支撑作用,但因工地施焊条件不能保证焊缝质量,故认为只起系杆作用,檩条也作系杆考虑。

(2)下弦横向水平支撑。下弦横向水平支撑一般和上弦横向水平支撑对应地布置在同一柱间距内,以形成稳定空间体系。它的主要作用是作为山墙抗风柱的上支点,以承受由山墙传来的纵向风荷载。如设在第二柱间时,第一柱间内应设置刚性水平系杆,以传递抗风柱水平风荷载到下弦横向支撑节点上。

(3)下弦纵向水平支撑。下弦纵向水平支撑一般沿纵向设置在屋架下弦两端节间,和下弦横向水平支撑形成封闭体系,用以加强房屋的整体刚度,将局部荷载分散至相邻框架,如吊车横向制动力。纵向水平支撑一般在设有托架、大吨位吊车、较大振动设备以及房屋较高、跨度较大时采用,以满足侧向稳定性和侧向刚度的要求。

(4)垂直支撑。在相邻两屋架间和天窗架间设置与上、下弦横向水平支撑相对应的垂直支撑,以确保屋盖结构为几何不变体系。垂直支撑一般设置在上、下弦横向支撑的柱间,在屋架两端及跨中的竖直面内;当梯形屋架跨度 $l \leqslant 30m$、三角形屋架跨度 $l > 24m$ 时,可仅在屋架跨中设置一道垂直支撑;当梯形屋架跨度 $l > 30m$、三角形屋架跨度 $l > 24m$ 时,宜在跨中 1/3 处,或天窗架侧柱处设置两道垂直支撑;对梯形屋架两侧边应各增设一道垂直支撑;天窗架垂直支撑设于两侧,当宽度 $\geqslant 12m$ 时,还应在中央增设一道垂直支撑。

(5)系杆。对未设置横向支撑的屋架,均应在有垂直支撑的位置,沿房屋纵向通长设置系杆,以保证不设横向支撑屋架的侧向稳定性。系杆有两种:承受压力的截面较大的系杆称刚性系杆,多由双角钢组成;只承受拉力的截面较小的系杆称为柔性系杆,多由单角钢组成。

①上弦系杆:对有檩体系,檩条可兼作柔性系杆;对无檩体系,大型屋面板可兼作系杆,仅需在屋脊及屋架两端设置刚性系杆,当无天窗时,应在设置垂直支撑的位置设置通长的柔性系杆。

②下弦系杆:在设置垂直支撑的平面内,均应设置通长的柔性系杆;在梯形屋架及三角形屋架的支座处应设置通长的刚性系杆,若为混合结构,与屋架或柱顶拉结的圈梁可代替该系杆;芬克式屋架,当跨度 $l \geqslant 18m$ 时,宜在主斜杆与下弦连接的节点处设置水平柔性系杆;有弯折下弦的屋架,宜在弯折点处设置通长系杆。

系杆应与横向支撑的节点相连。当横向水平支撑设在温度区段第二柱间时,第一柱间的所有系杆,包括檩条均应为刚性系杆。

7.2.3　支撑的构造要求

屋架的横向支撑和纵向支撑均由平行弦桁架组成。其腹杆通常采用十字交叉斜杆;屋架的弦杆兼为横向支撑桁架的弦杆;屋架的下弦杆又可视为纵向支撑桁架的竖杆;斜杆和弦杆的交角宜为 $30° \sim 60°$,横向支撑节间距为屋架弦杆节间距的 $2 \sim 4$ 倍;纵向水平支撑的宽度取屋架下弦端节间宽度。

屋盖垂直支撑也视为一平行弦桁架,可采用交叉腹杆或 V 形、W 形腹杆。

支撑和系杆一般采用角钢,交叉斜杆或柔性系杆可用单角钢,按受拉构件设计;纵向支撑的弦杆、非交叉斜杆、垂直支撑的弦杆和竖杆,以及刚性系杆,可采用双角钢组成的 T 形或十字形截面,按受压构件设计。

屋盖支撑的受力很小,一般不必计算。截面选择可根据构造要求和容许长细比确定。通常,凡十字交叉斜杆,按单角钢受拉设计,取容许长细比为 400,在重级工作制吊车厂房时,取容许长细比为 350;两角钢组成的 T 形截面受压杆件,取容许长细比为 200;十字形或 T 形截面受压刚性系杆,取容许长细比为 200;单角钢受拉柔性系杆,取容许长细比为 400。

当支撑桁架跨度较大且承受较大的墙面风荷载,或垂直支撑兼作檩条,或纵向水平支撑视为柱的弹性支承时,支撑杆件除应满足容许长细比要求外,尚应按桁架计算内力,选择截面。交叉斜腹杆支撑桁架是超静定体系,在节点荷载作用下,可作为单斜杆桁架体系分析,当荷载反向时,两组杆件的受力情况将交替。

角钢支撑通常采用节点板用 M16～M20 普通螺栓与屋架或天窗架连接,每杆两端不得少于两个螺栓。重级工作制吊车或有较大动力设备的房屋,屋架下弦支撑和系杆宜采用高强度螺栓连接,亦可采用双螺母等防止螺栓松动的措施。

7.3 屋架

屋架是由各种直杆相互连接组成的一种平面桁架。在横向节点荷载作用下,各杆件产生轴心压力或轴心拉力,因而杆件截面应力分布均匀,材料利用充分,具有用钢量小、自重轻、刚度大、便于加工成形和应用广泛的特点。

7.3.1 屋架的形式和选择原则

屋架按外形可分为三角形屋架、下承式屋架、梯形屋架及平行弦屋架四种形式(见图 7-4)。屋架的选择应遵循满足使用要求、受力合理和便于施工等原则。

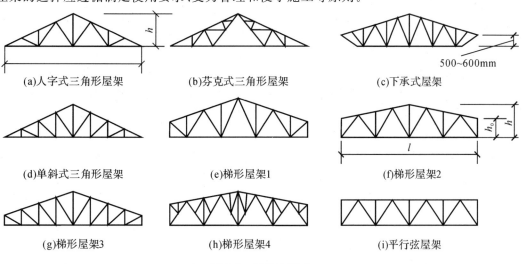

(a)人字式三角形屋架 (b)芬克式三角形屋架 (c)下承式屋架

(d)单斜式三角形屋架 (e)梯形屋架1 (f)梯形屋架2

(g)梯形屋架3 (h)梯形屋架4 (i)平行弦屋架

图 7-4　屋架的形式

1.满足使用要求

屋架上弦坡度应适应屋面材料的排水需要。当采用短尺压型钢板、波形石棉瓦和瓦楞铁等时,其排水坡度要求较陡,应采用三角形屋架。当采用大型混凝土屋面板或发泡水泥复合板等铺油毡防水材料或长尺压型钢板时,其排水坡度可较平缓,应采用梯形或人字形屋架。另外,还应该满足建筑净空、天窗、天棚以及悬挂吊车的要求。

2.受力合理

应使屋架的外形与弯矩图相近,杆件受力均匀;短杆受压,长杆受拉;荷载布置在节点上,以减少弦杆局部弯矩,屋架中部有足够高度,以满足刚度要求。

3.便于施工

屋架的杆件和节点宜减少数量和品种、构造简单、尺寸划一、夹角为 $30°\sim60°$。跨度和高度避免超宽、超高。设计时应全面分析、具体处理,从而确定具体的合理形式。

7.3.2 屋架的特性和适用范围

1.三角形屋架

三角形屋架(见图 7-4(a)、图 7-4(b)和图 7-4(d))适用于屋面坡度较陡的有檩屋盖结构。坡度 $i=1/6\sim1/2$;上、下弦交角小,端节点构造复杂;外形与弯矩图差别大,受力不均匀,横向刚度低,只适用于中、小跨度轻屋盖结构。

三角形屋架的腹杆布置可有芬克式、单斜式和人字式三种。芬克式屋架受力合理,便于运输,多被采用;单斜式屋架只适用于下弦设置天棚的屋架,较少采用;人字式屋架只适用于跨度小于 18m 的屋架。

2.梯形屋架

梯形屋架(见图 7-4(e)、图 7-4(f)、图 7-4(g)和图 7-4(h))适用于屋面坡度平缓的无檩屋盖结构。当坡度 $i<1/3$,且跨度较大时多采用梯形屋架。梯形屋架外形与弯矩图接近,弦杆受力均匀;腹杆多采用人字式;当端斜杆与弦杆组成的支承点在下弦时称为下承式,多用于刚接支承节点,反之为上承式。梯形屋架上弦节间长度应与屋面板的尺寸配合,使荷载作用于节点上,当上弦节间太长时,应采用再分式腹杆。

3.平行弦屋架

平行弦屋架(见图 7-4(i))的上、下弦杆相平行,多用于单坡屋整合双坡屋面,或用作托架、支撑体系。腹杆多为人字形或交叉式。平行弦屋架的同类杆件长度一致,节点类型少,符合工业化制造要求,有较好的效果。

7.3.3 屋架的主要尺寸

屋架的主要尺寸是指屋架的跨度 l 和高度 h,对梯形屋架尚有端部高度 h_0。

1.屋架的跨度

屋架的跨度应根据生产工艺和建筑使用要求确定,同时应考虑结构布置的经济合理。通常为 18m、21m、24m、27m、30m、36m 等,以 3m 为模数。对简支于柱顶的钢屋架,屋架的计算跨度为屋架两端支座反力的距离。屋架的标志跨度 l 为柱网横向轴线间的距离。标志跨度应与大型屋面板的宽度(1.5～3m)相一致。当支座为一般钢筋混凝土柱且柱网为封闭结合时,计算跨度为 $l_0 = l - (300 \sim 400\text{mm})$;当柱网采用非封闭结合时,计算跨度为 $l_0 = l$,如图 7-5 所示。

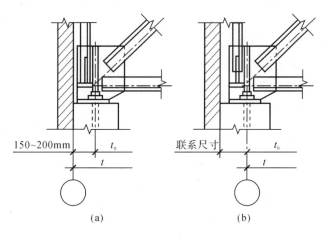

图 7-5　屋架的计算跨度

2. 屋架的高度

与组合梁一样,屋架的高度也取决于建筑要求、屋面坡度、运输界限、刚度条件和经济高度等因素,同时还须结合屋面坡度和满足运输界限的要求。屋架的最大高度不能超过运输界限,最小高度应满足屋架容许挠度 $[w] = \dfrac{l}{500}$ 的要求,经济高度则应根据屋架弦杆和腹杆的总重为最小的条件确定。

三角形屋架的高度取决于屋面坡度,当坡度 $i = \dfrac{1}{2} \sim \dfrac{1}{3}$ 时,$h = \left(\dfrac{1}{4} \sim \dfrac{1}{6}\right)l$;平行弦屋架和梯形屋架的中部高度主要由经济高度决定,一般为 $h = \left(\dfrac{1}{6} \sim \dfrac{1}{10}\right)l$;梯形屋架的端部高度,当屋架与柱刚接时,取 $h_0 = \left(\dfrac{1}{10} \sim \dfrac{1}{16}\right)l$;当屋架与柱铰接时,根据跨中经济高度和屋面坡度决定即可,但为多跨房屋时,h_0 应力求统一,以便于屋面构造处理。

设计屋架尺寸时,首先根据屋架形式和工程经验确定端部尺寸 h_0;然后根据屋面材料和屋面坡度确定屋架跨中高度;最后综合考虑各种因素,确定屋架的高度。

7.3.4　屋架的内力分析

1. 基本假定

屋架杆件内力计算采用下列假定:

(1)各杆件的轴线均居于同一平面内且相交于节点中心。

(2)各节点均视为铰接,忽略实际节点产生的次应力。

(3)荷载均作用于桁架平面内的节点上,因此各杆只受轴向力作用。对于作用于节间处的荷载需按比例分配到相近的左、右节点上,但计算上弦杆时,应考虑局部弯曲影响。

2.屋架荷载及荷载组合

(1)作用于屋架上的荷载

①永久荷载——包括屋面材料、檩条、屋架、天窗架、支撑以及天棚等结构自重。

屋架和支撑自重可按经验公式估算,即

$$g_k = \beta l \tag{7-1}$$

式中:g_k——屋架和支排的自重(kN/m^2),按水平投影面积计算。

β——系数。当屋面荷载 $F_k \leqslant 1kN/m^2$ 时,$\beta=0.01$;当 $F_k=(1\sim2.5)kN/m^2$ 时,$\beta=0.012$;当 $F_k \geqslant 2.5kN/m^2$ 时,$\beta=\dfrac{0.12}{l}+0.011$。

l——屋架的跨度(m)。

当屋架仅作用有上弦节点荷载时,将 g_k 全部合并为上弦节点荷载;当屋架尚有下弦荷载时,g_k 按上、下弦平均分配。

②可变荷载——包括屋面均布活荷载、雪荷载、风荷载、积灰荷载以及悬挂吊车和重物等。当屋面坡度 $\alpha \geqslant 50°$ 时,不考虑雪荷载;当屋面坡度 $\alpha \leqslant 30°$ 时,除瓦楞铁等轻型屋面外,一般可不考虑风荷载;当 $\alpha > 30°$,以及对瓦楞铁等轻型屋面、开敞式房屋风荷载大于 $490kN/m^2$ 时,均应计算风荷载的作用;屋面均匀活荷载与雪荷载不同时考虑,取两者之中较大值。

各种均布活荷载汇集(见图 7-6)成节点荷载的计算公式为

$$F_i = \gamma_{si} q_i sa \tag{7-2}$$

式中:q_i——沿屋面坡向作用的第 i 种荷载标准值,对于沿水平投影面分布的荷载 $q_i^h = \dfrac{q_i}{\cos\alpha}$ (kN/m);

α——屋面坡度,可取上弦杆与下弦杆的夹角;

s——屋架弦杆节间水平长度(m);

a——屋架弦杆节间水平长度(m);

γ_{si}——第 i 种荷载分项系数。

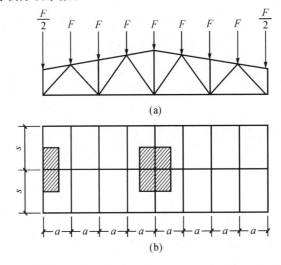

(a)

(b)

图 7-6　节点荷载汇集简图

（2）荷载组合

屋面均布活荷载、屋面积灰荷载和雪荷载等可变荷载，应按全跨和半跨均匀分布两种情况考虑，因为荷载作用于半跨时对桁架的中间斜腹杆的内力可能产生不利影响。

桁架内力应根据使用和施工过程中可能遇到的同时作用的最不利荷载组合情况进行计算。不利荷载组合一般考虑下列三种情况：

①全跨永久荷载＋全跨可变荷载；

②全跨永久荷载＋半跨可变荷载；

③全跨屋架、支撑和天窗自重＋半跨屋面板重＋半跨屋面活荷载。

3. 内力计算方法

（1）节点荷载作用下的杆件内力计算

在节点荷载作用下，铰接桁架杆件的内力计算可采用图解法或数解法（节点法或截面法）以及有限元位移计算法等。所有杆件均受轴心力作用。常用桁架的杆件内力系数可查阅静力计算手册。

（2）有节间荷载作用时的杆件内力计算

当有集中荷载或均布荷载作用于上弦节间时，将使上弦杆节点和跨中节间产生局部弯矩。由于上弦节点板对杆件的约束作用，可减少节间弯矩，因此屋架上弦杆应视为弹性支座上的连续梁，为简化计算，可采用下列近似法：

①对无天窗架的屋架，端节间的跨中正弯矩和节点负弯矩均取 $M_1 = 0.8M$；其他节间正弯矩和节点负弯矩均取 $M_2 = \pm 0.6M$。M_0 为跨度等于节间长度的相应节间的简支梁最大弯矩值。

②对有天窗架的屋架，所有节间的节点和节间弯矩均取 $0.8M$，如图 7-7 所示。

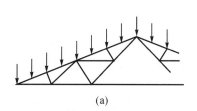
(a)

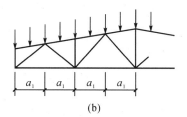
(b)

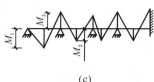
(c)

图 7-7　上弦杆局部弯矩计算简图

7.3.5　屋架的截面设计

屋架的截面设计是在经过屋架选型、确定钢号、荷载计算和内力计算后，决定节点板的厚度和尺寸以及杆件的计算长度等，最后可按轴心受力构件，或拉弯、压弯杆件进行截面选择。

1. 屋架杆件的计算长度

屋架杆件在轴力作用下可能发生桁架平面内的纵向弯曲，也可能发生桁架平面外的纵向弯曲或斜平面的弯曲，如图 7-8 所示。

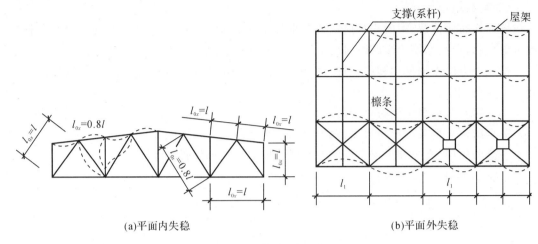

(a)平面内失稳　　　　　　　　　　　　　(b)平面外失稳

图 7-8　屋架杆件的计算长度

确定屋架弦杆和单系腹杆的长细比时,其计算长度 l_0 应按表 7-1 选用。

表 7-1　屋架弦杆和单系腹杆的计算长度 l_0

序号	弯曲方向	弦杆	腹杆		
			支座斜杆和腹杆	其他腹杆	
				有节点板	无节点板
1	在桁架平面内	l	l	$0.8l$	$0.8l$
2	在桁架平面外	l_1	l	l	l
3	在斜平面内	—	l	$0.9l$	l

(1)在屋(桁)架平面内的计算长度 l_{0x}

在理想的桁架中,压杆在桁架平面内的计算长度应等于节点中心间的距离即杆件的几何长度 l,但由于实际上桁架节点具有一定的刚性,杆件两端均系弹性嵌固。当某一压杆因失稳而屈曲,端部绕节点转动时,将受到节点中其他杆件的约束。实践和理论分析证明,约束节点转动的主要因素是拉杆。汇交于节点中的拉杆数量愈多,则产生的约束作用愈大,压杆在节点处的嵌固程度也愈大,其计算长度就愈小。因此,可视节点的嵌固程度来确定各杆件的计算长度。如弦杆、支座斜杆和支座竖杆,其本身的刚度较大,且两端相连的拉杆少,因此对节点的嵌固程度很小,可按两端铰接的杆件考虑,取 $l_{0x}=l$;对两端或一端嵌固程度较大的杆件,如中间腹杆,取 $l_{0x}=0.8l$。

(2)在屋(桁)架平面内的计算长度 l_{0y}

屋架弦杆在平面外的计算长度,应取侧向支承点间的距离。

①上弦:一般取上弦横向水平支撑的节间长度。在有檩屋盖中,如檩条与横向水平支撑的交叉点用节点板焊牢,则此檩条可视为屋架弦杆的支承点;在无檩屋盖中,由于大型屋面板能起一定的支撑作用,故一般取两块屋面板的宽度,但不大于 3m。

②下弦:视有无纵向水平支撑,取纵向水平支撑节点与系杆或系杆与系杆间的距离。

③腹杆:因节点在桁架平面外的刚度很小,对杆件没有什么嵌固作用,故所有腹杆均

取 $l_{0y} = l$。

（3）斜平面

连接的单角钢杆件和双角钢组成的十字形杆件，因截面主轴不在桁架平面内，有可能斜向失稳，杆件两端的节点对其两个方向均有一定的嵌固作用。因此，斜平面计算长度略作折减，取 $l_0 = 0.9l$，但支座斜杆和支座竖杆仍取其计算长度为几何长度 $l_0 = l$。

2. 屋架杆件的截面形式

屋架杆件截面形式的确定，应根据用料经济、连接构造简单和具有必要的强度、刚度等要求确定。对于轴心受压杆件，为了经济合理，宜使杆件对两个主轴有相近的稳定性，即 $\lambda_x = \lambda_y$，这样就使两方向的长细比接近相等。

截面板应采用肢宽壁薄的形式，即有较大的回转半径。普通钢屋架中主要采用双等肢和不等肢角钢组成的 T 形截面；个别截面采用双等肢角钢十字形截面；支撑和轻型桁架的某些杆件可用单角钢截面。屋架角钢组合杆件形式、近似回转半径比值及各种截面形式的具体应用分述如下：

（1）上弦杆。上弦杆可采用双不等肢角钢短边相并的 T 形截面，宽大的翼缘有利于放置檩条或屋面板；较大的侧向刚度也有利于满足运输和吊装的稳定要求。在一般支撑布置下，$l_{0y} = 2l$；为满足 $\lambda_x = \lambda_y$，应使 $i_y = 2i_x$。当有节间荷载时，为提高杆件截面平面内抗弯能力，宜采用双等肢角钢或长边相并的两不等肢角钢 T 形截面。

（2）下弦杆。下弦杆可多采用双等肢角钢或两不等肢角钢短肢相并的 T 形截面，以提高侧向刚度，利于满足运输、吊装的刚度要求，且便于与支撑侧面连接。下弦杆截面主要由强度条件决定，尚应满足容许长细比的要求。

（3）端斜腹杆。端斜腹杆可采用两不等肢角钢长边相并的 T 形截面。其计算长度 $l_{0y} = l_{0x} = l$，$\dfrac{i_y}{i_x} = 0.9$。当杆件短，或内力小时可采用双等肢角钢 T 形截面。

（4）其他腹杆。其他腹杆均宜采用双等肢角钢 T 形截面；竖杆可采用双等肢十字形截面。以利于与垂直支撑连接和防止吊装时连接面错位。

3. 屋架杆件的截面选择

（1）截面选择的一般原则

①应优先选用肢宽而薄的板件或肢件组成的截面以增加截面的回转半径，但受压构件应满足局部稳定性的要求。在一般情况下，板件或肢件的最小厚度为 5mm，对小跨度屋架可用到 4mm。

②角钢杆件或 T 型钢的悬伸肢宽不得小于 45mm。直接与支撑或系杆相连的最小肢宽，应根据连接螺栓的直径 d 而定：$d = 16$mm 时，为 63mm；$d = 18$mm 时，为 70mm；$d = 20$mm 时，为 75mm。垂直支撑或系杆如链接在预先焊于桁架竖腹杆及弦杆的连接板上时，则悬伸肢宽不受此限。

③屋架节点板的厚度，对单壁式屋架，可根据腹杆的最大内力（对梯形和人字形屋架）或弦杆端节间内力（对三角形屋架），按表 7-2 选用。

表 7-2 屋架节点板厚度(Q235 钢)

梯形、人字形屋架腹杆最大内力或三角形屋架弦杆端节间内力/kN	≤170	170~290	290~510	511~680	681~910	911~1290	1291~1770	1771~3090
中间节点板厚度/mm	6~8	8	10	12	14	16	18	20
支座节点板厚度/mm	10	10	12	14	16	18	20	22

④跨度较大的桁架与柱铰接时,弦杆宜根据内力变化而改变截面,但半跨内一般只改变一次。变截面位置宜在节点处或其附近。改变截面的做法通常是变肢宽而保持厚度不变,以便处理弦杆的拼接构造。

⑤同一屋架的型钢规格不宜太多,以便订货。如选出的型钢规格过多,可将数量较少的小号型钢进行调整,同时应尽量避免选用相同边长或肢宽而厚度相差很小的型钢,以免施工时产生混料错误。

⑥当连接支撑等的螺栓孔在节点板范围内且距节点板边缘距离≥100mm 时,计算杆件强度可不考虑截面的削弱。

⑦单面连接的单角钢杆件,考虑受力时偏心的影响,在按轴心受拉或轴心受压计算其强度或稳定性以及连接时,钢材和连接的强度设计值应乘以相应的折减系数。

(2)截面计算

对轴心受拉杆件由强度要求计算所需的面积,同时应满足长细比要求。对轴心受压杆件和压弯构件要计算强度、整体稳定性、局部稳定性和长细比。计算方法见第 4 章和第 6 章。

7.3.6 屋架的节点设计

屋架的各杆件汇交于若干交点并由节点板焊接为节点,各杆件的内力、连续杆件两侧的内力差以及节点荷载通过焊缝传递给节点板并得以调节平衡。节点设计应做到构件合理、连接可靠、制造简便以及节约钢材。

1. 节点设计的要求

(1)杆件的重心线原则上应与桁架计算简图中的几何轴线重合,以避免杆件偏心受力,但为制作方便,实际焊接桁架中通常把角钢背外表面到重心线的距离取为 5mm 的倍数;当弦杆截面改变时,应使角钢的肢背齐平,以便于拼接和放置屋面构件;当节点板两侧角钢因截面变化引起形心轴线错开时,应取两轴线的中线作为弦杆的共同轴线,以减少偏心影响,如图 7-9 所示。

(2)在节点板处弦杆与腹杆,或腹杆与腹杆之间应留有≥20mm 的空隙,以利于拼接和施焊,且避免因焊缝过于密集而导致节点板钢材变脆。

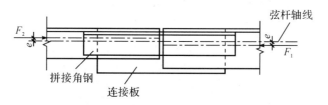

图 7-9　弦杆截面改变时的轴线位置

（3）角钢端部的切割一般应与轴线垂直，为了减小节点板尺寸，可将其一肢斜切；但不得采用将一肢完全切割的斜切，如图 7-10 所示。

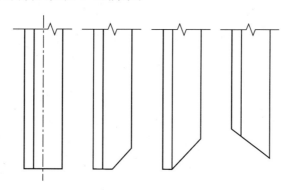

图 7-10　角钢的切割

（4）节点板的形状应力求简单规整，尽量减小切割边数，宜用矩形、有两个直角的梯形或平行四边形。节点板不许有凹角，以防产生严重的应力集中。节点板边缘与杆件轴线间的夹角 α 不宜小于 15°，且节点板的外形应尽量使连接焊缝中心受力。节点板应伸出上弦杆角钢肢背 10～15mm，以利施焊；也可将节点板缩进弦杆角钢肢背 5～10mm，称为塞焊缝连接。

2. 节点的构造和计算

节点设计首先应按各杆件的截面形式确定节点的构造形式，根据腹板内力确定连接焊缝的焊脚尺寸和焊缝长度，然后按所需的焊缝长度和杆件之间的空隙，适当考虑制造装配误差，确定节点板的合理形状和尺寸，最后验算弦杆和节点板的连接焊缝。桁架杆件与节点板间的连接通常采用角焊缝连接形式，对角钢杆件一般采用角钢背和角钢尖部位的侧焊缝连接，必要时也可采用三面围焊缝或 L 形围焊缝连接。节点板的尺寸应能保证所需角焊缝的布置要求。

下面分别说明各类节点的构造和计算方法。

（1）一般节点

一般节点是指无集中荷载和无弦杆拼接的用角焊缝连接的节点，如屋架下弦中间节点（见图 7-11），各杆件通过角焊缝将内力 F_1、F_2、F_3、F_4 和 $\Delta F = F_1 - F_2$ 传给节点板，并互相平衡。

一般节点的设计可先按比例尺画出各杆件在节点处的轴线；然后，按定位尺寸画出各托件用钢轮廓线 i 根据杆件间净距 $c = 20mm$ 的要求确定杆端到交点的距离。

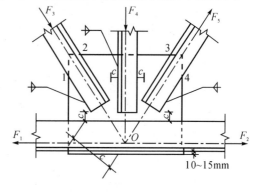

图 7-11　屋架下弦中间节点

节点板夹在各杆两角钢之间，下边伸出肢背 $10\sim15\text{mm}$。用直角焊缝与下弦杆焊接，因下弦杆内力差 $\Delta F=F_1-F_2$ 很小，计算所需焊缝长度较短，故一般按构造要求将焊缝沿节点板全长满焊即可。腹杆与节点板连接的焊缝长度较短，可先假定较小的焊脚尺寸 h_f，肢尖处小于肢厚，肢背处可等于肢厚。再计算出角钢肢背焊缝长度 l_{w1} 和肢尖焊缝长度 l_{w2}：

$$l_{w1}\geqslant\frac{K_1F_i}{1.4h_ff_f^w} \tag{7-3}$$

$$l_{w2}\geqslant\frac{K_2F_i}{1.4h_ff_f^w} \tag{7-4}$$

式中：F_i——第 i 根腹杆的轴心力设计值；

h_f——角焊缝的焊脚尺寸；

K_1、K_2——角钢肢背与肢尖的焊缝内力分配系数。

各杆需要的焊缝长度确定后，便可框出节点板的轮廓线，并量出它的尺寸。

（2）有集中荷载的上弦节点

有集中荷载的上弦节点有两种情况：无檩屋架上弦节点和有檩屋架上弦节点。

①无檩屋架的上弦节点（见图 7-12）。无檩屋架上弦杆一般坡度较小，节点承受大型屋面板传来的集中荷载 F_Q 和弦杆内力差 ΔF 的作用，且 F_Q 与 ΔF 接近垂直作用，因在一般情况下，焊缝长且偏心小，故 ΔF 的偏心影响可忽略。节点板伸出弦杆角钢肢背为 $10\sim15\text{mm}$，此时，弦杆每一角钢的角钢肢背和角钢肢尖所需要的焊缝长度的验算公式为

肢背焊缝长度

$$l_{w1}\geqslant\frac{\sqrt{(K_1\Delta F)^2+\left(\dfrac{F_Q}{2}\right)^2}}{2\times0.7h_{f1}f_f^w} \tag{7-5}$$

肢尖焊缝长度

$$l_{w2}\geqslant\frac{\sqrt{(K_2\Delta F)^2+\left(\dfrac{F_Q}{2}\right)^2}}{2\times0.7h_{f2}f_f^w} \tag{7-6}$$

式中符号意义同前。

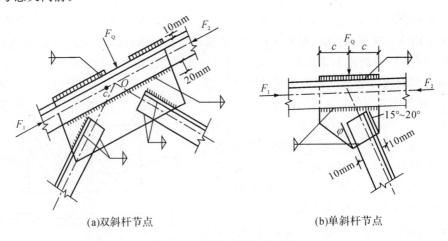

(a)双斜杆节点　　　　　　　　(b)单斜杆节点

图 7-12　无檩屋架的上弦节点

②有檩屋架的上弦节点(见图 7-13)。有檩屋架的上弦杆一般坡度较大,节点板与弦杆焊缝受有内力差 ΔF 和集中荷载 F_Q,且受有偏心弯矩 $M=\Delta Fe_1+F_Qe_2$。为放置檩条,常将节点板缩进弦杆角钢肢背内约 $0.6t$,t 为节点板厚度,这种塞焊缝"A"不易施焊,质量难以保证。弦杆角钢肢尖处仍采用一般侧面角焊缝。焊缝计算可采用以下近似方法:

塞焊缝可视为两条焊角尺寸为 $h_{f1}=\dfrac{t}{2}$ 的角焊缝,且令其仅均匀地承受力 F_Q 的作用,可按式(7-7)计算:

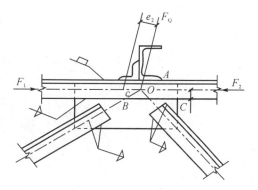

图 7-13　有檩屋架的上弦节点

$$\sigma_{f1}=\frac{F_Q}{2\times0.7h_{f1}l_{w1}}\leqslant f_t^w \tag{7-7}$$

由于内力较小,σ_n 总能满足要求,在实际设计中,将塞焊缝沿节点板全长满焊后,常可不作验算。

角钢肢尖焊缝"B"承受弦杆内力差 ΔF 和偏心弯矩 $M=\Delta Fe_1+F_Qe_2$。式中:e_1 为弦杆轴线到角钢肢尖的距离;e_2 为集中荷载 F_Q 与焊缝"B"的偏心距。ΔF 在焊缝"B"中产生平均切应力,"M"在焊缝"B"中产生弯曲应力,焊缝两端综合应力值最大,故该焊缝可按式(7-8)计算,即

$$\sqrt{\left(\frac{\Delta F}{2\times0.7h_{f2}l_{w2}}\right)^2+\left(\frac{6M}{\beta_f\times2\times0.7h_{f2}l_{w2}}\right)^2} \tag{7-8}$$

(3)屋架弦杆的拼接节点(见图 7-14)

屋架弦杆的拼接有工厂拼接和工地拼接两种。工厂拼接节点是在角钢长度不足或截面改变时而设置的杆件接头,接头应设在内力较小的节间,并使接头处保持相同的强度和刚度。工地拼接节点是在屋架分段制造和运输时的安装接头,且常设在节点处。

弦杆的拼接一般用连接角钢。拼接时,通过安装螺栓定位和夹紧所连接的弦杆,然后再施焊。连接角钢,为便于施焊需铲去角钢肢背棱角,并采用与被连接件相同的截面,连接角钢的竖肢应切去宽度为 $\Delta=t+h_f+5\text{mm}$,t 为连接角钢的厚度,h_f 为拼接角焊缝厚度,5mm 为裕量。割棱切肢引起的截面削弱不宜超过原截面的 15%,并由节点板和填板补偿。

钢屋架一般在工厂制成两半,运到工地拼接后再予以安装就位。工厂制造时节点板和中央竖杆属于左半桁架,焊缝在车间施焊;节点板与右方杆件的焊缝为工地施焊,亦称为安装焊缝。拼接角钢为独立零件,左、右两半屋架工地拼接后,再将拼接角钢与左、右两半榀屋架的弦杆角焊接。为便于安装就位,节点板与右方腹杆间应设一个安装螺栓连接;拼接角钢与左、右弦杆间至少应设两个安装螺栓固定夹紧。屋脊节点处的拼接角钢一般应采用热弯成型,当屋面坡度较大时,可将竖肢切口后冷弯成型,切口处应采用对焊连接。拼接角钢的长度可按所需连接焊缝的长度确定。

①弦杆与连接角钢连接焊缝的计算。弦杆与连接角钢连接焊缝的计算按等强度原则,取两侧弦杆内力的较小值,或者偏于安全地取弦杆截面承载能力 $F=fA$,并假定该内力平均分配于拼接角钢肢尖的四条焊缝上,则弦杆拼接焊缝一侧的每条焊缝所需长度为

$$l_w=\frac{F}{4\times0.7h_ff_f^w}+10\text{mm} \tag{7-9}$$

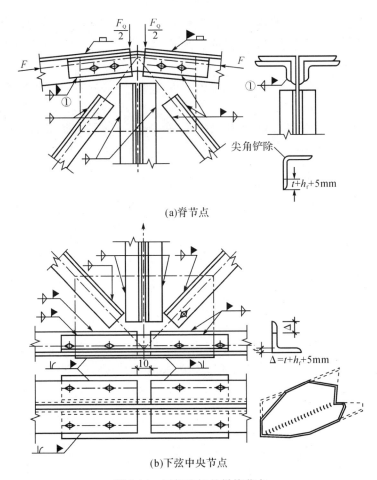

(a)脊节点

(b)下弦中央节点

图 7-14 屋架弦杆的拼接节点

②下弦杆与节点板间连接焊缝的计算。节点板与每侧下弦杆角钢间的焊缝计算,内力较大一侧弦杆与节点板的连接,按节点两侧弦杆内力差 $\Delta F = F_1 - F_2$ 计算。当两侧弦杆内力相等,即 $\Delta F = 0$ 时,按两弦杆较大内力的 15%,即 $0.15F_{max}$ 计算:

$$\tau_f = \frac{K\Delta F}{2 \times 0.7h_f l_w} \leqslant f_f^w \tag{7-10}$$

$$\tau_f = \frac{K \times 0.15F_{max}}{2 \times 0.7h_f l_w} \leqslant f_f^w \tag{7-11}$$

式中:K 为角钢背或角钢尖内力分配系数 K_1 或 K_2。

内力较小一侧弦杆与节点板连接焊缝不受力,应按构造满焊。

③上弦杆与节点板间连接焊缝的计算。由于上弦杆截面由稳定性计算确定,因此拼接角钢的削弱并不影响其承载能力。

对一般上弦拼接节点,上弦杆与节点板间的连接焊缝可根据集中力 F_Q 计算。对于脊节点处,则需承受接头两侧弦杆的竖向分力及节点荷载 F_Q 的合力,节点处上弦杆与节点板间的连接焊缝共有六条,每条焊缝的长度可按式(7-12)计算上弦杆的水平夹角:

$$l_w = \frac{F_Q - 0.2F\sin\alpha}{8 \times 0.7h_f f_f^w} + 10mm \tag{7-12}$$

式中：α——上弦杆水平夹角；

　　F_Q——节点集中荷载。

由屋脊节点上内力平衡条件可知，$F_Q-0.2F\sin\alpha=F_D$，F_D 为竖杆中内力，故式(7-12)按内力计算更为简便。

上弦杆有水平分力，应由拼接角钢传递。

连接角钢的长度应为 $l=2l_w+10\text{mm}$，10mm 为空隙尺寸。考虑到拼接节点的刚度要求，尚不小于 600mm。如果连接角钢截面的削弱超过受拉下弦截面的 15%，宜采用比受拉弦杆厚一级的连接角钢，以免增加节点板的负担。

（4）支座节点

支座节点（见图 7-15）包括节点板、加劲肋、底板和锚栓等部件。加劲肋设在支座节点中心处，用来加强底板刚度，减小底板弯矩，均匀传递支座反力并增强节点板的侧向刚度；底板的作用是增加支座节点与混凝土柱顶的接触面积，把节点板和加劲肋传来的支座反力均匀地传递到柱顶上；锚栓应预埋于柱顶，一般取直径 $d=20\sim25\text{mm}$，为了安装时便于调整屋架支座位置，底板上的锚栓孔直径取锚栓直径的 $2.0\sim2.5$ 倍，并开成椭圆豁孔，垫板厚度与底板相同，孔径稍大于锚栓直径，屋架安装就位，并经调整正确后，将垫板与底板焊牢。

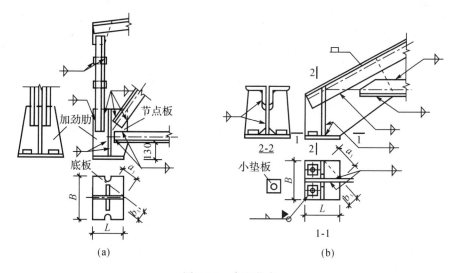

图 7-15　支座节点

节点板及与其垂直焊接的加劲肋均焊于底板上，并将底板分隔为四个相同的两邻边支承的区格。

支座节点的传力路线是：屋架杆件的内力通过连接焊缝传给节点板，然后经节点板和加劲肋又传给底板，底板最后传给柱子。因此，支座节点的计算应包括底板计算、加劲肋及其焊缝计算和底板焊缝计算。

支座底板所需净面积为

$$A_n=\frac{F}{f_c} \tag{7-13}$$

式中：F——屋架支座反力；

　　f_c——混凝土的抗压强度设计值；

A_n——底板所需净截面积,当锚栓孔实际面积为 ΔA 时,则底板所需的毛面积为 $A_n = A_1 + \Delta A$。

考虑到开锚栓孔的构造需要,底板的短边尺寸不得小于 200mm。

底板的厚度为

$$t \geqslant \sqrt{\frac{6M}{f}} \tag{7-14}$$

式中:M——两边为直角支承板时,单位板宽的最大弯矩为 $M = \beta q a_1^2$;

q——底板单位板宽承受的计算线荷载;

a_1——为自由边长度,如图 7-15 所示;

β——系数。

底板不宜过薄,一般不小于 16mm。

支承加劲肋的确定。加劲肋的厚度可取与节点板相同,高度对梯形屋架由节点板尺寸决定,对三角形屋架支座节点加劲肋,应紧靠上弦杆角钢水平肢并焊接。

加劲肋可视为支承于节点板的悬臂梁,每个加劲肋近似按承受 1/4 支座反力考虑,偏心距可近似取支承加劲肋下端 $\frac{b}{2}$ 宽度,则每条加劲肋与节点板的连接焊缝承受的剪力为

$F_V = \dfrac{F_R}{4}$,弯矩为 $M = \dfrac{F_R}{4} \times \dfrac{b}{2} = \dfrac{F_R b}{8}$,按角焊缝强度条件验算为

$$\sqrt{\left(\frac{6M}{\beta_f \times 2 \times 0.7 h_f l_w^2}\right)^2 + \left(\frac{F_V}{2 \times 0.7 h_f l_w}\right)^2} \leqslant f_f^w \tag{7-15}$$

加劲肋的强度验算按悬臂梁计算,内力为 M、F_V。

节点板、加劲肋和底板连接的水平焊缝按全部支承反力 F_R 计算,总焊缝长度应满足强度条件:

$$\sigma_f = \frac{F_R}{\beta_f \times 0.7 h_f \sum l_w} \leqslant f_t^w \tag{7-16}$$

式中:$\sum l_w$ 为水平焊缝总长度,应考虑加劲肋切角,且每条焊缝从实际长度中减去 10mm。

屋架和钢柱的连接多采用刚接形式,其构造如图 7-14 所示,刚接连接除传递屋架的支座反力 F_R 外,还传递弯矩 M,其计算方法可参考梁与柱的刚性连接计算。

7.4 普通钢屋架设计实例

7.4.1 设计资料

北京地区某单层单跨工业厂房机械加工车间,横向跨度为 30m,房屋长度为 90m,柱距(屋架间距)为 6m,房屋檐口高 8m,屋面坡度为 1/10。

屋盖采用有檩方案(梯形钢屋架、钢檩条、压型钢板)。钢屋架两端支撑于钢筋混凝土柱上。钢屋架材料为 Q235 钢,焊条采用 E43 型,手工焊接。柱的混凝土强度等级为 C25。

屋架形式、尺寸及屋盖支撑布置如图 7-16 所示。

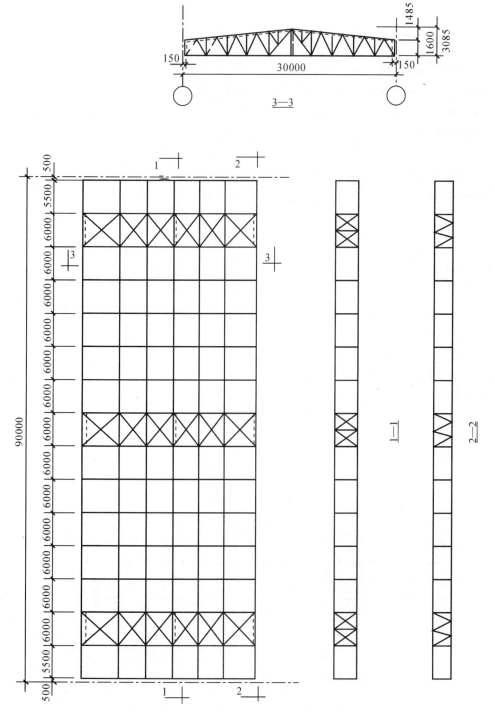

图 7-16　屋架形式、尺寸及屋盖支撑布置（单位：mm）

7.4.2 荷载计算

1.荷载

(1)永久荷载

压型钢板、保温棉等	$1.2 \times 0.1 \text{kN/m}^2 = 0.12 \text{kN/m}^2$
檩条、拉条、撑杆等	$1.2 \times 0.1 \text{kN/m}^2 = 0.12 \text{kN/m}^2$
屋架和支撑自重	$1.2 \times 0.2 \text{kN/m}^2 = 0.24 \text{kN/m}^2$
管道荷载	$1.2 \times 0.1 \text{kN/m}^2 = 0.12 \text{kN/m}^2$
小计	0.60kN/m^2

(2)可变荷载

屋面活(或雪)荷载	$1.4 \times 0.5 \text{kN/m}^2 = 0.70 \text{kN/m}^2$
小计	0.70kN/m^2
(1)(2)合计	1.30kN/m^2

2.荷载组合

荷载组合应考虑使用阶段和施工阶段两种情况。第一种和第二种荷载组合为使用阶段的最不利荷载组合,第三种荷载组合为最常见的施工方法所确定的最不利荷载情况,三种荷载组合均以屋架上弦节点荷载表示。

(1)全跨永久荷载＋全跨可变荷载(见图 7-17(a))

$$P = 1.30 \times 1.5 \times 6 \text{kN} = 11.70 \text{kN}$$

(2)全跨永久荷载＋半跨可变荷载(见图 7-17(b))

$$P_1 = 11.70 \text{kN}$$

$$P_2 = 0.60 \times 1.5 \times 6 \text{kN} = 5.40 \text{kN}$$

(3)全跨屋架和支撑自重＋全跨檩条、拉条、撑杆重＋半跨屋面压型钢板、保温棉、钢丝重＋半跨活(或雪)荷载(见图 7-17(b))

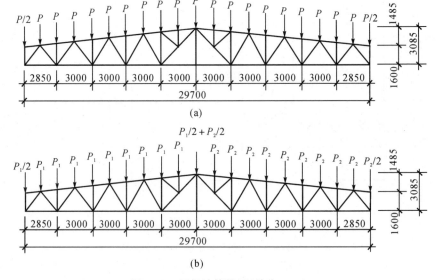

图 7-17 屋架计算简图(单位:mm)

$$P_1=(0.24+0.12+0.12+0.70)\times1.5\times6kN=10.62kN$$
$$P_2=(0.24+0.12)\times1.5\times6kN=3.24kN$$

3. 内力计算

屋架杆件内力计算可采用电算或手算,手算常用图解法进行。通常先计算屋架在半跨上弦节点荷载 $P=1$ 作用下的各杆件内力系数,然后求出在节点荷载 P 作用下,荷载最不利组合的杆件内力。根据经验这类屋架大部分杆件由第一种荷载组合控制,仅跨中附近个别腹杆内力在第三种组合荷载作用下可能增大或变号,第二种荷载组合不起控制作用。

杆件内力计算结果列于表 7-3。表 7-3 中列出了第一种荷载组合下的全部杆件内力和第三种荷载组合下跨中附近杆件内力发生变号的四根腹杆的内力。表 7-3 中杆件名称如图 7-18 所示。

表 7-3　屋架杆件内力组合表

杆件名称		内力系数($P=1$)			第一种组合	第三种组合		计算内力 /kN
		左半跨 (1)	右半跨 (2)	全跨 (3)	$P\times(3)$/kN	$P_1\times(1)+$ $P_2\times(2)$/kN	$P_1\times(2)+$ $P_2\times(1)$/kN	
上弦杆	AB	0	0	0	0			0
	$BC、CD$	−9.85	−3.84	−13.69	−160.17			−160.17
	$DE、EF$	−14.85	−6.82	−21.67	−253.54			−253.54
	$FG、GH$	−16.20	−9.08	−25.28	−295.78			−295.78
	HI	−15.10	−10.85	−25.95	−303.62			−303.62
	$IJ、JK$	−16.20	−10.85	−27.05	−316.49			−316.49
下弦杆	ab	5.42	1.92	7.34	85.88			85.88
	bc	12.92	5.40	18.32	214.34			214.34
	cd	15.80	8.00	23.80	278.46			278.46
	de	15.78	9.97	25.75	301.28			301.28
	ef	12.30	12.30	24.60	287.82			287.82
斜腹杆	aB	−8.92	−3.12	−12.04	−140.87			−140.87
	Bb	6.73	2.85	9.58	112.09			112.09
	bD	−5.15	−2.64	−7.79	−91.14			−91.14
	Dc	3.20	2.28	5.48	87.52			87.52
	cF	−1.95	−2.17	−4.12	−48.20			−48.20
	Fd	0.58	1.90	2.48	29.02			29.02
	dH	0.58	−1.81	−1.23	−14.39	−0.30	−17.34	−17.34
	He	−1.55	1.65	0.10	1.17	−11.12	12.50	−11.12

续表

杆件名称		内力系数($P=1$)			第一种组合	第三种组合		计算内力/kN
		左半跨	右半跨	全跨	$P\times(3)$/kN	$P_1\times(1)+$ $P_2\times(2)$/kN	$P_1\times(2)+$ $P_2\times(1)$/kN	
		(1)	(2)	(3)				
斜腹杆	eg	3.95	−2.10	1.85	21.65	35.14	−9.50	35.14
	gK	5.45	−2.10	3.35	39.20	51.08	−4.64	51.08
	Ig	1.5	0	1.50	17.55			17.55
竖弦杆	Aa	−0.50	0	−0.50	−5.85			−5.85
	Cb、Ec、Gd	−1.00	0	−1.00	−11.70			−11.70
	Ie	−1.50	0	−1.50	−17.55			−17.55
	Jg	−1.00	0	−1.00	−11.70			−11.70
	Kf	0	0	0	0			0

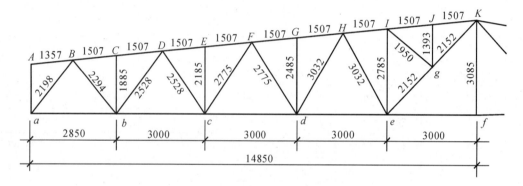

图 7-18　杆件轴线长度(单位:mm)

7.4.3　杆件截面选择

最大腹杆内力 $N=-140.87\text{kN}$,查表 7-2 并考虑构造等要求,选用节点板厚 $t=8\text{mm}$,支座节点板厚 $t=10\text{mm}$。

1.上弦杆

整榀屋架上弦采用一种杆件截面,按上弦杆 IJ、JK 的最大计算内力设计。

计算内力:

$$N=-316.49\text{kN}=-316490\text{N}$$

计算长度:

屋架平面内取节点中心间轴线长度

$$l_{0x}=l=150.7\text{cm}$$

屋架平面外根据屋盖支撑布置和上弦杆内力变化,取

$$l_{0y}=3l=3\times150.7\text{cm}=452.1\text{cm}$$

截面选择：

由于 $l_{0y}=3l_{0x}$，选用不等边角钢，短边相连。

设 $\lambda=80$，查附表 5-2，得 $\varphi=0.688$，需要的截面特性：

$$A=\frac{N}{\varphi f}=\frac{316490}{0.688\times215}\text{mm}^2=2140\text{mm}^2=21.4\text{cm}^2$$

$$i_x=\frac{l_{0x}}{\lambda}=\frac{150.7}{80}\text{cm}=1.88\text{cm}$$

$$i_y=\frac{l_{0y}}{\lambda}=\frac{452.1}{80}\text{cm}=5.65\text{cm}$$

根据需要的 A、i_x、i_y，查附表 10-1 选用 2∟110×70×7 不等边角钢，短边相连，截面特性为

$$A=24.602\text{cm}^2,i_x=2.00\text{cm},i_y=5.31\text{cm}$$

截面验算：

$$\lambda_x=\frac{l_{0x}}{i_x}=\frac{150.7}{2.00}=75.4$$

$$\lambda_y=\frac{l_{0y}}{i_y}=\frac{452.1}{5.31}=85.1<[\lambda]=150$$

由 $\lambda_y=85.1$ 查附表 5-2 得 $\varphi_y=0.655$，则

$$\sigma=\frac{N}{\varphi_y A}=\frac{316490}{0.655\times24.602\times10^2}\text{N/mm}^2=196\text{N/mm}^2<f=215\text{N/mm}^2$$

2. 下弦杆

整榀屋架下弦杆采用同一截面，按下弦杆 de 的最大计算内力设计。

计算内力：

$$N=301.28\text{kN}$$

计算长度：

$$l_{0x}=l>300\text{cm},l_{0y}=\frac{L}{2}=1485\text{cm}$$

截面选择：

$$A=\frac{N}{f}=\frac{301280}{215}\text{mm}^2=1401\text{mm}^2=14.01\text{cm}^2,查附表 10-1，选用 2∟90×56×6 不$$

等边角钢，短边相连，截面特性为

$$A=17.114\text{cm}^2,i_x=1.58\text{cm},i_y=4.42\text{cm}$$

截面验算：

$$\lambda_x=\frac{l_{0x}}{i_x}=\frac{300}{1.58}=190$$

$$\lambda_y=\frac{l_{0y}}{i_y}=\frac{1485}{4.42}=336<[\lambda]=350$$

$$\sigma=\frac{N}{A}=\frac{301280}{17.114\times10^2}\text{N/mm}^2=176\text{N/mm}^2<f=215\text{N/mm}^2$$

3. 端斜杆 aB

计算内力：

$$N=-140.87\text{kN}=-140870\text{N}$$

计算长度：
$$l_{0x} = l_{0y} = l = 219.8\text{cm}$$

截面选择：

查附表 10-1 选用 2∟90×56×6 不等边角钢，长边相连，截面特性为
$$A = 17.114\text{cm}^2, i_x = 2.88\text{cm}, i_y = 2.32\text{cm}$$

截面验算：
$$\lambda_x = \frac{l_{0x}}{i_x} = \frac{219.8}{2.88} = 76$$

$$\lambda_y = \frac{l_{0y}}{i_y} = \frac{219.8}{2.32} = 95 < [\lambda] = 150$$

查附表 5-2 得 $\varphi_y = 0.588$，则
$$\sigma = \frac{N}{\varphi_y A} = \frac{140870}{0.588 \times 17.114 \times 10^2}\text{N/mm}^2 = 140\text{N/mm}^2 < f = 215\text{N/mm}^2$$

4. 腹杆 Bb

计算内力：
$$N = 112.09\text{kN}$$

计算长度：
$$l_{0x} = 0.8l = 0.8 \times 229.4\text{cm} = 184\text{cm}, l_{0y} = l = 229.4\text{cm}$$

截面选择：

需要截面积 $A = \dfrac{N}{f} = \dfrac{112090}{215}\text{mm}^2 = 521\text{mm}^2 = 5.21\text{cm}^2$

选用 2∟45×4，查附表 9-1，截面特性为
$$A = 6.972\text{cm}^2, i_x = 1.38\text{cm}, i_y = 2.16\text{cm}$$

截面验算：
$$\lambda_x = \frac{l_{0x}}{i_x} = \frac{184}{1.38} = 133 < [\lambda] = 350$$

$$\lambda_y = \frac{l_{0y}}{i_y} = \frac{229.4}{2.16} = 106$$

$$\sigma = \frac{N}{A} = \frac{112090}{6.972 \times 10^2}\text{N/mm}^2 = 161\text{N/mm}^2 < f = 215\text{N/mm}^2$$

5. 腹杆 $eg\text{-}gK$

杆件 eK 采用通长杆件，在节点 g 处不断开。

计算内力：
$$N_{eg} = 35.14\text{kN}, N_{gK} = 51.08\text{kN}$$

计算长度：

屋架平面内 $l_{0x} = \dfrac{l}{2} = \dfrac{430.4}{2}\text{cm} = 215.2\text{cm}$

屋架平面外 $l_{0y} = l\left(0.75 + \dfrac{0.25 N_{eg}}{N_{gk}}\right) = 430.4\left(0.75 + 0.25 \times \dfrac{35.14}{51.08}\right)\text{cm}$
$$= 397\text{cm}$$

查附表 9-1,选用 2∟63×4,截面特性为

$$A = 9.956\text{cm}^2, i_x = 1.96\text{cm}, i_y = 2.87\text{cm}$$

截面验算:

$$\lambda_x = \frac{l_{0x}}{i_x} = \frac{215.2}{1.96} = 110$$

$$\lambda_y = \frac{l_{0y}}{i_y} = \frac{397}{2.87} = 138 < [\lambda] = 350$$

$$\sigma = \frac{N}{A} = \frac{51080}{9.956 \times 10^2}\text{N/mm}^2 = 51\text{N/mm}^2 < f = 215\text{N/mm}^2$$

竖杆 Aa 和 Kf 按连接构造要求,分别选用 2∟63×4 T 形截面和十字形截面。

其余杆件的截面选择详见表 7-4。

表 7-4　屋架杆件截面选择

| 杆件 | | 计算内力 /kN | 截面 规格 | 截面 面积 /cm² | 计算长度/cm | | 回转半径/cm | | 长细比 | | 容许长 细比 | 稳定系数 | | 应力 /mm² |
名称	编号				l_{0x}	l_{0y}	i_x	i_y	λ_x	λ_y	λ	φ_x	φ_y	
上弦杆	IJ、 JK	−316.49	110×70×7	24.602	150.7	452.1	2.00	5.31	75	85	150		0.655	196
下弦杆	de	301.28	90×56×6	17.114	300.0	1485.0	1.58	4.42	190	336	350			176
腹杆	Aa	−5.85	63×4	9.956	160.0	160.0	1.96	2.87	82	56	150	0.675		9
	aB	−140.87	90×56×6	17.114	219.8	219.8	2.88	2.32	76	95	150			140
	Bb	112.09	45×4	6.972	1840.0	229.4	1.38	2.16	133	106	350			161
	Cb	−11.7	45×4	6.972	150.8	188.5	1.38	2.16	109	87	150	0.499		34
	bD	−91.14	63×4	9.956	202.2	252.8	1.96	2.87	103	88	150	0.536		171
	Dc	87.52	45×4	6.972	202.2	2525.8	1.38	2.16	1147	117	350			126
	Ec	−11.70	45×4	6.972	174.8	218.5	1.38	2.16	127	101	150	0.402		42
	cF	−48.20	63×4	9.956	222.0	277.5	1.96	2.87	113	97	150	0.475		102
	Fd	29.02	45×4	6.972	222.0	277.5	1.38	2.16	161	128	350			42
	Gd	−11.70	63×4	9.956	198.8	248.5	1.96	2.87	101	87	150	0.549		21
	dH	−17.34	63×4	9.956	242.6	303.2	1.96	2.87	124	106	150	0.416		42
	He	−11.12	63×4	9.956	242.6	303.2	1.96	2.87	124	106	150	0.416		27
	le	−17.55	63×4	9.956	222.8	278.5	1.96	2.87	114	97	150	0.470		38
	eg	35.14	63×4	9.956	215.2	397.0	1.96	2.87	110	138	350			35
	gK	51.08	63×4	9.956	215.2	397.0	1.96	2.87	110	138	350			51
	Ig	17.55	45×4	6.972	156.0	195.0	1.38	2.16	113	90	350			25
	Jg	−11.70	45×4	6.972	111.2	139.0	1.38	2.16	81	64	150	0.681		25
	Kf	0	63×4	9.956	$l_0 = 0.9l = 277.7$		$I = 2.46$		$\lambda = 123$		200			0

7.4.4 节点设计

重点设计"*b*"、"*B*"、"*K*"、"*f*"、"*a*"五个典型节点(见图 7-19),其余节点设计类同。

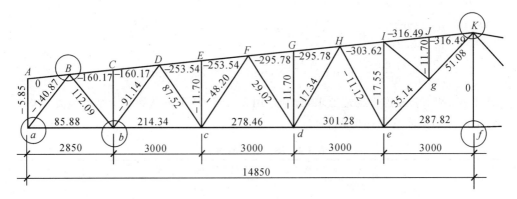

图 7-19 杆件内力(单位:kN)

1.下弦节点"*b*"(见图 7-20)

先计算腹杆焊缝长度,然后定出节点板的形状和尺寸,最后计算下弦杆与节点板之间的连接焊缝。

(1)*Bb* 杆焊缝计算

$N=112.090\text{kN}$

角焊缝强度设计值 $f_f^w=160\text{N/mm}^2$,设焊缝 $h_f=4\text{mm}$,则焊缝所需长度为

肢背: $l_w'=\dfrac{0.7N}{2h_e f_f^w}=\dfrac{0.7\times112090}{2\times0.7\times4\times160}\text{mm}=88\text{mm}$,取 100mm。

肢尖: $l_w''=\dfrac{0.3N}{2h_e f_f^w}=\dfrac{0.3\times112090}{2\times0.7\times4\times160}\text{mm}=38\text{mm}$,取 50mm。

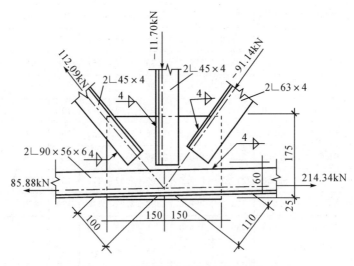

图 7-20 下弦节点"*b*"(长度单位:mm)

(2)Cb 杆焊缝计算

$$N = -11.70\text{kN}$$

设焊缝 $h_f = 4\text{mm}$

肢背：$l_w' = \dfrac{0.7N}{2h_e f_f^w} = \dfrac{0.7 \times 11700}{2 \times 0.7 \times 4 \times 160}\text{mm} = 9\text{mm}$，按构造要求，取 40mm。

肢尖：$l_w'' = \dfrac{0.3N}{2h_e f_f^w} = \dfrac{0.3 \times 11700}{2 \times 0.7 \times 4 \times 160}\text{mm} = 4\text{mm}$，取 40mm。

(3)Db 杆焊缝计算

$$N = -91.14\text{kN}$$

设焊缝 $h_f = 4\text{mm}$，

肢背：$l_w' = \dfrac{0.7N}{2h_e f_f^w} = \dfrac{0.7 \times 91140}{2 \times 0.7 \times 4 \times 160}\text{mm} = 71\text{mm}$，取 90mm。

肢尖：$l_w'' = \dfrac{0.3N}{2h_e f_f^w} = \dfrac{0.3 \times 91140}{2 \times 0.7 \times 4 \times 160}\text{mm} = 31\text{mm}$，取 50mm。

(4)下弦杆焊缝计算

下弦杆与节点板连接焊缝承受两相邻下弦杆内力之差，即

$$\Delta N = 214.34\text{kN} - 85.88\text{kN} = 128.46\text{kN}$$

根据节点放样，得节点板尺寸为 300mm×200mm(见图 7-20)。

肢背焊缝验算：

设焊缝 $h_f = 4\text{mm}$，

$$\tau_f = \frac{0.75\Delta N}{2 \times 0.7 h_f l_w} = \frac{0.75 \times 128460}{2 \times 0.7 \times 4 \times (300-10)}\text{N/mm}^2 = 59\text{N/mm}^2 < f_f^w = 160\text{N/mm}^2$$

2. 上弦节点"B"(见图 7-21)

Bb 杆焊缝计算与下弦节点"b"相同。

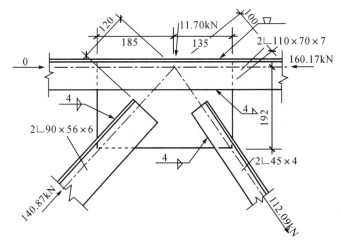

图 7-21　下弦节点"B"(长度单位：mm)

（1）aB 杆焊缝计算

$$N=140870\text{kN}$$

设焊缝 $h_f=4\text{mm}$，

肢背：$l_w'=\dfrac{0.65N}{2h_ef_f^w}=\dfrac{0.65\times140870}{2\times0.7\times4\times160}\text{mm}=102\text{mm}$，取 120mm。

肢尖：$l_w''=\dfrac{0.35N}{2h_ef_f^w}=\dfrac{0.35\times140870}{2\times0.7\times4\times160}\text{mm}=55\text{mm}$，取 70mm。

（2）上弦杆焊缝计算

考虑搁置檩条，节点板缩进上弦肢背 7mm，用槽焊缝连接，槽焊缝按两条角焊缝计算，$h_f'=\dfrac{t}{2}=\dfrac{8}{2}=4\text{mm}$，焊缝设计强度应乘折减系数 0.8。

节点板尺寸为 200mm×320mm，设肢尖焊缝 $h_f=4\text{mm}$，假定集中荷载 P 与上弦杆垂直，忽略屋架上弦坡度影响。

肢背焊缝验算：

$$\tau_f'=\frac{\sqrt{(K_1\Delta N)^2+\left(\dfrac{P}{2}\times1.22\right)^2}}{2\times0.7h_f'l_w'}$$

$$=\frac{\sqrt{(0.75\times160.17)^2+\left(\dfrac{11.70}{2}\times1.22\right)^2}}{2\times0.7\times4(320-10)\times10^{-3}}\text{N/mm}^2$$

$$=\frac{120.223\times10^3}{1.4\times4\times310}\text{N/mm}^2=69\text{N/mm}^2<0.8f_f^w=0.8\times160=128\text{N/mm}^2$$

肢尖焊缝验算：

$$\tau_f''=\frac{\sqrt{(K_2\Delta N)^2+\left(\dfrac{P}{2}\times1.22\right)^2}}{2\times0.7h_f'l_w''}=\frac{\sqrt{(0.25\times160.17)^2+\left(\dfrac{11.70}{2}\times1.22\right)^2}}{2\times0.7\times4(320-10)\times10^{-3}}\text{N/mm}^2$$

$$=\frac{40.329\times10^3}{1.4\times4\times310}\text{N/mm}^2=23\text{N/mm}^2<f_f^w=160\text{N/mm}^2$$

上弦杆焊缝也可以按下列方法计算：

节点荷载由角钢肢背焊缝承受，上弦杆两相邻间内力差 ΔN 由角钢肢尖焊缝承受，由于节点荷载较小，槽焊缝肯定安全，不必验算，仅需验算角钢肢尖焊缝。

$$\tau_f^N=\frac{\Delta N}{2\times0.7h_f''l_w''}=\frac{160.17\times10^3}{2\times0.7\times4\times310}\text{N/mm}^2=92\text{N/mm}^2$$

$$\sigma_f^N=\frac{6M}{2\times0.7h_f''l_w''^2}=\frac{6\times160.17\times10^3\times55}{2\times0.7\times4\times310^2}\text{N/mm}^2=98\text{N/mm}^2$$

$$\tau_f=\sqrt{(\tau_f^N)^2+\left(\frac{\sigma_f^N}{1.22}\right)^2}=\sqrt{92^2+\left(\frac{98}{1.22}\right)^2}\text{N/mm}^2$$

$$=122\text{N/mm}^2<f_f^w=160\text{N/mm}^2$$

3.屋脊节点"K"(见图7-22)

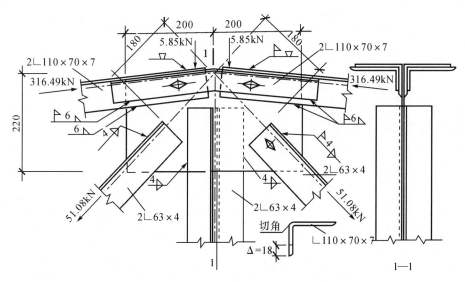

图 7-22　屋脊节点"K"(长度单位:mm)

(1)上弦杆拼接计算

上弦杆常采用同号角钢拼接,为了连接紧密和便于施焊,需将拼接角钢的棱角削圆并切去垂直肢的一部分宽度 $\Delta=t+h_f+5\text{mm}=7\text{mm}+6\text{mm}+5\text{mm}=18\text{mm}$。

拼接接头一侧的连接焊缝长度按上弦杆内力计算,设焊缝 $h_f=6\text{mm}$,每条焊缝所需长度为

$$l_w=\frac{N}{4\times0.7h_ff_f^w}=\frac{316490}{4\times0.7\times6\times160}\text{mm}=118\text{mm}$$

取拼接角钢长度

$$L=800\text{mm}>2l_w+40\text{mm}+20\text{mm}=2\times118\text{mm}+40\text{mm}+20\text{mm}=296\text{mm}$$

(2)上弦杆与节点板连接焊缝计算

上弦杆与节点板之间槽焊承受节点荷载,强度足够,计算略。

上弦杆肢尖与节点板的连接焊缝,按上弦杆内力的 15% 计算。

设焊缝 $h_f=6\text{mm}$,节点板长度为 40cm,节点一侧的焊缝长度为

$$l_w=\frac{40}{2}\text{cm}-2\text{cm}-1\text{cm}=17\text{cm}$$

焊缝应力验算:

$$\tau_f^N=\frac{0.15N}{2\times0.7h_fl_w}=\frac{0.15\times316.49\times10^3}{2\times0.7\times6\times170}\text{N/mm}^2=33\text{N/mm}^2$$

$$\sigma_f^M=\frac{0.15N\times e\times6}{2\times0.7h_fl_w^2}=\frac{0.15\times316.49\times10^3\times55\times6}{2\times0.7\times6\times170^2}\text{N/mm}^2=65\text{N/mm}^2$$

$$\tau_f=\sqrt{(\tau_f^N)^2+\left(\frac{\sigma_f^N}{1.22}\right)^2}=\sqrt{33^2+\left(\frac{65}{1.22}\right)^2}\text{N/mm}^2$$

$$=63\text{N/mm}^2<f_f^w=160\text{N/mm}^2$$

(3)gk 杆焊缝计算

$$N=51.08\text{kN}$$

设焊缝 $h_f = 4\text{mm}$，

肢背：$l_w' = \dfrac{0.7N}{2h_e f_f^w} = \dfrac{0.7 \times 51080}{2 \times 0.7 \times 4 \times 160}\text{mm} = 40\text{mm}$，取 50mm。

肢尖：$l_w'' = \dfrac{0.3N}{2h_e f_f^w} = \dfrac{0.3 \times 51080}{2 \times 0.7 \times 4 \times 160}\text{mm} = 17\text{mm}$，取 40mm。

4. 跨中下弦拼接节点"f"（见图 7-23）

（1）下弦杆拼接计算

下弦杆拼接采用同号角钢，并采取削圆棱角和切去垂直肢宽度 Δ 等构造处理。拼接接头一侧的连接焊缝长度按下弦杆等强度计算，设焊缝 $h_f = 6\text{mm}$，每条焊缝所需长度为

$$l_w = \frac{A \cdot f}{4 \times 0.7 h_f f_f^w} = \frac{17.114 \times 10^2 \times 215}{2 \times 0.7 \times 6 \times 160}\text{mm} = 274\text{mm}$$

取拼接角钢长度

$$L = 600\text{mm} > 2l_w + 20\text{mm} + 20\text{mm} = 2 \times 274\text{mm} + 20\text{mm} + 20\text{mm} = 588\text{mm}$$

（2）下弦杆与节点板连接焊缝计算

节点一侧的连接焊缝按下弦杆内力的 15% 验算，焊缝长度按构造决定，计算略。

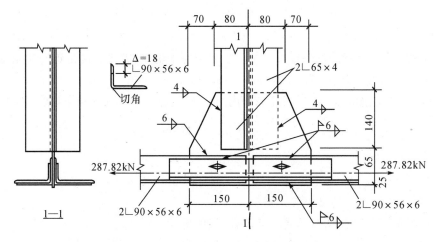

图 7-23　跨中下弦拼接节点"f"（长度单位：mm）

5. 支座节点"a"（见图 7-24）

（1）支座底板的计算

支座反力为

$$R = 10P = 10 \times 11.7\text{kN} = 117\text{kN}$$

所需底板净面积为

$$A = \frac{R}{f_c} = \frac{117 \times 10^3}{12.5}\text{mm}^2 = 9360\text{mm}^2$$

取底板平面尺寸为 250mm×250mm。

设底板锚栓孔径为 50mm，底板平面净面积为

$$A_n = 250 \times 250\text{mm}^2 - 2 \times \frac{\pi 50^2}{4}\text{mm}^2 = 62500\text{mm}^2 - 3927\text{mm}^2 = 58573\text{mm}^2$$

底板下平均应力为

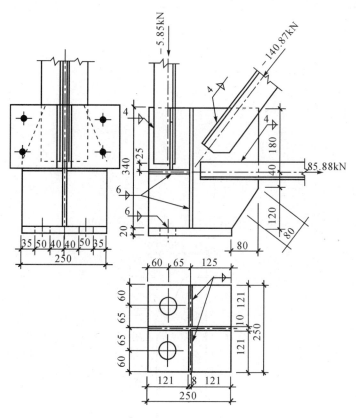

图 7-24　支座节点"a"(长度单位:mm)

$$\sigma = \frac{R}{A_n} = \frac{117 \times 10^3}{58573} \text{N/mm}^2 = 2\text{N/mm}^2$$

底板为两相邻边支撑板,单位宽度的弯矩为

$$M = \beta \sigma a_1^2$$

$$a_1 = \frac{250\sqrt{2}}{2}\text{mm} = 177\text{mm}$$

$$b_1 = \frac{a_1}{2} = \frac{177}{2}\text{mm} = 89\text{mm}$$

由 $\frac{b_1}{a_1} = \frac{89}{177} = 0.5$,查表 4-8(轴心受力构件这一章,三边简支,一边自由板的弯矩系数)得 $\beta = 0.058$。

$$M = 0.058 \times 2 \times 177^2 \text{N} \cdot \text{mm} = 3634\text{N} \cdot \text{mm}$$

所需底板厚度为

$$t = \sqrt{\frac{6M}{f}} = \sqrt{\frac{6 \times 3634}{215}}\text{mm} = 10\text{mm},\text{取 } t = 20\text{mm}。$$

(2)加劲肋与节点板的连接焊缝计算(见图 7-25)

设一个加劲肋承受 1/4 屋架支座反力,即

$$N_1 = \frac{R}{4} = \frac{117 \times 10^3}{4}\text{N} = 29250\text{N}$$

焊缝内力为

$$V = N_1 = 29250\text{N}$$

$$M = N_1 \times e = 29250 \times 67\text{N} \cdot \text{mm} = 1959750\text{N} \cdot \text{mm}$$

设焊缝 $h_f = 6\text{mm}$，焊缝计算长度为

$$l_w = 340\text{mm} - 15\text{mm} - 10\text{mm} = 315\text{mm}$$

焊缝应力验算：

$$\tau_f = \sqrt{(\tau_f^V)^2 + \left(\frac{\tau_f^M}{1.22}\right)^2}$$

$$= \sqrt{\left(\frac{29250}{2 \times 0.7 \times 6 \times 315}\right)^2 + \left(\frac{1959750 \times 6}{2 \times 0.7 \times 6 \times 315^2 \times 1.22}\right)^2}\text{N/mm}^2$$

$$= \sqrt{122 + 133}\text{N/mm}^2 = 16\text{N/mm}^2 < f = 160\text{N/mm}^2$$

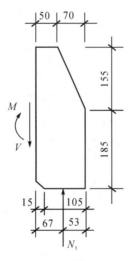

图 7-25　加劲肋计算简图(单位:mm)

（3）节点板、加劲肋与底板的连接焊缝计算

设底板焊缝传递全部支座反力，底板焊缝总计算长度为

$$\sum l_w = (250 - 10)\text{mm} + 4(120 - 15 - 10)\text{mm} = 620\text{mm}$$

设焊缝 $h_f = 6\text{mm}$，底板焊缝验算：

$$\sigma_f = \frac{R}{0.7h_f \sum l_w} = \frac{117 \times 10^3}{0.7 \times 6 \times 860}\text{N/mm}^2$$

$$= 32\text{N/mm}^2 < 1.22f_f^w$$

$$= 1.22 \times 160\text{N/mm}^2 = 195\text{N/mm}^2$$

7.4.5　钢屋架施工图

钢屋架施工图如图 7-26 所示(见书后插页)。

课程设计题

按下列资料选其中一组设计某长机加工车间单跨厂房的钢屋盖,并绘制屋架施工图一张(加长2号图)。计算书内容应包括屋架、支撑、系杆、檩条和拉条(对有檩体系屋盖)的平面布置图和计算。所有荷载均按《荷载规范》选用,活荷载按不上人的屋面。

一、车间一般情况

长度180m,钢筋混凝土柱,柱距6m,混凝土强度等级C20。车间内设有一台起重量为30t的中级工作制桥式吊车。

二、屋架情况

(一)梯形屋架

1.屋架跨度:27m、30m或33m。

2.车间建筑地点:武汉、天津或沈阳。

3.屋架杆件截面:全部T型钢,弦杆T型钢、腹杆角钢或全部角钢。

4.屋面材料:1.5m×6m大型预应力钢筋混凝土屋面板、泡沫混凝土保温层(厚度根据建筑地点的计算温度确定)或发泡水泥复合板(太空板)。

(二)三角形屋架

1.屋架跨度:21m、24m或27m。

2.屋面坡度:1:2.5或1:3。

3.车间建筑地点:武汉、北京、合肥、西安或乌鲁木齐。

4.屋架杆件截面:全部T型钢,弦杆T型钢、腹杆角钢或全部角钢。

5.屋面材料:波形石棉瓦、木望板和油毡一层或彩涂压型钢板。

三、材料

钢材:Q235B;焊条:E43系列。

参考文献

[1]中华人民共和国建设部. 钢结构设计规范:GB 50017—2003[S]. 北京:中国计划出版社,2003.

[2]中华人民共和国建设部. 建筑结构可靠度设计统一标准:GB 50068—2001[S]. 北京:中国建筑工业出版社,2012.

[3]中华人民共和国建设部. 建筑结构荷载规范:GB 50009—2012[S]. 北京:中国建筑工业出版社,2012.

[4]中华人民共和国建设部. 钢结构工程施工质量验收规范:GB 50205—2001[S]. 北京:中国建筑工业出版社,2001.

[5]刘声扬,王汝恒. 钢结构——原理与设计[M]. 武汉:武汉理工大学出版社,2005.

[6]董军. 钢结构基本原理[M]. 重庆:重庆大学出版社,2011.

[7]戴国欣. 钢结构[M]. 武汉:武汉理工大学出版社,2007.

[8]陈绍蕃. 钢结构设计原理[M]. 北京:科学出版社,2005.

[9]毛德培. 钢结构[M]. 北京:中国铁道出版社,1999.

[10]张志国,张庆芳. 钢结构设计[M]. 北京:中国铁道出版社,2008.

[11]张耀春. 钢结构设计原理[M]. 北京:高等教育出版社,2004.

[12]黄呈伟. 钢结构设计[M]. 北京:科学出版社,2005.

[13]《钢结构设计手册》编辑委员会. 钢结构设计手册:下册[M]. 北京:中国建筑工业出版社,2004.

[14]陈志华. 钢结构原理[M]. 武汉:华中科技大学出版社,2009.

附　录

附录 1　钢材和连接的强度设计值

附表 1-1　钢材的强度设计值

单位：N/mm²

钢材		抗拉、抗压和抗弯 f	抗剪 f_v	端面承压（刨平顶紧）f_{ce}
牌号	厚度或直径/mm			
Q235 钢	≤16	215	125	325
	>16～40	205	120	
	>40～60	200	115	
	>60～100	190	110	
Q345 钢	≤16	310	180	400
	>16～35	295	170	
	>35～50	265	155	
	>50～100	250	145	
Q390 钢	≤16	350	205	415
	>16～35	335	190	
	>35～50	315	180	
	>50～100	295	170	
Q420 钢	≤16	380	220	440
	>16～35	360	210	
	>35～50	340	195	
	>50～100	325	185	

注：附表 1-1 中厚度系指计算点的钢材厚度，对轴心受拉和轴心受压构件系指截面中较厚板件的厚度。

附表 1-2　钢铸件的强度设计值

单位：N/mm²

钢号	抗拉、抗压和抗弯 f	抗剪 f_v	端面承压 （刨平顶紧）f_{ce}
ZG200-400	155	90	260
ZG230-450	180	105	290
ZG270-500	210	120	325
ZG310-570	240	140	370

附表 1-3　焊缝的强度设计值

单位：N/mm²

焊接方法和 焊条型号	构件钢材		对接焊缝				角焊缝
	牌号	厚度或 直径 /mm	抗压 f_c^w	焊缝质量为下列 等级时，抗拉 f_t^w		抗剪 f_v^w	抗拉、抗压 和抗剪 f_f^w
				一级、二级	三级		
自动焊、半自动焊和 E43 型焊条的手工焊	Q235 钢	≤16	215	215	185	125	160
		>16～40	205	205	175	120	
		>40～60	200	200	170	115	
		>60～100	190	190	160	110	
自动焊、半自动焊和 E50 型焊条的手工焊	Q345 钢	≤16	310	310	265	180	200
		>16～35	295	295	250	170	
		>35～50	265	265	225	155	
		>50～100	250	250	210	145	
自动焊、半自动焊和 E55 型焊条的手工焊	Q390 钢	≤16	350	350	300	205	220
		>16～35	335	335	285	190	
		>35～50	315	315	270	180	
		>50～100	295	295	250	170	
	Q420 钢	≤16	380	380	320	220	220
		>16～35	360	360	305	210	
		>35～50	340	340	290	195	
		>50～100	325	325	275	185	

注：1. 自动焊和半自动焊所采用的焊丝和焊剂，应保证其熔敷金属的力学性能不低于现行国家标准《埋弧焊用碳钢焊丝和焊剂》(GB/T 5293—1999)和《低合金钢埋弧焊用焊剂》(GB/T 12470—2003)中相关的规定。

2. 焊缝质量等级应符合现行国家标准《钢结构工程施工质量验收规范》(GB 50205—2001)的规定。其中厚度小于 8mm 钢材的对接缝，不应采用超声波探伤确定焊缝质量等级。

3. 对接焊缝在受压区的抗弯强度设计值取 f_c^w，在受拉区的抗弯强度设计值取 f_t^w。

4. 附表 1-3 中厚度系指计算点的钢材厚度，对轴心受拉和轴心受压构件系指截面中较厚板件的厚度。

附表 1-4 螺栓连接的强度设计值

单位:N/mm²

螺栓的性能等级、锚栓和构件钢材的牌号		普通螺栓						锚栓	承压型连接高强度螺栓		
		C 级螺栓			A 级、B 级螺栓						
		抗拉 f_t^b	抗剪 f_v^b	承压 f_c^b	抗拉 f_t^b	抗剪 f_v^b	承压 f_c^b	抗拉 f_t^a	抗拉 f_t^b	抗剪 f_v^b	承压 f_c^b
普通螺栓	4.6 级、4.8 级	170	140	—	—	—	—	—	—	—	—
	5.6 级	—	—	—	210	190	—	—	—	—	—
	8.8 级	—	—	—	400	320	—	—	—	—	—
锚栓	Q235 钢	—	—	—	—	—	—	140	—	—	—
	Q345 钢	—	—	—	—	—	—	180	—	—	—
承压型连接高强度螺栓	8.8 级	—	—	—	—	—	—	—	400	250	—
	10.9 级	—	—	—	—	—	—	—	500	310	—
构件	Q235 钢	—	305	—	—	—	405	—	—	—	470
	Q345 钢	—	385	—	—	—	510	—	—	—	590
	Q390 钢	—	400	—	—	—	530	—	—	—	615
	Q420 钢	—	425	—	—	—	560	—	—	—	655

注:1. A 级螺栓用于 $d \leq 24$mm 和 $l \leq 10d$ 或 $l \leq 150$mm(按较小值)的螺栓;B 级螺栓用于 $d > 24$mm 或 $l > 10d$ 或 $l > 150$mm(按较小值)的螺栓。d 为公称直径,l 为螺杆公称长度。

2. A、B 级螺栓孔的精度和孔壁表面粗糙度,C 级螺栓孔的允许偏差和孔壁表面粗糙度,均应符合现行国家标准《钢结构工程施工质量验收规范》(GB 50205—2001)的要求。

附表 1-5 铆钉连接的强度设计值

单位:N/mm²

铆钉钢号和构件钢材牌号		抗拉(钉头拉脱)f_t	抗剪 f_v		承压 f_c	
			Ⅰ 类孔	Ⅱ 类孔	Ⅰ 类孔	Ⅱ 类孔
铆钉	BL2 或 BL3	120	185	155	—	—
铆钉	Q235 钢	—	—	—	450	365
	Q345 钢	—	—	—	565	460
	Q390 钢	—	—	—	590	480

注:1. 下列情况属于 Ⅰ 类孔:
(1)在装配好的构件上按设计孔径钻成的孔;
(2)在单个零件和构件上按设计孔径分别用钻模钻成的孔;
(3)在单个零件上先钻成或冲成较小的孔径,然后在装配好的构件上再扩钻至设计孔径的孔。

2. 在单个零件上一次冲成或不用钻模钻成设计孔径的孔属于 Ⅱ 类孔。

附录2 结构或构件的变形容许值

附表 2-1 受弯构件挠度容许值

项次	构件类别	挠度容许值	
		$[v_T]$	$[v_Q]$
1	吊车梁和吊车桁架(按自重和起重量最大的一台吊车计算挠度) (1)手动吊车和单梁吊车(含悬挂吊车) (2)轻级工作制桥式吊车 (3)中级工作制桥式吊车 (4)重级工作制桥式吊车	$l/500$ $l/800$ $l/1000$ $l/1200$	—
2	手动或电动葫芦的轨道梁	$l/400$	—
3	有重轨(重量等于或大于 38kg/m)轨道的工作台平台梁 有轻轨(重量等于或小于 24kg/m)轨道的工作台平台梁	$l/600$ $l/400$	—
4	楼(屋)盖梁或桁架、工作平台梁(第 3 项除外)和平台板 (1)主梁或桁架(包括设有悬挂起重设备的梁和桁架) (2)抹灰顶棚的次梁 (3)除(1)、(2)款外的其他梁(包括楼梯梁) (4)屋盖檩条 支承无积灰的瓦楞铁和石棉瓦屋面者 支承压型金属板、有积灰的瓦楞铁和石棉瓦等屋面者 支承其他屋面材料者 (5)平台板	$l/400$ $l/250$ $l/250$ $l/150$ $l/200$ $l/200$ $l/150$	$l/500$ $l/350$ $l/300$ — — — —
5	墙架构件(风荷载不考虑阵风系数) (1)支柱 (2)抗风桁架(作为连续支柱的支承时) (3)砌体墙的横梁(水平方向) (4)支承压型金属板、瓦楞铁和石棉瓦墙面的横梁(水平方向) (5)带有玻璃窗的横梁(竖直和水平方向)	— — — — $l/200$	$l/400$ $l/1000$ $l/300$ $l/200$ $l/200$

注:1. l 为受弯构件的跨度(对悬臂梁和伸臂梁为悬伸长度的 2 倍)。

2. $[v_T]$为永久和可变荷载标准值产生的挠度(如有起拱应减去拱度)的容许值;$[v_Q]$为可变荷载标准值产生的挠度的容许值。

附录3　截面塑性发展系数

附表 3-1　截面塑性发展系数 γ_x、γ_y

项次	截面形式	x	y
1			1.2
2		1.05	1.05
3		$x_1 = 1.05$ $x_2 = 1.2$	1.2
4			1.05
5		1.2	1.2

续表

项次	截面形式	x	y
6		1.15	1.15
7		1.0	1.05
8		1.0	1.0

注:1. 当受压翼缘自由外伸宽度与其厚度之比仅满足小于或等于 $15\sqrt{\dfrac{235}{f_y}}$ 但大于 $13\sqrt{\dfrac{235}{f_y}}$ 时,取 $\gamma_x = \gamma_y = 1.0$。

2. 当直接承受动力荷载时,取 $\gamma_x = \gamma_y = 1.0$。

附录 4　各种截面回转半径近似值

附表 4-1　各种截面回转半径近似值

$i_x=0.30h$　$i_y=0.30b$　$i_z=0.195h$	$i_x=0.40h$　$i_y=0.21b$	$i_x=0.38h$　$i_y=0.60b$	$i_x=0.41h$　$i_y=0.22b$
$i_x=0.32h$　$i_y=0.28b$　$i_z=0.09(b+h)$	$i_x=0.45h$　$i_y=0.235b$	$i_x=0.38h$　$i_y=0.44b$	$i_x=0.32h$　$i_y=0.49b$
$i_x=0.30h$　$i_y=0.215b$	$i_x=0.44h$　$i_y=0.28b$	$i_x=0.32h$　$i_y=0.58b$	$i_x=0.39h$　$i_y=0.50b$
$i_x=0.32h$　$i_y=0.20b$	$i_x=0.43h$　$i_y=0.43b$	$i_x=0.32h$　$i_y=0.40b$	$i_x=0.29h$　$i_y=0.45b$
$i_x=0.28h$　$i_y=0.24b$	$i_x=0.39h$　$i_y=0.20b$	$i_x=0.38h$　$i_y=0.21b$	$i_x=0.29h$　$i_y=0.29b$
$i_x=0.30h$　$i_y=0.17b$	$i_x=0.42h$　$i_y=0.22b$	$i_x=0.44h$　$i_y=0.32b$	$i_x=0.25h$
$i_x=0.28h$　$i_y=0.21b$	$i_x=0.43h$　$i_y=0.24b$	$i_x=0.44h$　$i_y=0.38b$	$i_x=0.175(d+D)$
$i_x=0.21h$　$i_y=0.21b$　$i_z=0.185b$	$i_x=0.365h$　$i_y=0.275b$	$i_x=0.37h$　$i_y=0.54b$	$i_x=0.39h$　$i_y=0.53b$
$i_x=0.21h$　$i_y=0.21b$	$i_x=0.35h$　$i_y=0.56b$	$i_x=0.37h$　$i_y=0.45b$	
$i_x=0.45h$　$i_y=0.24b$	$i_x=0.39h$　$i_y=0.29b$	$i_x=0.40h$　$i_y=0.24b$	

附录5 轴心受压构件的稳定系数

附表 5-1 a 类截面轴心受压构件的稳定系数 φ

$\lambda\sqrt{\dfrac{f_y}{235}}$	0	1	2	3	4	5	6	7	8	9
0	1.000	1.000	1.000	1.000	0.999	0.999	0.998	0.998	0.997	0.996
10	0.995	0.994	0.993	0.992	0.991	0.989	0.988	0.986	0.985	0.983
20	0.981	0.979	0.977	0.976	0.974	0.972	0.970	0.968	0.966	0.964
30	0.963	0.961	0.959	0.957	0.955	0.952	0.950	0.948	0.946	0.944
40	0.941	0.939	0.937	0.934	0.932	0.929	0.927	0.924	0.921	0.919
50	0.916	0.913	0.910	0.907	0.904	0.900	0.897	0.894	0.890	0.886
60	0.883	0.879	0.875	0.871	0.867	0.863	0.858	0.854	0.849	0.844
70	0.839	0.834	0.829	0.824	0.818	0.813	0.807	0.801	0.795	0.789
80	0.783	0.776	0.770	0.763	0.757	0.750	0.743	0.736	0.728	0.721
90	0.714	0.706	0.699	0.691	0.684	0.676	0.668	0.661	0.653	0.645
100	0.638	0.630	0.622	0.615	0.607	0.600	0.592	0.585	0.577	0.570
110	0.563	0.555	0.548	0.541	0.534	0.527	0.520	0.514	0.507	0.500
120	0.494	0.488	0.481	0.475	0.469	0.463	0.457	0.451	0.445	0.440
130	0.434	0.429	0.423	0.418	0.412	0.407	0.402	0.397	0.392	0.387
140	0.383	0.378	0.373	0.369	0.364	0.360	0.356	0.351	0.347	0.343
150	0.339	0.335	0.331	0.327	0.323	0.320	0.316	0.312	0.309	0.305
160	0.302	0.298	0.295	0.292	0.289	0.285	0.282	0.279	0.276	0.273
170	0.270	0.267	0.294	0.262	0.259	0.256	0.253	0.251	0.248	0.246
180	0.243	0.241	0.238	0.236	0.233	0.231	0.229	0.226	0.224	0.222
190	0.220	0.218	0.215	0.213	0.211	0.209	0.207	0.225	0.203	0.201
200	0.199	0.198	0.196	0.194	0.192	0.190	0.189	0.187	0.185	0.183
210	0.182	0.180	0.179	0.177	0.175	0.174	0.172	0.171	0.169	0.168
220	0.166	0.165	0.164	0.162	0.161	0.159	0.158	0.157	0.155	0.154
230	0.153	0.152	0.150	0.149	0.148	0.147	0.146	0.144	0.143	0.142
240	0.141	0.140	0.139	0.138	0.136	0.135	0.134	0.133	0.132	0.131
250	0.130	—	—	—	—	—	—	—	—	—

注:见附表 5-4 注。

附表 5-2　b 类截面轴心受压构件的稳定系数 φ

$\lambda\sqrt{\dfrac{f_y}{235}}$	0	1	2	3	4	5	6	7	8	9
0	1.000	1.000	1.000	0.999	0.999	0.998	0.997	0.996	0.995	0.994
10	0.992	0.991	0.989	0.987	0.985	0.983	0.981	0.978	0.976	0.973
20	0.970	0.967	0.963	0.960	0.957	0.953	0.950	0.946	0.943	0.939
30	0.936	0.932	0.929	0.925	0.922	0.918	0.914	0.910	0.906	0.903
40	0.899	0.895	0.891	0.887	0.882	0.878	0.874	0.870	0.865	0.861
50	0.856	0.852	0.847	0.842	0.838	0.833	0.828	0.823	0.818	0.813
60	0.807	0.802	0.797	0.791	0.786	0.780	0.774	0.769	0.763	0.757
70	0.751	0.745	0.739	0.732	0.726	0.720	0.714	0.707	0.701	0.694
80	0.688	0.681	0.675	0.668	0.661	0.655	0.648	0.641	0.635	0.628
90	0.621	0.614	0.608	0.601	0.594	0.588	0.581	0.575	0.568	0.561
100	0.555	0.549	0.542	0.536	0.529	0.523	0.517	0.511	0.505	0.499
110	0.493	0.487	0.481	0.475	0.470	0.464	0.458	0.453	0.447	0.442
120	0.437	0.432	0.426	0.421	0.416	0.411	0.406	0.402	0.397	0.392
130	0.387	0.383	0.378	0.374	0.370	0.365	0.361	0.357	0.353	0.349
140	0.345	0.341	0.337	0.333	0.329	0.326	0.322	0.318	0.315	0.311
150	0.308	0.304	0.301	0.298	0.295	0.291	0.288	0.285	0.282	0.279
160	0.276	0.273	0.270	0.267	0.265	0.262	0.259	0.256	0.254	0.251
170	0.249	0.246	0.244	0.241	0.239	0.236	0.234	0.232	0.229	0.227
180	0.225	0.223	0.220	0.218	0.216	0.214	0.212	0.210	0.208	0.206
190	0.204	0.202	0.200	0.198	0.197	0.195	0.193	0.191	0.190	0.188
200	0.186	0.184	0.183	0.181	0.180	0.178	0.176	0.175	0.173	0.172
210	0.170	0.169	0.167	0.166	0.165	0.163	0.162	0.160	0.159	0.158
220	0.156	0.155	0.154	0.153	0.151	0.150	0.149	0.148	0.146	0.145
230	0.144	0.143	0.142	0.141	0.140	0.138	0.137	0.136	0.135	0.134
240	0.133	0.132	0.131	0.130	0.129	0.128	0.127	0.126	0.125	0.124
250	0.123	—	—	—	—	—	—	—	—	—

注:见附表 5-4 注。

附表 5-3　c 类截面轴心受压构件的稳定系数 φ

$\lambda\sqrt{\dfrac{f_y}{235}}$	0	1	2	3	4	5	6	7	8	9
0	1.000	1.000	1.000	0.999	0.999	0.998	0.997	0.996	0.995	0.993
10	0.992	0.990	0.988	0.986	0.983	0.981	0.978	0.976	0.973	0.970
20	0.966	0.959	0.953	0.947	0.940	0.934	0.928	0.921	0.915	0.909
30	0.902	0.896	0.890	0.884	0.877	0.871	0.865	0.858	0.852	0.846
40	0.839	0.833	9.826	0.820	0.814	0.807	0.801	0.794	0.788	0.781
50	0.775	0.768	0.762	0.755	0.748	0.742	0.735	0.729	0.722	0.715
60	0.709	0.702	0.695	0.689	0.682	0.676	0.669	0.662	0.656	0.649
70	0.643	0.636	0.629	0.623	0.616	0.610	0.604	0.597	0.591	0.584
80	0.578	0.572	0.566	0.559	0.553	0.547	0.541	0.535	0.529	0.523
90	0.517	0.511	0.505	0.500	0.494	0.488	0.483	0.477	0.472	0.467
100	0.463	0.458	0.454	0.449	0.445	0.441	0.436	0.432	0.428	0.423
110	0.419	0.415	0.411	0.407	0.403	0.399	0.395	0.391	0.387	0.383
120	0.379	0.375	0.371	0.367	0.364	0.360	0.356	0.353	0.349	0.346
130	0.342	0.339	0.335	0.332	0.328	0.325	0.322	0.319	0.315	0.312
140	0.309	0.306	0.303	0.300	0.297	0.294	0.291	0.288	0.285	0.282
150	0.280	0.277	0.274	0.271	0.269	0.266	0.264	0.261	0.258	0.256
160	0.254	0.251	0.249	0.246	0.244	0.242	0.239	0.237	0.235	0.233
170	0.230	0.228	0.226	0.224	0.222	0.220	0.218	0.216	0.214	0.212
180	0.210	0.208	0.206	0.205	0.203	0.201	0.199	0.197	0.196	0.194
190	0.192	0.190	0.189	0.187	0.186	0.184	0.182	0.181	0.179	0.178
200	0.176	0.175	0.173	0.172	0.170	0.169	0.168	0.166	0.165	0.163
210	0.162	0.161	0.159	0.158	0.157	0.156	0.154	0.153	0.152	0.151
220	0.150	0.148	0.147	0.146	0.145	0.144	0.143	0.142	0.140	0.139
230	0.138	0.137	0.136	0.135	0.134	0.133	0.132	0.131	0.130	0.129
240	0.128	0.127	0.126	0.125	0.124	0.124	0.123	0.122	0.121	0.120
250	0.119	—	—	—	—	—	—	—	—	—

附表 5-4　d 类截面轴心受压构件的稳定系数 φ

$\lambda\sqrt{\dfrac{f_y}{235}}$	0	1	2	3	4	5	6	7	8	9
0	1.000	1.000	0.999	0.999	0.998	0.996	0.994	0.992	0.990	0.987
10	0.984	0.981	0.978	0.974	0.969	0.965	0.960	0.955	0.949	0.944
20	0.937	0.927	0.918	0.909	0.900	0.891	0.883	0.874	0.865	0.857
30	0.848	0.840	0.831	0.823	0.815	0.807	0.799	0.790	0.782	0.774
40	0.766	0.759	0.751	0.743	0.735	0.728	0.720	0.712	0.705	0.697
50	0.690	0.683	0.675	0.668	0.661	0.654	0.646	0.639	0.632	0.625
60	0.618	0.612	0.605	0.598	0.591	0.585	0.578	0.572	0.565	0.559
70	0.552	0.546	0.540	0.534	0.528	0.522	0.516	0.510	0.504	0.498
80	0.493	0.487	0.481	0.476	0.470	0.465	0.460	0.454	0.449	0.444
90	0.439	0.434	0.429	0.424	0.419	0.414	0.410	0.405	0.401	0.397
100	0.394	0.390	0.387	0.383	0.380	0.376	0.373	0.370	0.366	0.363
110	0.359	0.356	0.353	0.350	0.346	0.343	0.340	0.337	0.334	0.331
120	0.328	0.325	0.322	0.319	0.316	0.313	0.310	0.307	0.304	0.301
130	0.299	0.296	0.293	0.290	0.288	0.285	0.282	0.280	0.277	0.275
140	0.272	0.270	0.267	0.265	0.262	0.260	0.258	0.255	0.253	0.251
150	0.248	0.246	0.244	0.242	0.240	0.237	0.235	0.233	0.231	0.229
160	0.227	0.225	0.223	0.221	0.219	0.217	0.215	0.213	0.212	0.210
170	0.208	0.206	0.204	0.203	0.201	0.199	0.197	0.196	0.194	0.192
180	0.191	0.189	0.188	0.186	0.184	0.183	0.181	0.180	0.178	0.177
190	0.176	0.174	0.173	0.171	0.170	0.168	0.167	0.166	0.164	0.163
200	0.162	—	—	—	—	—	—	—	—	—

注:1.附表 5-1 至附表 5-4 中的 φ 值系按下列公式算得:

当 $\lambda_\pi = \dfrac{\lambda}{\pi}\sqrt{\dfrac{f_y}{E}} \leqslant 0.215$ 时:

$$\varphi = 1 - \alpha_1\lambda_\pi^2$$

当 $\lambda_\pi > 0.215$ 时:

$$\varphi = \frac{1}{2\lambda_\pi^2}\left[(\alpha_2 + \alpha_3\lambda_\pi + \lambda_\pi^2) - \sqrt{(\alpha_2 + \alpha_3\lambda_\pi + \lambda_\pi^2)^2 - 4\lambda_\pi^2}\right]$$

式中:α_1、α_2、α_3 为系数,根据截面的分类,按附表 5-5 采用。

2.当构件的 $\lambda\sqrt{\dfrac{235}{f_y}}$ 值超出附表 5-1 至附表 5-4 的范围时,则 φ 值按注 1 所列的公式计算。

附表 5-5 系数 α_1、α_2、α_3

截面类别		α_1	α_2	α_3
a 类		0.41	0.986	0.152
b 类		0.65	0.965	0.300
c 类	$\lambda_n \leqslant 1.05$	0.73	0.906	0.595
	$\lambda_n > 1.05$		1.216	0.302
d 类	$\lambda_n \leqslant 1.05$	1.35	0.868	0.915
	$\lambda_n > 1.05$		1.375	0.432

附录6 柱的计算长度系数

附表 6-1 无侧移框架柱的计算长度系数 μ

K_1＼K_2	0	0.05	0.1	0.2	0.3	0.4	0.5	1	2	3	4	5	$\geqslant 10$
0	1.000	0.990	0.981	0.964	0.949	0.935	0.922	0.875	0.820	0.791	0.773	0.760	0.732
0.05	0.990	0.981	0.971	0.955	0.940	0.926	0.914	0.867	0.814	0.784	0.766	0.754	0.726
0.1	0.981	0.971	0.962	0.946	0.931	0.918	0.906	0.860	0.807	0.778	0.760	0.748	0.721
0.2	0.964	0.955	0.946	0.930	0.916	0.903	0.891	0.846	0.795	0.767	0.749	0.737	0.711
0.3	0.949	0.940	0.931	0.916	0.902	0.889	0.878	0.834	0.784	0.756	0.739	0.728	0.701
0.4	0.935	0.926	0.918	0.903	0.889	0.877	0.866	0.823	0.774	0.747	0.730	0.719	0.693
0.5	0.922	0.914	0.906	0.891	0.878	0.866	0.855	0.813	0.765	0.738	0.721	0.710	0.685
1	0.875	0.867	0.860	0.846	0.834	0.823	0.813	0.774	0.729	0.704	0.688	0.677	0.654
2	0.820	0.814	0.807	0.795	0.784	0.774	0.765	0.729	0.686	0.663	0.648	0.638	0.615
3	0.791	0.784	0.778	0.767	0.756	0.747	0.738	0.704	0.663	0.640	0.625	0.616	0.593
4	0.773	0.766	0.760	0.749	0.739	0.730	0.721	0.688	0.648	0.625	0.611	0.601	0.580
5	0.760	0.754	0.748	0.737	0.728	0.719	0.710	0.677	0.638	0.616	0.601	0.592	0.570
$\geqslant 10$	0.732	0.726	0.721	0.711	0.701	0.693	0.685	0.654	0.615	0.593	0.580	0.570	0.549

注:1. 附表 6-1 中的计算长度系数 μ 值系按下式算得:

$$\left[\left(\frac{\pi}{\mu}\right)^2 + 2(K_1+K_2) - 4K_1K_2\right]\frac{\pi}{\mu}\cdot\sin\frac{\pi}{\mu} - 2\left[(K_1+K_2)\left(\frac{\pi}{\mu}\right)^2 + 4K_1K_2\right]\cos\frac{\pi}{\mu} + 8K_1K_2 = 0$$

式中:K_1,K_2 分别为相交于柱上端、柱下端的横梁线刚度之和与柱线刚度之和的比值,当梁远端为铰接时,应将横梁线刚度乘以 1.5;当横梁远端为嵌固时,则将横梁线刚度乘以 2。

2. 当横梁与柱铰接时,取横梁线刚度为零。

3. 对底层框架柱:当柱与基础铰接时,取 $K_2=0$(对平板支座可取 $K_2=0.1$);当柱与基础刚接时,取 $K_2=10$。

4. 当与柱刚性连接的横梁所受轴心压力 N_b 较大时,横梁线刚度应乘以折减系数 α_N。

横梁远端与柱刚接和衡量远端铰接时:

$$\alpha_N = 1 - \frac{N_b}{N_{Eb}}$$

横梁远端嵌固时:

$$\alpha_N = 1 - \frac{N_b}{2N_{Eb}}$$

式中:$N_{Eb} = \dfrac{\pi^2 E I_b}{l^2}$,$I_b$ 为横梁截面惯性矩,l 为横梁长度。

附表 6-2　有侧移框架柱的计算长度系数 μ

K_1 $\diagdown$ K_2	0	0.05	0.1	0.2	0.3	0.4	0.5	1	2	3	4	5	$\geqslant 10$
0	∞	6.02	4.46	3.42	3.01	2.78	2.64	2.33	2.17	2.11	2.08	2.07	2.03
0.05	6.02	4.16	3.47	2.86	2.58	2.42	2.31	2.07	1.94	1.90	1.87	1.86	1.83
0.1	4.46	3.47	3.01	2.56	2.33	2.20	2.11	1.90	1.79	1.75	1.73	1.72	1.70
0.2	3.42	2.86	2.56	2.23	2.05	1.94	1.87	1.70	1.60	1.57	1.55	1.54	1.52
0.3	3.01	2.58	2.33	2.05	1.90	1.80	1.74	1.58	1.49	1.46	1.45	1.44	1.42
0.4	2.78	2.42	2.20	1.94	1.80	1.71	1.65	1.50	1.42	1.39	1.37	1.37	1.35
0.5	2.64	2.31	2.11	1.87	1.74	1.65	1.59	1.45	1.37	1.34	1.32	1.32	1.30
1	2.33	2.07	1.90	1.70	1.58	1.50	1.45	1.32	1.24	1.21	1.20	1.19	1.17
2	2.17	1.94	1.79	1.60	1.49	1.42	1.37	1.24	1.16	1.14	1.12	1.12	1.10
3	2.11	1.90	1.75	1.57	1.46	1.39	1.34	1.21	1.14	1.11	1.10	1.09	1.07
4	2.08	1.87	1.73	1.55	1.45	1.37	1.32	1.20	1.12	1.10	1.08	1.08	1.06
5	2.07	1.86	1.72	1.54	1.44	1.37	1.32	1.19	1.12	1.09	1.08	1.07	1.05
$\geqslant 10$	2.03	1.83	1.70	1.52	1.42	1.35	1.30	1.17	1.10	1.07	1.06	1.05	1.03

注:1. 附表 6-2 中的计算长度系数 μ 值系按下式算得:

$$\left[36K_1K_2 - P\left(\frac{\pi}{\mu}\right)^2\right]\sin\frac{\pi}{\mu} + 6(K_1+K_2)\frac{\pi}{\mu} \cdot \cos\frac{\pi}{\mu} = 0$$

式中:K_1,K_2 分别为相交于柱上端、柱下端的横梁线刚度之和与柱线刚度之和的比值,当横梁远端为铰接时,应将横梁线刚度乘以 0.5;当横梁远端为嵌固时,则应乘以 2/3。

2. 当横梁与柱铰接时,取横梁线刚度为零。

3. 对底层框架柱:当柱与基础铰接时,取 $K_2 = 0$(对平板支座可取 $K_2 = 0.1$);当柱与基础刚接时,取 $K_2 = 10$;

4. 当与柱刚性连接的横梁所受轴心压力 N_b 较大时,横梁线刚度应乘以折减系数 α_N。

横梁远端与柱刚接时:

$$\alpha_N = 1 - \frac{N_b}{4N_{Eb}}$$

横梁远端铰支时:

$$\alpha_N = 1 - \frac{N_b}{N_{Eb}}$$

横梁远端嵌固时:

$$\alpha_N = 1 - \frac{N_b}{2N_{Eb}}$$

式中:N_{Eb} 的计算方式见附表 6-1 注 4。

附录7　疲劳计算的构件和连接分类

附表 7-1　构件和连接分类

项次	简　图	说　明	类别
1		无连接处的主体金属 (1)轧制型钢 (2)钢板 a. 两边为轧制边或刨边 b. 两侧为自动、半自动切割边(切割质量标准应符合现行国家标准《钢结构工程施工质量验收规范》(GB 50205—2001)	1 1 2
2		横向对接焊缝附近的主体金属 (1)符合现行国家标准《钢结构工程施工质量验收规范》(GB 50205—2001)的一级焊缝 (2)经加工、磨平的一级焊缝	3 2
3		不同厚度(或宽度)横向对接焊缝附近的主体金属,焊缝加工成平滑过渡并符合一级焊缝标准	2
4		纵向对接焊缝附近的主体金属,焊缝符合二级焊缝标准	2
5		翼缘连接焊缝附近的主体金属 (1)翼缘板与腹板的连接焊接 a. 自动焊,二级 T 级对接和角接组合焊缝 b. 自动焊,角焊缝,外观质量标准符合二级 c. 手工焊,角焊缝,外观质量标准符合二级 (2)双层翼缘板之间的连接焊接 a. 自动焊,角焊缝,外观质量标准符合二级 b. 手工焊,角焊缝,外观质量标准符合二级	 2 3 4 3 4
6		横向加劲肋端部附近的主体金属 (1)肋端不断弧(采用回焊) (2)肋端断弧	 4 5

续表

项次	简　图	说　　明	类别
7		梯形节点板用对接焊缝焊于梁翼缘、腹板以及桁架构件处的主体金属,过渡处在焊后铲平、磨光、圆滑过渡,不得有焊接起弧、灭弧缺陷	5
8		矩形节点板焊接于构件翼缘或腹板处的主体金属,$l>150$mm	7
9		翼缘板中断处的主体金属(板端有正面焊缝)	7
10		向正面角焊缝过渡处的主体金属	6
11		两侧面角焊缝连接端部的主体金属	8
12		三角围焊的角焊缝端部主体金属	7

项次	简　图	说　明	类别
13		三面围焊或两侧面角焊缝连接的节点板主体金属(节点板计算宽度按应力扩散角 θ 等于 30°考虑)	7
14		K 形坡口 T 形对接与角接组合焊缝处的主体金属,两板轴线偏离小于 $0.15t$,焊缝为二级,焊趾角 $\alpha \leqslant 45°$	5
15		十字接头角焊缝处的主体金属,两板轴线偏离小于 $0.15t$	7
16	角焊缝	按有效面确定的剪应力幅计算	8
17		铆钉连接处的主体金属	3
18		连系螺栓和虚孔处的主体金属	3
19		高强度螺栓摩擦型连接处的主体金属	2

注:1.所有对接焊缝及 T 形对接和角接组合焊缝均需焊透。所有焊缝的外形尺寸均应符合标准《钢结构焊缝外形尺寸》(JB/T 7949—1999)的规定。

2.角焊缝应符合《钢结构设计规范》(GB 50017—2003)第 8.2.7 条和第 8.2.8 条的要求。

3.第 16 项中的剪应力幅 $\Delta\tau = \tau_{max} - \tau_{min}$,其中 τ_{min} 的正负值为:与 τ_{max} 同方向时,取正值;与 τ_{max} 反方向时,取负值。

4.第 17 和第 18 项中的应力应以净截面面积计算,第 19 项应以毛截面面积计算。

附录8 螺栓和锚栓规格

附表 8-1 普通螺栓规格

螺栓直径 d /mm	螺距 P /mm	螺栓有效直径 d_e /mm	螺栓有效面积 A_e /mm²	注
16	2	14.12	156.7	
18	2.5	15.65	192.5	
20	2.5	17.65	244.8	
22	2.5	19.65	303.4	
24	3	21.19	352.5	
27	3	24.19	459.4	
30	3.5	26.72	560.6	螺栓有效面积 A_e 的
33	3.5	29.72	693.6	计算公式为
36	4	32.25	816.7	$A_e = \dfrac{\pi}{4}(d-0.9382p)^2$
39	4	35.25	975.8	
42	4.5	37.78	1121.0	
45	4.5	40.78	1306.0	
48	5	43.31	1473.0	
52	5	47.31	1758.0	
56	5.5	50.84	2030.0	
60	5.5	54.84	2362.0	

附表 8-2 锚栓规格

		I				II			III			
型式												
锚栓直径 d/mm 计算净截面面积/cm²		20 2.45	24 3.53	30 5.61	36 8.17	42 11.20	48 14.70	56 20.30	64 26.8	72 34.60	88 43.44	90 55.91
锚全允许 拉力/kN	3号钢 16Mn	34.3 46.55	49.42 67.07	78.54 106.59	114.38 155.23	156.8 212.8	205.8 279.3	284.2 385.7	375.2 509.2	484.4 657.4	608.16 825.36	782.74 1062.29
II,III型 锚栓	锚板宽度 c/mm 锚板厚度/mm					140 20	200 20	200 20	240 25	280 30	350 40	400 40

附录9　热轧等边角钢

附表 9-1　热轧等边角钢的规格及截面特性（按 GB/T 706—2008 计算）

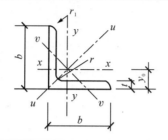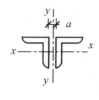

规格	尺寸/mm			截面积 A/cm²	质量 /kg·m⁻¹	重心距 y_0 /cm	惯性矩 I_x /cm⁴	抵抗矩 /cm³			回转半径 /cm			双角钢回转半径 i_y/cm					
	b	t	r					W_{xmax}	W_{xmin}	W_x	i_x	i_y	i_u	$a=$6mm	$a=$8mm	$a=$10mm	$a=$12mm	$a=$14mm	$a=$16mm
L20×$\frac{3}{4}$	20	3	3.5	1.132	0.889	0.60	0.40	0.67	0.29	0.45	0.59	0.75	0.39	1.08	1.16	1.25	1.34	1.43	1.52
		4		1.459	1.145	0.64	0.50	0.78	0.36	0.55	0.58	0.73	0.38	1.10	1.19	1.28	1.37	1.46	1.55
L25×$\frac{3}{4}$	25	3	3.5	1.432	1.124	0.73	0.82	1.12	0.46	0.73	0.76	0.95	0.49	1.28	1.36	1.45	1.53	1.62	1.71
		4		1.859	1.459	0.76	1.03	1.36	0.59	0.92	0.74	0.93	0.48	1.29	1.38	1.46	1.55	1.64	1.73
L30×$\frac{3}{4}$	30	3	4.5	1.749	1.373	0.85	1.46	1.72	0.68	1.09	0.91	1.15	0.59	1.47	1.55	1.63	1.71	1.80	1.88
		4		2.276	1.786	0.89	1.84	2.07	0.87	1.37	0.90	1.13	0.58	1.49	1.57	1.66	1.74	1.83	1.91
L36×$\frac{3}{4}{5}$	36	3	4.5	2.109	1.656	1.00	2.58	2.58	0.99	1.61	1.11	1.39	0.71	1.71	1.79	1.87	0.95	2.03	2.11
		4		2.756	2.163	1.04	3.29	3.16	1.28	2.05	1.09	1.38	0.70	1.73	1.81	1.89	0.97	2.05	2.14
		5		3.382	2.654	1.07	3.95	3.69	1.56	2.45	1.08	1.36	0.70	1.74	1.82	1.91	0.99	2.07	2.16
L40×$\frac{3}{4}{5}$	40	3	5	2.359	1.852	1.09	3.59	3.29	1.23	2.01	1.23	1.55	0.79	1.86	1.93	2.01	2.09	2.17	2.25
		4		3.086	2.422	1.13	4.60	4.07	1.60	2.58	1.22	1.54	0.79	1.88	1.96	2.04	2.12	2.20	2.28
		5		3.791	2.976	1.17	5.53	4.73	1.96	3.10	1.21	1.52	0.78	1.90	1.98	2.06	2.14	2.23	2.31
L45×$\frac{3}{4}{5}{6}$	45	3	5	2.659	2.088	1.22	5.17	4.23	1.58	2.58	1.40	1.76	0.89	2.07	2.14	2.22	2.30	2.38	2.46
		4		3.486	2.736	1.26	6.65	5.28	2.05	3.32	1.38	1.74	0.89	2.08	2.16	2.24	2.32	2.40	2.48
		5		4.292	3.369	1.30	8.04	6.18	2.51	4.00	1.37	1.72	0.88	2.11	2.18	2.26	2.34	2.42	2.51
		6		5.076	3.985	1.33	9.33	7.02	2.95	4.64	1.36	1.70	0.88	2.12	2.20	2.28	2.36	2.44	2.53
L50×$\frac{3}{4}{5}{6}$	50	3	5.5	2.971	2.332	1.34	7.18	5.36	1.96	3.22	1.55	1.96	1.00	2.26	2.33	2.41	2.48	2.56	2.64
		4		3.897	3.059	1.38	9.26	6.71	2.56	4.16	1.54	1.94	0.99	2.28	2.35	2.43	2.51	2.59	2.67
		5		4.803	3.770	1.42	11.21	7.89	3.13	5.03	1.53	1.92	0.98	2.30	2.38	2.46	2.53	2.61	2.70
		6		5.688	4.465	1.46	13.05	8.94	3.68	5.85	1.52	1.91	0.98	2.33	2.40	2.48	2.56	2.64	2.72
L56×$\frac{3}{4}{5}{8}$	56	3	6	3.343	2.624	1.48	10.19	6.89	2.48	4.08	1.75	2.20	1.13	2.50	2.57	2.64	2.72	2.80	2.87
		4		4.390	3.446	1.53	13.18	8.61	3.24	5.28	1.73	2.18	1.11	2.52	2.59	2.67	2.74	2.82	2.90
		5		5.415	4.251	1.57	16.02	10.20	3.97	6.42	1.72	2.17	1.10	2.54	2.62	2.69	2.77	2.85	2.93
		8		8.367	6.568	1.68	23.63	14.07	6.03	9.44	1.68	2.11	1.09	2.60	2.67	2.75	2.83	2.91	3.00

续表

规格	尺寸/mm			截面积 A/cm²	质量 /kg·m⁻¹	重心距 y_0/cm	惯性矩 I_x/cm⁴	抵抗矩/cm³			回转半径/cm			双角钢回转半径 i_y/cm					
	b	t	r					$W_{x\max}$	$W_{x\min}$	W_x	i_x	i_y	i_u	$a=$6mm	$a=$8mm	$a=$10mm	$a=$12mm	$a=$14mm	$a=$16mm
∟63×6	63	4	7	4.978	3.907	1.70	19.03	11.19	4.13	6.78	1.96	2.46	1.26	2.80	2.87	2.95	3.02	3.10	3.18
		5		6.143	4.822	1.74	23.17	13.32	5.08	8.25	1.94	2.45	1.25	2.82	2.89	2.96	3.04	3.12	3.20
		6		7.288	5.721	1.78	27.12	15.24	6.00	9.66	1.93	2.43	1.24	2.84	2.91	2.99	3.06	3.14	3.22
		8		9.515	7.469	1.85	34.46	18.63	7.75	12.25	1.90	2.40	1.23	2.87	2.94	3.02	3.10	3.18	3.26
		10		11.657	9.151	1.93	41.09	21.29	9.39	14.56	1.88	2.36	1.22	2.92	2.99	3.07	3.15	3.23	3.31
∟70×6	70	4	8	5.570	4.372	1.86	26.39	14.19	5.14	8.44	2.18	2.74	1.40	3.07	3.14	3.21	3.29	3.36	3.44
		5		6.875	5.397	1.91	32.21	16.86	6.32	10.32	2.16	2.73	1.39	3.09	3.16	3.24	3.31	3.39	3.47
		6		8.160	6.406	1.95	37.77	19.37	7.48	12.11	2.15	2.71	1.38	3.11	3.19	3.26	3.34	3.41	3.49
		7		9.424	7.398	1.99	43.09	21.65	8.59	13.81	2.14	2.69	1.38	3.13	3.21	3.28	3.36	3.44	3.52
		8		10.667	8.373	2.03	48.17	23.73	9.68	15.43	2.12	2.68	1.37	3.15	3.22	3.30	3.38	3.46	3.54
∟75×7	75	5	9	7.412	5.818	2.04	39.97	19.59	7.32	11.94	2.33	2.92	1.50	3.30	3.37	3.45	3.52	3.60	3.67
		6		8.797	6.905	2.07	46.95	22.68	8.64	14.02	2.31	2.90	1.49	3.31	3.38	3.46	3.53	3.61	3.68
		7		10.160	7.976	2.11	53.57	25.39	9.93	16.02	2.30	2.89	1.48	3.33	3.40	3.48	3.55	3.63	3.71
		8		11.503	9.030	2.15	59.96	27.89	11.20	17.93	2.28	2.88	1.47	3.35	3.42	3.50	3.57	3.65	3.73
		10		14.126	11.089	2.22	71.98	32.42	13.64	21.48	2.26	2.84	1.46	3.38	3.46	3.54	3.61	3.69	3.77
∟80×7	80	5	9	7.912	6.211	2.15	48.79	22.69	8.34	13.67	2.48	3.13	1.60	3.49	3.56	3.63	3.70	3.78	3.85
		6		9.397	7.376	2.19	57.35	26.19	9.87	16.08	2.47	3.11	1.59	3.51	3.58	3.65	3.73	3.80	3.88
		7		10.860	8.525	2.20	65.58	29.41	11.37	18.40	2.46	3.10	1.58	3.53	3.60	3.67	3.75	3.83	3.90
		8		12.303	9.658	2.27	73.49	32.37	12.83	20.61	2.44	3.08	1.57	3.54	3.62	3.69	3.77	3.84	3.92
		10		15.126	11.874	2.35	88.43	37.63	15.64	24.76	2.42	3.04	1.56	3.59	3.66	3.74	3.82	3.89	3.97
∟90×8	90	6	10	10.637	8.350	2.44	82.77	33.92	12.61	20.63	2.79	3.51	1.80	3.91	3.98	4.05	4.13	4.20	4.28
		7		12.301	9.656	2.48	94.83	38.24	14.54	23.64	2.78	3.50	1.78	3.93	4.00	4.08	4.15	4.22	4.30
		8		13.944	10.946	2.52	106.47	42.25	16.42	26.55	2.76	3.48	1.78	3.95	4.02	4.09	4.17	4.24	4.32
		10		17.167	13.476	2.59	128.58	49.64	20.07	32.04	2.74	3.45	1.76	3.98	4.06	4.13	4.21	4.28	4.36
		12		20.306	15.940	2.67	149.22	55.89	23.57	37.12	2.71	3.41	1.75	4.02	4.09	4.17	4.25	4.32	4.40
∟100×10	100	6	12	11.932	9.366	2.67	114.95	43.05	15.68	25.74	3.10	3.90	2.00	4.29	4.36	4.43	4.51	4.58	4.65
		7		13.796	10.830	2.71	131.86	48.66	18.10	29.55	3.09	3.89	1.99	4.31	4.38	4.46	4.53	4.60	4.68
		8		15.638	12.276	2.76	148.24	53.71	20.47	33.24	3.08	3.88	1.98	4.34	4.41	4.48	4.56	4.63	4.71
		10		19.261	15.120	2.84	179.51	63.21	25.06	40.26	3.05	3.84	1.96	4.38	4.45	4.52	4.60	4.67	4.75
		12		22.800	17.898	2.91	208.90	71.79	29.48	46.80	3.03	3.81	1.95	4.41	4.49	4.56	4.64	4.71	4.79
		14		26.256	20.611	2.99	236.53	79.11	33.73	52.90	3.00	3.77	1.94	4.45	4.53	4.60	4.68	4.76	4.83
		16		29.627	23.257	3.06	262.53	85.79	37.82	58.57	2.98	3.74	1.94	4.49	4.57	4.64	4.72	4.80	4.88
∟110×10	110	7	12	15.196	11.928	2.96	177.16	59.85	22.05	36.12	3.41	4.30	2.20	4.72	4.79	4.86	4.93	5.00	5.08
		8		17.238	13.532	3.01	199.46	66.27	24.95	40.69	3.40	4.28	2.19	4.75	4.82	4.89	4.96	5.03	5.11
		10		21.261	16.690	3.09	242.19	78.38	30.60	49.42	3.38	4.25	2.17	4.79	4.86	4.93	5.00	5.08	5.15
		12		25.200	19.782	3.16	282.55	89.41	36.05	57.62	3.35	4.22	2.15	4.82	4.89	4.96	5.04	5.11	5.19
		14		29.056	22.809	3.24	320.71	98.98	41.31	65.31	3.32	4.18	2.14	4.85	4.93	5.00	5.08	5.15	5.23
∟125×8	125	8	14	19.750	15.504	3.73	297.03	88.14	32.52	53.28	3.88	4.88	2.50	5.34	5.41	5.48	5.55	5.62	5.70
		10		24.373	19.133	3.45	361.67	104.83	39.97	64.93	3.85	4.82	2.48	5.37	5.44	5.52	5.59	5.66	5.73
		12		28.912	22.696	3.53	423.16	119.88	47.1①	75.96	3.83	4.82	2.46	5.42	5.49	5.56	5.63	5.71	5.78
		14		33.367	26.193	3.61	481.65	133.42	54.16	86.41	3.80	4.78	2.45	5.45	5.52	5.60	5.67	5.75	5.82

规格	尺寸/mm			截面积 A/cm²	质量 /kg·m⁻¹	重心距 y_0 /cm	惯性矩 I_x /cm⁴	抵抗矩 /cm³			回转半径 /cm			双角钢回转半径 i_y/cm					
	b	t	r					W_{xmax}	W_{xmin}	W_x	i_x	i_y	i_u	$a=$6mm	$a=$8mm	$a=$10mm	$a=$12mm	$a=$14mm	$a=$16mm
<140×		10		27.373	21.488	3.82	514.65	134.73	50.58	82.56	4.34	5.46	2.78	5.98	6.05	6.12	6.19	6.27	6.34
⌐12	140	12	14	32.512	25.522	3.90	603.68	154.79	59.80	96.85	4.31	5.43	2.77	6.20	6.09	6.16	6.23	6.30	6.38
14		14		37.567	29.490	3.98	688.81	173.07	68.75	110.47	4.28	5.40	2.75	6.05	6.12	6.20	6.27	6.34	6.42
16		16		42.539	33.393	4.06	770.24	189.71	77.46	123.42	4.26	5.36	2.74	6.10	6.17	6.24	6.31	6.39	6.46
10		10		31.502	24.729	4.31	779.53	180.87	66.70	109.36	4.98	6.27	3.20	6.79	6.85	6.99	3.92	7.06	7.14
∟160×12	160	12	16	37.441	29.391	4.39	916.58	208.79	78.98	128.67	4.95	6.24	3.18	6.82	6.89	6.96	7.03	7.10	7.17
14		14		43.296	33.987	4.47	1048.36	234.53	90.95	147.17	4.92	6.20	3.16	6.85	6.92	6.99	7.06	7.14	7.21
16		16		49.067	38.518	4.55	1175.08	258.26	102.63	164.89	4.89	6.17	3.14	6.89	6.96	7.03	7.10	7.17	7.25
12		12		42.241	33.159	4.89	1321.35	270.21	100.82	165.00	5.59	7.05	3.58	7.63	7.70	7.77	7.84	7.91	7.98
∟180×14	180	14	16	48.896	38.383	4.97	1514.48	304.72	116.25	189.14	5.56	7.02	3.56	7.66	7.73	7.80	7.87	7.94	8.01
16		16		55.467	43.542	5.05	1700.99	336.83	131.35②	212.40	5.54	6.89	3.55	7.70	7.77	7.84	7.91	7.98	8.06
18		18		61.955	48.635	5.13	1875.12	365.52	145.64	234.78	5.50	6.94	3.51	7.73	7.80	8.87	7.94	8.01	8.09
14		14		54.642	42.894	5.46	2103.55	385.27	144.70	236.40	6.20	7.82	3.98	8.46	8.53	8.60	8.67	8.74	8.81
16		16		62.013	48.680	5.54	2366.15	427.10	163.65	265.93	6.18	7.79	3.96	8.50	8.57	8.64	8.71	8.78	8.85
∟200×18	200	18	18	69.301	54.401	5.62	2620.64	466.31	182.22	294.48	6.15	7.75	3.94	8.54	8.61	8.68	8.75	8.82	8.89
20		20		76.505	60.056	5.69	2867.30	503.92	200.42	322.06	6.12	7.72	3.93	8.56	8.63	8.70	8.78	8.85	8.92
24		24		90.661	71.168	5.87	3338.25	568.70	263.17	374.41	6.07	7.64	3.90	8.66	8.73	8.80	8.87	8.94	9.02

注:1.①,②疑 GB/T 706—2008 所给数值有误,附表 9-1 中该 W_{xmin} 值是按 GB 706—2008 中所给相应的 I_x,b 和 y_0 计算求得 $\left(W_{xmin}=\dfrac{I_x}{b-y_0}\right)$,供参考。

2.等边角钢的通常长度:∟20～∟90,为 4～12m;∟100～∟140,为 4～19m;∟160～∟200,为 6～19m。

附录 10 热轧不等边角钢

附表 10-1 热轧不等边角钢的规格及截面特性(按 GB/T 706—2008 计算)

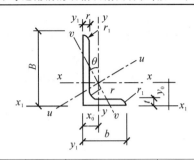

规格	尺寸/mm				截面面积 A /cm²	质量 /(kg·m⁻¹)	重心距/cm		惯性矩/cm⁴			抵抗矩/cm³				回转半径/cm			tanθ
	B	b	t	r			x_0	y_0	I_x	I_y	I_u	W_{xmax}	W_{xmin}	W_{ymax}	W_{ymin}	i_x	i_y	i_u	
L25×16×$\frac{3}{4}$	25	16	3 4	3.5	1.162 1.499	0.912 1.176	0.42 0.46	0.86 0.90	0.70 0.88	0.22 0.27	0.14 0.17	0.81 0.98	0.43 0.55	0.52 0.59	0.19 0.24	0.78 0.77	0.44 0.43	0.34 0.34	0.392 0.381
L32×20×$\frac{3}{4}$	32	20	3 4	3.5	1.492 1.939	1.717 1.522	0.49 0.53	1.08 1.12	1.53 1.93	0.46 0.57	0.28 0.35	1.42 1.72	0.72 0.93	0.94 1.08	0.30 0.39	1.01 1.00	0.55 0.54	0.43 0.42	0.382 0.374
L40×25×$\frac{3}{4}$	40	25	3 4	4	1.890 2.467	1.484 1.936	0.59 0.63	1.32 1.37	3.08 3.93	0.93 1.18	0.56 0.71	2.33 2.87	1.15 1.49	1.58 1.87	0.49 0.63	1.28 1.26①	0.70 0.69	0.54 0.54	0.385 0.381
L45×28×$\frac{3}{4}$	45	28	3 4	5	2.419 2.806	1.687 2.203	0.64 0.68	1.47 1.51	4.45 5.69	1.34 1.70	0.80 1.02	3.03 3.77	1.47 1.91	2.09 2.50	0.62 0.80	1.44 1.42	0.79 0.78	0.61 0.60	0.383 0.380
L45×32×$\frac{3}{4}$	50	32	3 4	5.5	2.431 3.177	1.908 2.494	0.73 0.77	1.60 1.65	6.24 8.02	2.02 2.58	1.20 1.53	3.90 4.86	1.84 2.39	2.77 3.35	0.82 1.06	1.60 1.59	0.91 0.90	0.70 0.69	0.404 0.402
L56×36×$\begin{matrix}3\\4\\5\end{matrix}$	56	36	3 4 5	6	2.743 3.590 4.415	2.153 2.818 3.466	0.80 0.85 0.88	1.78 1.82 1.87	8.88 11.45 13.86	2.92 3.76 4.49	1.73 2.23 2.67	4.99 6.29 7.41	2.32 3.03 3.71	3.65 4.42 5.10	1.05 1.37 1.65	1.80 1.79 1.77	1.03 1.02 1.01	0.79 0.79 0.78	0.408 0.408 0.404
L63×40×$\begin{matrix}4\\5\\6\\7\end{matrix}$	63	40	4 5 6 7	7	4.058 4.993 5.908 6.802	3.185 3.920 4.638 5.339	0.92 0.95 0.99 1.03	2.04 2.08 2.12 2.15	16.49 20.02 23.36 26.53	5.23 6.31 7.29 8.24	3.12 3.76 4.34 4.97	8.08 9.62 11.02 12.34	3.87 4.74 5.59 6.40	5.68 6.64 7.36 8.00	1.70 2.07② 2.43 2.78	2.02 2.00 1.99③ 1.98	1.14 1.12 1.11 1.10	0.88 0.87 0.86 0.86	0.398 0.396 0.393 0.389
L70×45×$\begin{matrix}4\\5\\6\\7\end{matrix}$	70	45	4 5 6 7	7.5	4.547 5.609 6.647 7.657	3.570 4.403 5.218 6.011	1.02 1.06 1.19 1.13	2.24 2.28 2.32 2.36	23.17 27.95 32.54 37.22	7.55 9.13 10.62 12.01	4.40 5.40 6.35 7.16	10.34 12.26 14.03 15.77	4.86 5.92 6.95 8.03	7.40 8.61 9.74 10.63	2.17 2.65 3.12 3.57	2.26 2.23 2.21 2.20	1.29 1.28 1.26 1.25	0.98 0.98 0.98 0.97	0.410 0.407 0.404 0.402
L75×50×$\begin{matrix}5\\6\\8\\10\end{matrix}$	75	50	5 6 8 10	8	6.125 7.260 9.467 11.590	4.808 5.699 7.431 9.098	1.17 1.21 1.29 1.36	2.40 2.44 2.52 2.60	34.86 41.12 52.39 62.71	12.61 14.70 18.53 21.96	7.41 8.54 10.87 13.10	14.53 16.85 20.79 24.12	6.83 8.12 10.52 12.79	10.78 12.15 14.36 16.15	3.30 3.88 4.99 6.04	2.39 2.38 2.35 2.33	1.44 1.42 1.40 1.38	1.10 1.08 1.07 1.06	0.435 0.435 0.429 0.423

规格	尺寸/mm				截面面积 A /cm²	质量 /(kg·m⁻¹)	重心距 /cm		惯性矩 /cm⁴			抵抗矩 /cm³				回转半径 /cm			$\tan\theta$
	B	b	t	r			x_0	y_0	I_x	I_y	I_u	W_{xmax}	W_{xmin}	W_{ymax}	W_{ymin}	i_x	i_y	i_u	
∟80×50×	80	50	5	8	6.375	5.005	1.14	2.60	41.96	12.82	7.66	16.14	7.78	11.25	3.32	2.56	1.42	1.10	0.388
			6		7.560	5.935	1.18	2.65	49.49	14.95	8.85	18.68	9.25	12.67	3.91	2.56	1.41	1.08	0.387
			7		8.724	6.848	1.21	2.69	56.16	16.96	10.18	20.88	10.58	14.02	4.48	2.54	1.39	1.08	0.384
			8		9.867	7.745	1.25	2.73	62.83	18.85	11.38	23.01	11.92	15.08	5.03	2.52	1.38	1.07	0.381
∟90×56×	90	56	5	9	7.212	5.661	1.25	2.91	60.45	18.33	10.98	20.77	9.92	14.66	4.21	2.90	1.59	1.23	0.385
			6		8.557	6.717	1.29	2.95	71.03	21.42	12.90	24.08	11.74	16.60	4.96	2.88	1.58	1.23	0.384
			7		9.880	7.756	1.33	3.00	81.01	24.36	14.67	27.00	13.49	18.32	5.70	2.86	1.57	1.22	0.382
			8		11.183	8.779	1.36	3.04	91.03	27.15	16.34	29.94	15.27	19.96	6.41	2.85	1.56	1.21	0.380
∟100×63×	100	63	6	10	9.617	7.550	1.43	3.24	99.06	30.94	18.42	30.57	14.64	21.64	6.35	3.21	1.79	1.38	0.394
			7		11.111	8.722	1.47	3.28	113.45	35.26	21.00	34.59	16.88	23.99	7.29	3.20	1.78	1.38	0.394
			8		12.584	9.878	1.50	3.32	127.37	39.39	23.50	38.36	19.08	26.26	8.21	3.18	1.77	1.37	0.391
			10		15.467	12.142	1.58	3.40	153.81	47.12	28.33	45.24	23.32	29.82	9.98	3.15	1.74	1.35	0.387
∟100×80×	100	80	6	10	10.637	8.350	1.97	2.95	107.04	61.24	31.65	36.28	15.19	31.09	10.16	3.17	2.40	1.72	0.627
			7		12.301	9.656	2.01	3.00	122.73	70.08	36.17	40.91	17.52	34.87	11.71	3.16	2.39	1.72	0.626
			8		13.944	10.946	2.05	3.04	137.92	78.58	40.58	45.37	19.81	38.33	13.21	3.14	2.37	1.71	0.625
			10		17.167	13.476	2.13	3.12	166.87	94.65	49.10	53.48	24.24	44.44	16.12	3.12	2.35	1.69	0.622
∟110×70×	110	70	6	10	10.637	8.350	1.57	3.53	133.37	42.92	25.36	37.78	17.85	27.34	7.90	3.54	2.01	1.54	0.403
			7		12.301	9.656	1.61	3.57	153.00	49.01	28.95	42.86	20.60	30.44	9.09	3.53	2.00	1.53	0.402
			8		13.944	10.946	1.65	3.62	172.04	54.87	32.45	47.52	23.30	33.25	10.25	3.51	1.98	1.53	0.401
			10		17.167	13.476	1.72	3.70	208.39	65.88	39.20	56.32	28.54	38.30	12.48	3.48	1.96	1.51	0.397
∟125×80×	125	80	7	11	14.096	11.066	1.80	4.01	227.98	74.42	43.81	56.85	26.86	41.34	12.01	4.02	2.30	1.76	0.408
			8		15.989	12.551	1.84	4.06	256.77	83.49	49.15	63.24	30.41	45.38	13.56	4.01	2.28	1.75	0.407
			10		19.712	15.474	1.92	4.14	312.04	100.67	59.45	75.37	37.33	52.43	16.56	3.98	2.26	1.74	0.404
			12		23.351	18.330	2.00	4.22	364.41	116.67	69.35	86.35	44.01	58.34	19.43	3.95	2.24	1.72	0.400
∟140×90×	140	90	8	12	18.038	14.160	2.04	4.50	365.64	120.69	70.83	81.25	38.48	59.16	17.34	4.50	2.59	1.98	0.411
			10		22.261	17.475	2.12	4.58	445.50	146.03	85.82	97.27	47.31	68.88	21.22	4.47	2.56	1.96	0.409
			12		26.400	20.724	2.19	4.66	521.59	169.79	100.21	111.93	55.87	77.53	24.95	4.44	2.54	1.95	0.406
			14		30.456	23.908	2.27	4.74	594.10	192.10	114.13	125.34	64.18	84.63	28.54	4.42	2.51	1.94	0.403
∟160×100×	160	100	10	13	25.315	19.872	2.28	5.24	668.69	205.03	121.74	127.61	62.13	89.93	26.56	5.14	2.85	2.19	0.390
			12		30.054	23.592	2.36	5.32	784.91	239.06	142.33	147.54	73.49	101.30	31.28	5.11	2.82	2.17	0.388
			14		34.709	27.247	2.43	5.40	896.30	271.20	162.23	165.98	84.56	111.60	35.83	5.08	2.80	2.16	0.385
			16		39.281	30.835	2.51	5.48	1003.04	301.60	182.57	183.04	95.33	120.16	40.24	5.05	2.77	2.16	0.382
∟180×110×	180	110	10	14	28.373	22.273	2.44	5.89	956.25	278.11	166.50	162.35	78.96	113.98	32.49	5.80	3.13	2.42	0.376
			12		33.712	26.464	2.52	5.98	1124.72	325.03	194.57	188.08	93.53	128.98	38.32	5.78	3.10	2.40	0.374
			14		38.967	30.589	2.59	6.06	1286.91	369.55	222.30	212.36	107.76	142.68	43.97	5.75	3.08	2.39	0.372
			16		44.139	34.649	2.67	6.14	1443.06	411.85	248.94	235.03	121.64	154.25	49.44	5.72	3.06	2.38	0.369
∟200×125×	200	125	12	14	37.912	29.761	2.83	6.54	1570.90	483.16	285.79	240.20	116.73	170.73	49.99	6.44	3.57	2.74	0.392
			14		43.867	34.436	2.91	6.62	1800.97	550.83	326.58	272.05	134.65	189.29	57.44	6.41	3.54	2.73	0.390
			16		49.739	39.045	2.99	6.70	2023.35	615.44	366.21	301.99	152.18	205.83	64.69	6.38	3.52	2.71	0.388
			18		55.526	43.588	3.06	6.78	2238.30	677.19	404.83	330.13	169.33	221.30	71.74	6.35	3.49	2.70	0.385

注：1.①疑 GB/T 706—2008 所给数值有误，附表 10-1 中该 i_x 值是按 GB/T 706—2008 中所给相应的 I_x 和 A 计算求得，供参考。
②，③疑 GB/T 9788—2008 所给数值有误，附表 10-1 中该 W_{ymin} 和 i_x 值为改正值，供参考。
2.不等边角钢的通常长度：∟25×16～∟90×56，为 4～12m；∟100×63～∟140×90，为 4～19m；∟160×100～∟200×125，为 6～19m。

附表 10-2　两个热轧不等边角钢的组合截面特性(按 GB/T 706—2008 计算)

y_0—重心距;　I—惯性矩;　W—抵抗矩;　i—回转半径;　a—两角钢背间距离。

长边相连　　　　　短边相连

规格	截面面积 A/cm^2	每米质量 $/(\mathrm{kg\cdot m^{-1}})$	y_0/cm	I_x/cm^4	$W_{x\max}/\mathrm{cm}^3$	$W_{x\min}/\mathrm{cm}^3$	i_y/cm	i_y $a{=}6\mathrm{mm}$	$a{=}8\mathrm{mm}$	$a{=}10\mathrm{mm}$	$a{=}12\mathrm{mm}$	$a{=}14\mathrm{mm}$	$a{=}16\mathrm{mm}$	y_0/cm	I_x/cm^4	$W_{x\max}/\mathrm{cm}^3$	$W_{x\min}/\mathrm{cm}^3$	i_z/cm	i_y $a{=}6\mathrm{mm}$	$a{=}8\mathrm{mm}$	$a{=}10\mathrm{mm}$	$a{=}12\mathrm{mm}$	$a{=}14\mathrm{mm}$	$a{=}16\mathrm{mm}$
2∟25×16×3	2.234	1.824	0.86	1.40	1.62	0.86	0.78	0.84	0.93	1.02	1.11	1.20	1.30	0.42	0.44	1.04	0.38	0.44	1.40	1.48	1.57	1.66	1.74	1.83
×4	2.998	2.352	0.90	1.76	1.96	1.10	0.77	0.87	0.96	1.05	1.14	1.24	1.33	0.46	0.54	1.18	0.48	0.43	1.43	1.51	1.60	1.69	1.78	1.87
2∟32×20×3	2.984	2.342	1.08	3.06	2.84	1.44	1.01	0.96	1.05	1.13	1.22	1.31	1.40	0.49	0.92	1.88	0.60	0.55	1.71	1.79	1.88	1.96	2.05	2.13
×4	3.878	3.044	1.12	3.86	3.44	1.86	1.00	0.99	1.08	1.16	1.25	1.34	1.44	0.53	1.14	2.16	0.78	0.54	1.74	1.82	1.90	1.99	2.08	2.16
2∟40×25×3	3.780	2.968	1.32	6.16	4.66	2.30	1.28	1.13	1.21	1.30	1.38	1.47	1.56	0.59	1.86	3.16	0.98	0.70	2.06	2.14	2.23	2.31	2.39	2.48
×4	4.934	3.872	1.37	7.86	5.74	2.98	1.26	1.16	1.24	1.32	1.41	1.50	1.59	0.63	2.36	3.74	1.26	0.69	2.09	2.17	2.25	2.34	2.42	2.51
2∟45×28×3	4.298	3.374	1.47	8.90	6.06	2.94	1.44	1.23	1.31	1.39	1.47	1.56	1.64	0.64	2.68	4.18	1.24	0.79	2.28	2.36	2.44	2.52	2.60	2.69
×4	5.612	4.406	1.50	11.38	7.54	3.82	1.42	1.25	1.33	1.41	1.50	1.59	1.67	0.68	3.40	5.00	1.60	0.78	2.30	2.38	2.46	2.54	2.63	2.71
2∟50×32×3	4.862	3.816	1.60	12.48	7.80	3.68	1.60	1.37	1.45	1.53	1.61	1.69	1.78	0.73	4.04	5.54	1.64	0.91	2.48	2.56	2.64	2.72	2.80	2.88
×4	6.354	4.988	1.65	16.04	9.72	4.78	1.59	1.40	1.48	1.56	1.64	1.72	1.81	0.77	5.16	6.70	2.12	0.90	2.52	2.59	2.67	2.76	2.84	2.92
2∟56×36×3	5.486	4.306	1.78	17.76	9.98	4.64	1.80	1.51	1.58	1.66	1.74	1.82	1.90	0.80	5.84	7.30	2.10	1.03	2.75	2.83	2.90	2.98	3.06	3.15
×4	7.180	5.636	1.82	22.90	12.58	6.06	1.79	1.54	1.61	1.69	1.77	1.86	1.94	0.85	7.52	8.84	2.74	1.02	2.77	2.85	2.93	3.01	3.09	3.17
×5	8.830	6.932	1.87	27.72	14.82	7.42	1.77	1.55	1.63	1.71	1.79	1.88	1.96	0.88	8.98	10.20	3.30	1.01	2.80	2.88	2.96	3.04	3.12	3.20
2∟63×40×4	8.116	6.370	2.04	32.98	16.16	7.74	2.02	1.67	1.74	1.82	1.90	1.98	2.06	0.92	10.46	11.36	3.40	1.14	3.09	3.17	3.25	3.32	3.40	3.49
×5	9.986	7.840	2.08	40.04	19.24	9.48	2.00	1.68	1.75	1.83	1.91	1.99	2.08	0.95	12.62	13.28	4.14	1.13	3.11	3.19	3.26	3.34	3.42	3.51
×6	11.816	9.276	2.12	46.72	22.04	11.18	1.99	1.70	1.78	1.86	1.94	2.02	2.11	0.99	14.58	14.72	4.86	1.11	3.13	3.21	3.29	3.37	3.45	3.53
×7	13.604	10.678	2.15	53.06	24.68	12.80	1.98	1.73	1.80	1.88	1.97	2.05	2.14	1.03	16.48	16.00	5.56	1.10	3.15	3.23	3.31	3.39	3.47	3.55

续表

长边相连图示说明：
y_0——重心距；
I——惯性矩；
W——抵抗矩；
i——回转半径；
a——两角钢背间距离。

短边相连图示说明：
y_0——重心距；
I——惯性矩；
W——抵抗矩；
i——回转半径；
a——两角钢背间距离。

规格	截面面积 A/cm²	每米质量 /(kg·m⁻¹)	长边相连 y_0/cm	I_x/cm⁴	$W_{x\max}$/cm³	$W_{x\min}$/cm³	i_y/cm	i_y/cm a=6mm	a=8mm	a=10mm	a=12mm	a=14mm	a=16mm	短边相连 y_0/cm	I_x/cm⁴	$W_{x\max}$/cm³	$W_{x\min}$/cm³	i_x/cm	i_y/cm a=6mm	a=8mm	a=10mm	a=12mm	a=14mm	a=16mm
2∟70×45×4	9.094	7.140	2.24	46.34	20.68	9.72	2.26	1.85	1.92	1.99	2.07	2.15	2.23	1.02	15.10	14.80	4.34	1.29	3.40	3.48	3.55	3.63	3.71	3.79
5	11.218	8.806	2.28	55.90	24.52	11.84	2.23	1.87	1.94	2.02	2.10	2.18	2.26	1.06	18.26	17.22	5.30	1.28	3.41	3.49	3.56	3.64	3.72	3.80
6	13.294	10.436	2.32	65.08	28.06	13.90	2.21	1.88	1.95	2.03	2.11	2.19	2.27	1.09	21.24	19.48	6.24	1.26	3.43	3.50	3.58	3.66	3.74	3.82
7	15.314	12.022	2.36	74.44	31.54	16.06	2.20	1.90	1.98	2.05	2.13	2.22	2.30	1.13	24.02	21.26	7.14	1.25	3.45	3.53	3.61	3.69	3.77	3.85
2∟75×50×5	12.250	9.616	2.40	69.72	29.16	13.66	2.39	2.06	2.13	2.21	2.28	2.36	2.44	1.17	25.22	21.56	6.60	1.44	3.61	3.68	3.76	3.84	3.91	3.99
6	14.520	11.398	2.44	82.24	33.70	16.24	2.38	2.07	2.15	2.22	2.30	2.38	2.46	1.21	29.40	24.30	7.76	1.42	3.63	3.71	3.78	3.86	3.94	4.02
8	18.934	14.862	2.52	104.78	41.58	21.04	2.35	2.12	2.19	2.27	2.35	2.43	2.52	1.29	37.06	28.72	9.98	1.40	3.67	3.75	3.83	3.91	3.99	4.07
10	23.180	18.196	2.60	125.42	48.24	25.58	2.33	2.16	2.24	2.32	2.40	2.48	2.56	1.36	43.92	32.30	12.08	1.38	3.72	3.80	3.88	3.96	4.04	4.12
2∟80×50×5	12.750	10.010	2.60	83.92	32.28	15.56	2.56	2.02	2.09	2.17	2.25	2.32	2.40	1.14	25.64	22.50	6.64	1.42	3.87	3.94	4.02	4.10	4.18	4.26
6	15.120	11.870	2.65	98.98	37.36	18.50	2.56	2.04	2.12	2.19	2.27	2.35	2.43	1.18	29.90	25.34	7.82	1.41	3.91	3.98	4.06	4.14	4.22	4.30
7	17.448	13.696	2.69	112.32	41.76	21.16	2.54	2.05	2.13	2.20	2.28	2.36	2.44	1.21	33.92	28.04	8.96	1.39	3.92	4.00	4.08	4.16	4.24	4.32
8	19.734	15.490	2.73	125.66	46.02	23.84	2.52	2.08	2.15	2.23	2.31	2.39	2.47	1.25	37.70	30.16	10.06	1.38	3.94	4.02	4.10	4.18	4.26	4.34
2∟32×20×5	14.424	11.322	2.91	120.90	41.54	19.84	2.90	2.22	2.29	2.36	2.44	2.52	2.59	1.25	36.66	29.32	8.42	1.59	4.33	4.40	4.48	4.55	4.63	4.71
6	17.114	13.434	2.95	142.06	48.16	23.48	2.88	2.24	2.31	2.39	2.46	2.54	2.62	1.29	42.84	33.20	9.92	1.58	4.34	4.42	4.49	4.57	4.65	4.73
2∟90×56×7	19.760	15.512	3.00	162.02	54.00	26.98	2.86	2.26	2.34	2.41	2.49	2.57	2.65	1.33	48.72	36.64	11.40	1.57	4.37	4.44	4.52	4.60	4.68	4.76
8	22.366	17.558	3.04	182.06	59.88	30.54	2.85	2.28	2.35	2.43	2.51	2.58	2.66	1.36	54.30	39.92	12.82	1.56	4.39	4.47	4.54	4.62	4.70	4.78

续表

长边相连 图示说明：
y₀——重心距；
I——惯性矩；
W——抵抗矩；
i——回转半径；
a——两角钢背间距离。

短边相连 图示说明：
y₀——重心距；
I——惯性矩；
W——抵抗矩；
i——回转半径；
a——两角钢背间距离。

规格	截面面积 A/cm²	每米质量 /(kg·m⁻¹)	长边相连 y_0/cm	I_x/cm⁴	W_{max}/cm³	W_{xmin}/cm²	i_y/cm	i_y/cm a=6mm	a=8mm	a=10mm	a=12mm	a=14mm	a=16mm	短边相连 y_0/cm	I_x/cm⁴	W_{max}/cm³	W_{xmin}/cm³	i_x/cm	i_y/cm a=6mm	a=8mm	a=10mm	a=12mm	a=14mm	a=16mm
2∟100×63×6	19.234	15.100	3.24	198.12	61.14	29.28	3.21	2.49	2.56	2.63	2.71	2.78	2.86	1.43	61.88	43.28	12.70	1.79	4.78	4.85	4.93	5.00	5.08	5.16
2∟100×63×7	22.222	17.444	3.28	226.90	69.18	33.76	3.20	2.51	2.58	2.66	2.73	2.81	2.88	1.47	70.52	47.98	14.58	1.78	4.80	4.88	4.95	5.03	5.11	5.19
2∟100×63×8	25.168	19.756	3.32	254.74	76.72	38.16	3.18	2.52	2.60	2.67	2.75	2.82	2.90	1.50	78.78	52.52	16.42	1.77	4.82	4.89	4.97	5.05	5.13	5.20
2∟100×63×10	30.934	24.284	3.40	307.62	90.48	46.64	3.15	2.56	2.64	2.71	2.79	2.95	2.95	1.58	94.24	59.64	19.96	1.74	4.86	4.94	5.01	5.09	5.17	5.25
2∟100×80×6	21.274	16.700	2.95	214.08	72.56	30.38	3.17	3.30	3.37	3.44	3.52	3.59	3.67	1.97	122.48	62.18	20.32	2.40	4.54	4.61	4.69	4.76	4.83	4.91
2∟100×80×7	24.602	19.312	3.00	245.46	81.82	35.04	3.16	3.32	3.39	3.47	3.54	3.61	3.69	2.01	140.16	69.74	23.42	2.39	4.57	4.64	4.72	4.79	4.87	4.94
2∟100×80×8	27.888	21.892	3.04	275.84	90.74	39.62	3.14	3.34	3.41	3.48	3.56	3.63	3.71	2.05	157.16	76.66	26.42	2.37	4.58	4.66	4.73	4.81	4.88	4.96
2∟100×80×10	34.334	26.952	3.12	333.74	106.96	48.48	3.12	3.38	3.45	3.53	3.60	3.68	3.76	2.13	189.30	88.88	32.24	2.35	4.63	4.70	4.78	4.86	4.93	5.01
2∟110×70×6	21.274	16.700	3.53	266.74	75.56	35.70	3.54	2.75	2.81	2.89	2.96	3.03	3.11	1.57	85.84	54.68	15.80	2.01	5.22	5.29	5.36	5.44	5.52	5.59
2∟110×70×7	24.602	19.312	3.57	306.00	85.72	41.20	3.53	2.77	2.84	2.91	2.98	3.06	3.13	1.61	98.02	60.88	18.18	2.00	5.24	5.31	5.39	5.46	5.54	5.62
2∟110×70×8	27.888	21.892	3.62	344.08	95.04	46.60	3.51	2.78	2.85	2.93	3.00	3.07	3.15	1.65	109.74	66.50	20.50	1.98	5.26	5.34	5.41	5.49	5.57	5.64
2∟110×70×10	34.334	26.952	3.70	416.78	112.64	57.08	3.48	2.81	2.89	2.99	3.04	3.11	3.19	1.72	131.76	76.60	24.96	1.96	5.30	5.38	5.45	5.53	5.61	5.69
2∟125×80×7	28.192	22.132	4.01	455.96	113.70	53.72	4.02	3.11	3.18	3.25	3.32	3.40	3.47	1.80	148.84	82.68	24.02	2.30	5.89	5.97	6.04	6.12	6.19	6.27
2∟125×80×8	31.978	25.102	4.06	513.54	126.48	60.82	4.01	3.13	3.20	3.27	3.34	3.41	3.49	1.84	166.98	90.76	27.12	2.28	5.92	6.00	6.07	6.15	6.22	6.30
2∟125×80×10	39.424	30.948	4.14	624.08	150.74	74.66	3.98	3.17	3.24	3.31	3.38	3.46	3.54	1.92	201.34	104.86	33.12	2.26	5.96	6.04	6.11	6.19	6.27	6.34
2∟125×80×12	46.702	36.660	4.22	728.82	172.70	88.02	3.95	3.21	3.28	3.36	3.43	3.51	3.59	2.00	233.34	116.68	38.86	2.24	6.00	6.08	6.15	6.23	6.31	6.39
2∟140×90×8	36.076	28.320	4.50	731.28	162.50	76.96	4.50	3.49	3.56	3.63	3.70	3.77	3.84	2.04	241.38	118.32	34.68	2.59	6.58	6.65	6.73	6.80	6.88	6.95
2∟140×90×10	44.522	34.950	4.58	891.00	194.54	94.62	4.47	3.52	3.59	3.66	3.74	3.81	3.88	2.12	292.06	137.76	42.44	2.56	6.62	6.69	6.77	6.84	6.92	6.99
2∟140×90×12	52.800	41.448	4.66	1043.18	223.86	111.74	4.44	3.56	3.63	3.70	3.77	3.85	3.92	2.19	339.58	155.06	49.90	2.54	6.66	6.73	6.81	6.88	6.96	7.04
2∟140×90×14	60.912	47.816	4.74	1188.20	250.68	128.36	4.42	3.60	3.66	3.74	3.81	3.89	3.97	2.27	384.20	169.26	57.08	2.51	6.70	6.78	6.86	6.93	7.01	7.09

续表

长边相连

短边相连

图例（长边相连 / 短边相连）：
y₀——重心距；
I——惯性矩；
W——抵抗矩；
i——回转半径；
a——两角钢背间距离。

规格	截面面积 A/cm²	每米质量 /(kg·m⁻¹)	长边相连 y₀/cm	Iₓ/cm⁴	Wₓ,max/cm³	Wₓ,min/cm²	iᵧ/cm	iᵧ/cm a=6mm	a=8mm	a=10mm	a=12mm	a=14mm	a=16mm	短边相连 y₀/cm	Iₓ/cm⁴	Wₓ,max/cm³	Wₓ,min/cm²	iₓ/cm	iᵧ/cm a=6mm	a=8mm	a=10mm	a=12mm	a=14mm	a=16mm
2∟160×100×10	50.630	39.744	5.24	1337.38	255.22	124.26	5.14	3.84	3.91	3.98	4.05	4.12	4.20	2.28	410.06	179.86	53.12	2.85	7.56	7.63	7.71	7.78	7.86	7.93
2∟160×100×12	60.108	47.184	5.32	1569.82	295.08	146.98	5.11	3.88	3.95	4.02	4.09	4.16	4.24	2.36	478.12	202.60	62.56	2.82	7.60	7.67	7.74	7.82	7.90	7.97
2∟160×100×14	69.418	54.494	5.40	1792.60	331.96	169.12	5.08	3.91	3.92	4.05	4.13	4.20	4.27	2.43	542.40	223.20	71.66	2.80	7.64	7.71	7.79	7.86	7.94	8.02
2∟160×100×16	78.562	61.670	5.48	2006.08	366.08	190.66	5.05	3.95	4.02	4.09	4.16	4.24	4.32	2.51	603.20	240.32	80.48	2.77	7.68	7.75	7.83	7.90	7.98	8.06
2∟180×100×10	56.746	44.546	5.89	1912.50	324.70	157.92	5.80	4.16	4.23	4.29	4.36	4.43	4.50	2.44	556.22	227.96	64.98	3.13	8.48	8.56	8.63	8.70	8.78	8.85
2∟180×100×12	67.424	52.928	5.98	2249.44	376.16	187.06	5.78	4.19	4.26	4.33	4.40	4.47	4.54	2.52	650.06	257.96	76.64	3.10	8.54	8.61	8.68	8.76	8.83	8.91
2∟180×100×14	77.934	61.178	6.06	2573.82	424.72	215.52	5.75	4.22	4.29	4.36	4.43	4.51	4.58	2.59	739.10	285.36	87.94	3.08	8.57	8.65	8.72	8.80	8.87	8.95
2∟180×100×16	88.278	69.298	6.14	2886.12	470.06	243.28	5.72	4.26	4.33	4.41	4.48	4.55	4.63	2.67	823.70	308.50	98.88	3.06	8.61	8.69	8.76	8.84	8.92	8.99
2∟200×125×12	75.824	59.522	6.54	3141.80	480.40	233.46	6.44	4.75	4.81	4.88	4.95	5.02	5.09	2.83	966.32	341.46	99.98	3.57	9.39	9.47	9.54	9.62	9.69	9.76
2∟200×125×14	87.734	68.872	6.62	3601.94	544.10	269.30	6.41	4.78	4.85	4.92	4.99	5.06	5.13	2.91	1101.66	378.58	114.88	3.54	9.43	9.51	9.58	9.65	9.73	9.81
2∟200×125×16	99.478	78.090	6.70	4046.70	603.98	304.36	6.38	4.82	4.89	4.96	5.03	5.10	5.17	2.99	1230.88	411.66	129.38	3.52	9.47	9.55	9.62	9.70	9.77	9.85
2∟200×125×18	111.052	87.176	6.78	4476.60	660.26	338.66	6.35	4.84	4.91	4.99	5.06	5.13	5.20	3.06	1354.38	12.60	143.48	3.49	9.51	9.59	9.66	9.74	9.81	9.89

附录 11　热轧普通工字钢

附表 11-1　热轧普通工字钢的规格及截面特性（按 GB/T 706—2008 计算）

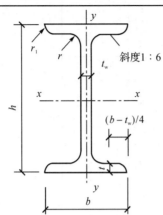

I——截面惯性矩；
W——截面抵抗矩；
S——半截面面积矩；
i——截面回转半径。

通常长度：
型号 10～18，为 5～19m；
型号 20～63，为 6～19m。

型号	尺寸/mm						截面面积 A/cm²	质量 /(kg·m⁻¹)	x-x 轴				y-y 轴		
	h	b	t_w	t	r	r_1			I_x /cm⁴	W_x /cm³	S_x /cm³	L_x /cm	I_y /cm⁴	W_y /cm³	i_y /cm
I10	100	68	4.5	7.6	6.5	3.3	14.345	11.261	245	49.0	28.5	4.14	33.0	9.72	1.52
I12.6	126	74	5.0	8.4	7.0	3.5	18.118	14.223	488	77.5	45.2	5.20	46.9	12.7	1.61
I14	140	80	5.5	9.1	7.5	3.8	21.510	16.890	712	102	59.3	5.76	64.4	16.1	1.73
I16	160	88	6.0	9.9	8.0	4.0	26.131	20.513	1130	141	81.9	6.58	93.1	21.2	1.89
I18	180	94	6.5	10.7	8.5	4.3	30.756	24.113	1660	185	108	7.36	122	26.0	2.00
I20 a	200	100	7.0	11.4	9.0	4.5	35.578	27.929	2370	237	138	8.15	158	31.5	2.12
b		102	9.0				39.578	31.069	2500	250	148	7.96	169	33.1	2.06
I22 a	220	110	7.5	12.3	9.5	4.8	42.128	33.070	3400	309	180	8.99	225	40.9	2.31
b		112	9.5				46.528	36.524	3570	325	191	8.78	239	42.7	2.27
I25 a	250	116	8.0	13.0	10.0	5.0	48.541	38.105	5020	402	232	10.2	280	48.3	2.40
b		118	10.0				53.541	42.030	5280	423	248	9.94	309	52.4	2.36
I28 a	280	122	8.5	13.7	10.5	5.3	55.404	43.492	7110	508	289	11.3	345	56.6	2.50
b		124	10.5				61.004	47.888	7480	534	309	11.1	379	61.2	2.49
a		130	9.5				67.156	52.717	11100	692	404	12.8	460	70.8	2.62
I32 b	320	132	11.5	15.0	11.5	5.8	73.556	57.741	11600	726	428	12.6	502	76.0	2.57
c		134	13.5				79.956	62.765	12200	760	455	12.3	544	81.2	2.53
a		136	10.0				76.480	60.037	15800	875	515	14.4	552	81.6	2.69
I36 b	360	138	12.0	15.8	12.0	6.0	83.680	65.689	16500	919	545	14.1	582	84.3	2.64
c		140	14.0				90.880	71.341	17300	962	579	13.8	612	87.4	2.60
a		142	10.5				86.112	67.598	21700	1090	636	15.9	660	93.2	2.77
I40 b	400	144	12.5	16.5	12.5	6.3	94.112	73.878	22800	1140	679	15.6	692	96.2	2.71
c		146	14.5				102.112	80.158	23900	1190	720	15.2	727	99.6	2.65

型号	尺寸/mm						截面面积 A/cm²	质量 /(kg·m⁻¹)	x-x 轴				y-y 轴		
	h	b	t_w	t	r	r_i			I_x /cm⁴	W_x /cm³	S_x /cm³	L_x /cm	I_y /cm⁴	W_y /cm³	i_y /cm
a		150	11.5				102.446	80.420	32200	1430	834	17.7	855	114	2.89
⊥45b	450	152	13.5	18.0	13.5	6.8	111.446	87.485	33800	1500	889	17.4	894	118	2.84
c		154	15.5				120.446	94.550	35300	1570	939	17.1	938	122	2.79
a		158	12.0				119.304	93.654	46500	1860	1086	19.7	1120	142	3.07
⊥50b	500	160	14.0	20.0	14.0	7.0	129.304	101.504	48600	1940	1146	19.4	1170	146	3.01
c		162	16.0				139.304	109.354	50600	2020①	1211	19.0	1220	151	2.96
a		166	12.5				135.435	106.316	65600	2340	1375	22.0	1370	165	3.18
⊥56b	560	168	14.5	21.0	14.5	7.3	146.635	115.108	68500	2450	1451	21.6	1490	170	3.12
c		170	16.5				157.835	123.900	71400	2500	1529	21.3	1560	183	3.07
a		176	13.0				154.658	121.407	93900	2980	1732	24.6	1700	193	3.31
⊥63b	630	178	15.0	22.0	15.0	7.5	167.258	131.298	98100	3110②	1834	24.2	1810	204	3.29
c		180	17.0				179.858	141.189	102000	3240③	1928	23.8	1920	214	3.27

附录 12 热轧普通槽钢

附表 12-1 热轧普通槽钢的规格及截面特性(按 GB/T 706—2008 计算)

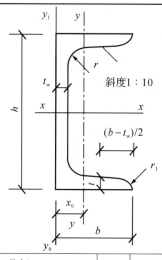

I——截面惯性矩；　　　通常长度：

W——截面抵抗矩；　　　型号 5～8，为 5～12m；

S——半截面面积矩；　　型号 10～18，为 5～19m；

i——截面回转半径。　　型号 20～40，为 6～19m。

斜度1:10　　$(b-t_w)/2$

型号	h	b	t_w	t	r	r_1	截面面积 A/cm^2	质量/(kg·m⁻¹)	I_x/cm⁴	W_x/cm³	S_x①/cm³	i_x/cm	I_y/cm⁴	W_{ymin}/cm³	W_{ymax}/cm³	i_y/cm	y_1-y_1轴 I_{y1}/cm⁴	重心距 x_0/cm
[5	50	37	4.5	7.0	7.0	3.5	6.928	5.438	26.0	10.4	6.4	1.94	8.3	3.55	6.15	1.10	20.9	1.35
[6.3	63	40	4.8	7.5	7.5	3.8	8.451	6.634	50.8	16.1	9.8	2.45	11.9	4.50	8.75	1.19	28.4	1.36
[8	80	43	5.0	8.0	8.0	4.0	10.248	8.045	101	25.3	15.1	3.15	16.6	5.79	11.6	1.27	37.4	1.43
[10	100	48	5.3	8.5	8.5	4.2	12.748	10.007	198	39.7	23.5	3.95	25.6	7.80	16.8	1.41	54.9	1.52
[12.6	126	53	5.5	9.0	9.0	4.5	15.692	12.318	391	62.1	36.4	4.95	38.0	10.2	23.9	1.57	77.1	1.59
[14 a	140	58	6.0	9.5	9.5	4.8	18.516	14.535	564	80.5	47.5	5.52	53.2	13.0	13.1	1.70	107	1.71
[14 b	140	60	8.0	9.5	9.5	4.8	21.316	16.733	609	87.1	52.4	5.35	61.1	14.1	36.6	1.69	121	1.67
[16 a	160	63	6.5	10.0	10.0	5.0	21.962	17.240	866	108	63.9	6.28	73.3	16.3	40.7	1.83	144	1.80
[16 b	160	65	8.5	10.0	10.0	5.0	25.162	19.752	935	117	70.3	6.10	83.4	17.6	47.7	1.82	161	1.75
[18 a	180	68	7.0	10.5	10.5	5.2	25.699	20.174	1270	141	83.5	7.04	98.6	20.0	52.4	1.96	190	1.88
[18 b	180	70	9.0	10.5	10.5	5.2	29.299	23.000	1370	152	91.6	6.84	111	21.5	60.3	1.95	210	1.84
[20 a	200	73	7.0	11.0	11.0	5.5	28.837	22.637	1780	178	104.7	7.86	128	24.2	63.7	2.11	244	2.01
[20 b	200	75	9.0	11.0	11.0	5.5	32.837	25.777	1910	191	114.7	7.64	144	25.9	73.8	2.09	268	1.95
[22 a	220	77	7.0	11.5	11.5	5.8	31.846	24.999	2390	218	127.6	8.67	158	28.2	75.2	2.23	298	2.10
[22 b	220	79	9.0	11.5	11.5	5.8	36.246	28.453	2570	234	139.7	8.42	176	30.1	86.7	2.21	326	2.03
[25 a	250	78	7.0	12.0	12.0	6.0	34.917	27.410	3370	270	157.8	9.82	176	30.6	85.0	2.24	322	2.07
[25 b	250	80	9.0	12.0	12.0	6.0	39.917	31.335	3530	282	173.5	9.41	196	32.7	99.0	2.22	353	1.98
[25 c	250	82	11.0	12.0	12.0	6.0	44.917	35.260	3690	295	189.1	9.07	218	34.7②	113	2.21	384	1.92
[28 a	280	82	7.5	12.5	12.5	6.2	40.034	31.427	4760	340	200.2	10.9	218	35.7	104	2.33	388	2.10
[28 b	280	84	9.5	12.5	12.5	6.2	45.634	35.823	5130	366	219.8	10.6	242	37.9	120	2.30	428	2.02
[28 c	280	86	11.5	12.5	12.5	6.2	51.234	40.219	5500	393	239.4	10.4	268	40.3	137	2.29	463	1.95

型号	尺寸/mm						截面面积 A /cm²	质量 /(kg·m⁻¹)	x-x 轴				y-y 轴				y_1-y_1 轴 I_{y1} /cm⁴	重心距 x_0 /cm
	h	b	t_w	t	r	r_1			I_x /cm⁴	W_x /cm³	S_x① /cm³	i_x /cm	I_y /cm⁴	W_{ymin} /cm³	W_{ymax} /cm³	i_y /cm		
a		88	8.0				48.513	38.083	7600	475	276.9	12.5	305	46.5	136	2.50	552	2.24
[32b	320	90	10.0	14.0	14.0	7.0	54.913	43.107	8140	509	302.5	12.2	336	49.2	156	2.47	593	2.16
c		92	12.0				61.313	48.131	8690	543	328.1	11.9	374	52.6	179	2.47	643	2.09
a		96	9.0				60.910	47.814	11900	660	389.9	14.0	455	63.5	186	2.73	818	2.44
[36b	360	98	11.0	16.0	16.0	8.0	68.110	53.466	12700	703	422.3	13.6	497	66.9	210	2.70	880	2.37
c		110	13.0				75.310	59.118	13400	746	454.7	13.4	536	70.0	229	2.67	948	2.34
a		100	10.5				75.068	57.928	17600	879	524.4	15.3	592	78.8	238	2.81	1070	2.49
[40b	400	102	12.5	18.0	18.0	9.0	83.068	65.208	18600	932	564.4	15.0	640	82.5	262	2.78	1140	2.44
c		104	14.5				91.068	71.488	19700	986	604.4	14.7	688	86.2	284	2.75	1220	2.42

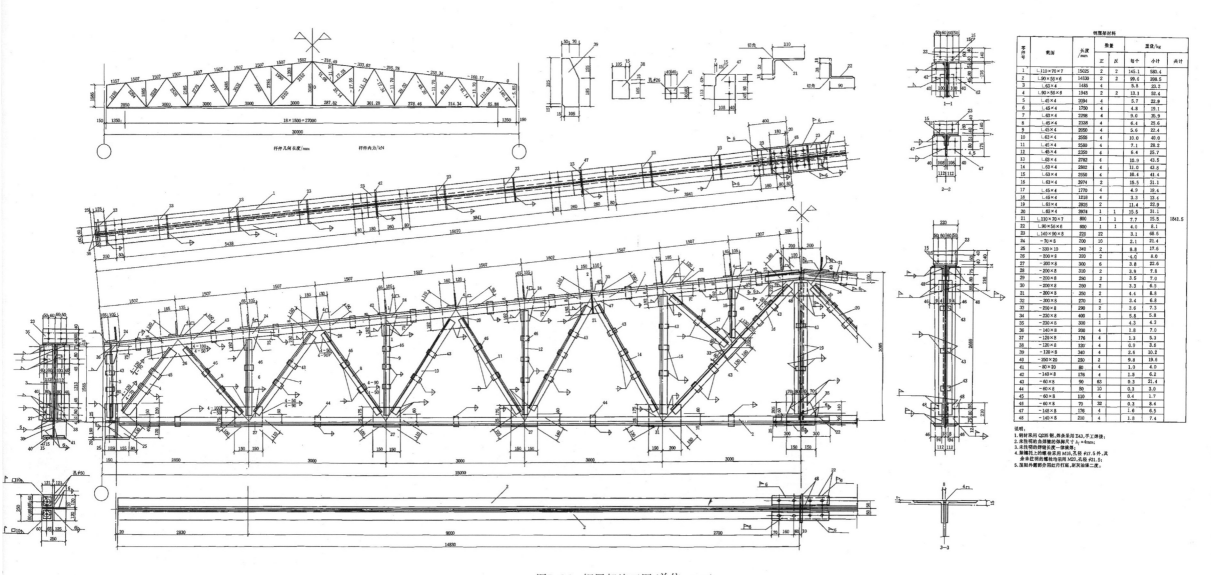

图7-26 钢屋架施工图(单位：mm)